6단계A 완성 스케줄표

공부한 날	주	일	학습 내용
월 일	1주	도입	이번 주에는 무엇을 공부할까?
		1일	일정한 빠르기와 거리
월 일		2일	비교하기, □ 안의 수
월 일		3일	조건에 알맞은 식
월 일		4일	도형에서 변의 길이, 수직선에서 눈금의 위치
월 일		5일	하루에 하는 일의 양
		특강 / 평가	창의·융합·코딩 / 누구나 100점 테스트
월 일	2주	도입	이번 주에는 무엇을 공부할까?
		1일	여러 가지 입체도형
월 일		2일	잘라서 펼치기
월 일		3일	입체도형에 담긴 규칙
월 일		4일	조건에 알맞은 식
월 일		5일	간격 문제
		특강 / 평가	창의·융합·코딩 / 누구나 100점 테스트
월 일	3주	도입	이번 주에는 무엇을 공부할까?
		1일	단위량 구하는 문제
월 일		2일	같은 방향, 반대 방향
월 일		3일	여러 가지 비율
월 일		4일	할인율, 승률, 득표율
월 일		5일	이자율, 용액의 진하기
		특강 / 평가	창의·융합·코딩 / 누구나 100점 테스트
월 일	4주	도입	이번 주에는 무엇을 공부할까?
		1일	다양한 비율 그래프
월 일		2일	항목 수, 전체 수 구하기
월 일		3일	직육면체 완성하기
월 일		4일	직육면체 자르기
월 일		5일	돌의 부피
		특강 / 평가	창의·융합·코딩 / 누구나 100점 테스트

공부한 날을 표시하고 하루하루 학습 내용을 살펴보세요.

Chunjae
Makes
Chunjae

▼

기획총괄	김안나
편집개발	김정희, 이근우, 장지현, 서진호, 한인숙, 최수정, 김혜민, 박웅, 장효선
디자인총괄	김희정
표지디자인	윤순미, 안채리
내지디자인	박희춘, 이혜미
제작	황성진, 조규영

발행일	2020년 12월 15일 초판 2020년 12월 15일 1쇄
발행인	(주)천재교육
주소	서울시 금천구 가산로9길 54
신고번호	제2001-000018호
고객센터	1577-0902

※ 정답 분실 시에는 천재교육 홈페이지에서 내려받으세요.

※ KC 마크는 이 제품이 공통안전기준에 적합하였음을 의미합니다.

※ 주의

책 모서리에 다칠 수 있으니 주의하시기 바랍니다.

부주의로 인한 사고의 경우 책임지지 않습니다.

8세 미만의 어린이는 부모님의 관리가 필요합니다.

똑 똑 한
하루 사고력

창의·코딩 수학

구성 및 특장

똑똑한 하루 사고력

어떤 문제가 주어지더라도 해결할 수 있는 능력,
이미 알고 있는 것을 바탕으로 새로운 것을 이해하는 능력
위와 같은 능력이 사고력입니다.

똑똑한 하루 사고력

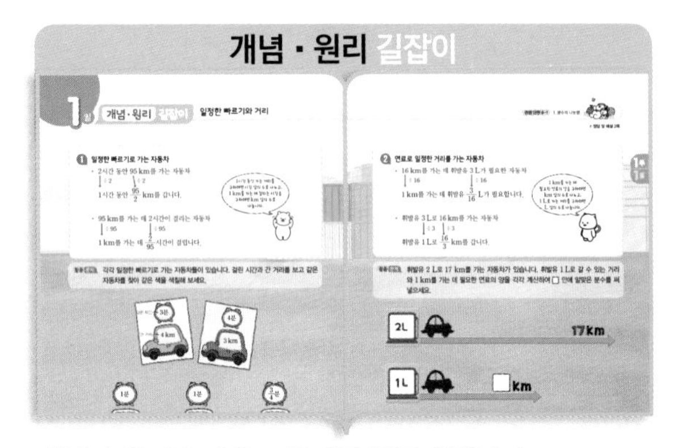

개념과 원리를 배우고 문제를 통해 익힙니다.

하루에 6쪽씩
하나의
주제로 학습합니다.

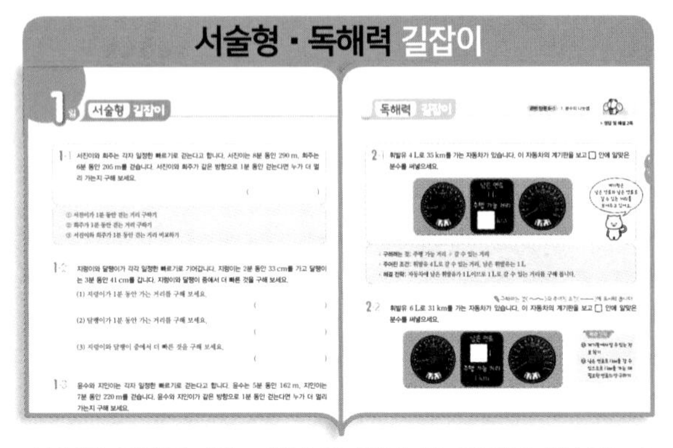

서술형 문제를 푸는 연습을 하고 긴 문제도 해석할 수 있는 독해력을 키웁니다.

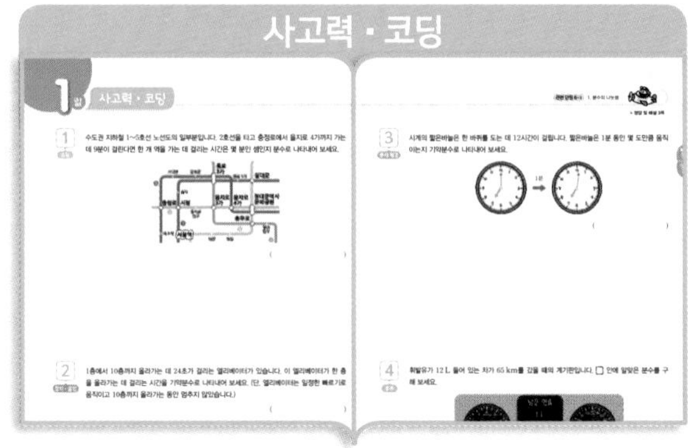

한 주 동안 학습한 내용과 관련 있는 창의 · 융합 문제와 코딩 문제를 풀어 봅니다.

똑똑한 하루 사고력 특강과 테스트

한 주의 특강

특강 부분을 통해 더 다양한 사고력 문제를 풀어 봅니다.

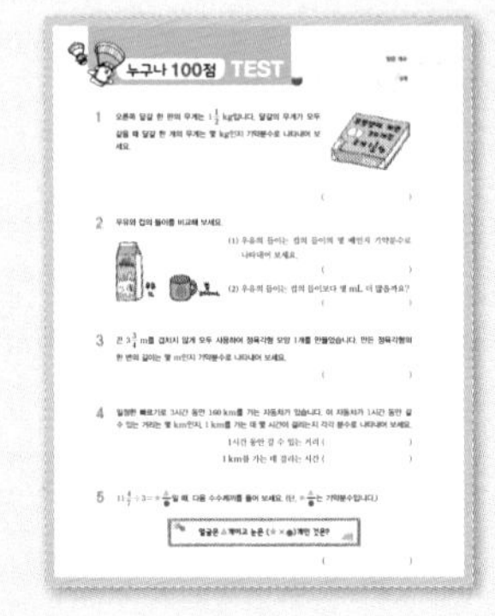

누구나 100점 테스트

한 주 동안 공부한 내용으로 테스트합니다.

차례

1주

2주

3주

4주

1주 이번 주에는 무엇을 공부할까? ①

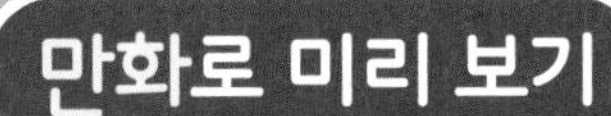

$$\frac{2}{3} \div 3 = \frac{6}{9} \div 3 = \frac{6 \div 3}{9} = \frac{2}{9}$$

이번 주에는 무엇을 공부할까? ②

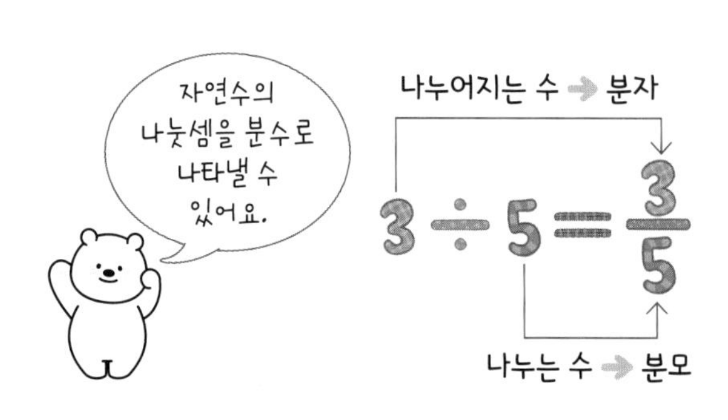

$\frac{6}{7} \div 3 = \frac{6 \div 3}{7} = \frac{2}{7}$

(진분수)÷(자연수),
(가분수)÷(자연수)는
분자를 자연수로
나누어 계산할 수
있어요.

확인 문제

1-1 $2 \div 5$를 그림으로 나타내고, 몫을 구해 보세요.

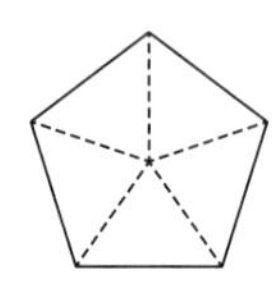
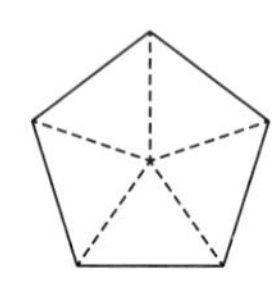

$2 \div 5 = \frac{\square}{\square}$

한번 더

1-2 $5 \div 4$를 그림으로 나타내고, 몫을 구해 보세요.

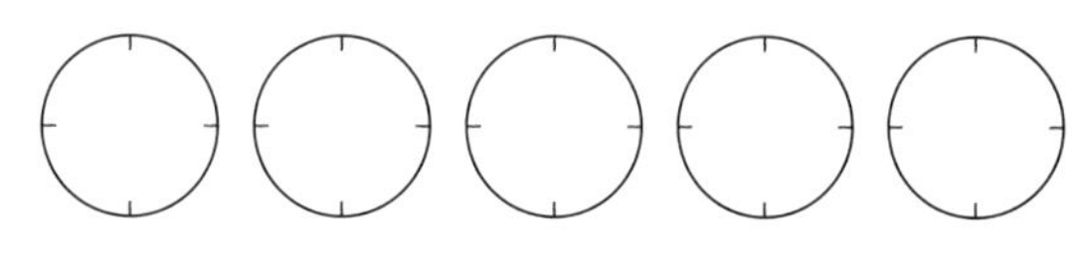

$5 \div 4 = \frac{\square}{\square} = \square\frac{\square}{\square}$

2-1 **보기** 와 같이 계산해 보세요.

보기

$\frac{6}{11} \div 2 = \frac{6 \div 2}{11} = \frac{3}{11}$

$\frac{4}{5} \div 2$

2-2 계산해 보세요.

(1) $\frac{16}{11} \div 4$

(2) $\frac{9}{10} \div 3$

3-1 물 3 L를 병 4개에 남김없이 똑같이 나누어 담으면 한 병에 몇 L씩 담기는지 구해 보세요.

식 ______________________

답 ______________________

3-2 주스 $\frac{3}{5}$ L를 3일 동안 똑같이 나누어 마신다면 하루에 몇 L씩 마실 수 있는지 구해 보세요.

식 ______________________

답 ______________________

교과 내용 확인하기

▶정답 및 해설 2쪽

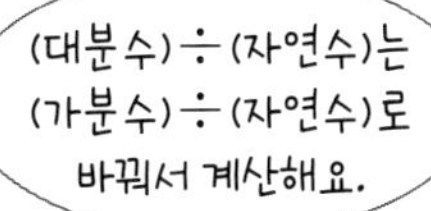

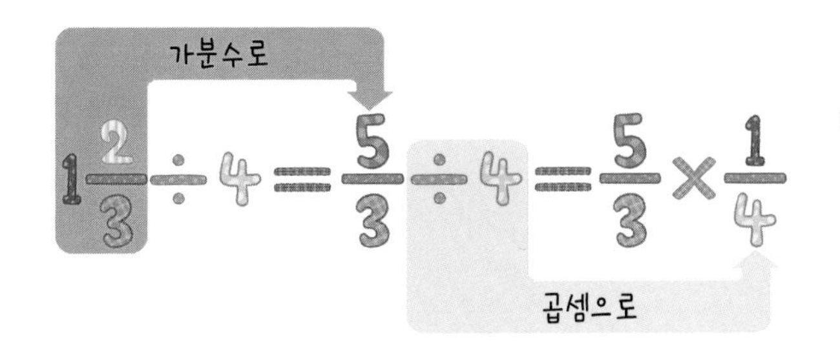

(분수)÷(자연수)를
분수의 곱셈으로 나타내어
계산할 수 있어요!

확인 문제

4-1 관계있는 것을 모두 찾아 이어 보세요.

		$\frac{8\div2}{7}$
$\frac{7}{8}\div2$		$\frac{7}{8}\times\frac{1}{2}$
		$\frac{7}{8\div2}$
$\frac{8}{7}\div2$		$\frac{8}{7}\times\frac{1}{2}$

한번 더

4-2 □ 안에 알맞은 수를 써넣으세요.

(1) $\frac{4}{7}\div3=\frac{4}{7}\times\frac{1}{\square}=\frac{\square}{\square}$

(2) $\frac{5}{6}\div4=\frac{5}{6}\times\frac{\square}{\square}=\frac{\square}{\square}$

(3) $\frac{7}{12}\div3=\frac{7}{12}\times\frac{\square}{\square}=\frac{\square}{\square}$

5-1 □ 안에 알맞은 수를 써넣어 $2\frac{2}{5}\div3$을 계산해 보세요.

방법 1

$2\frac{2}{5}\div3=\frac{\square}{5}\div3=\frac{\square\div3}{5}=\frac{\square}{5}$

방법 2

$2\frac{2}{5}\div3=\frac{\square}{5}\div3=\frac{\square}{5}\times\frac{1}{\square}=\frac{\square}{5}$

5-2 $3\frac{1}{8}\div5$를 두 가지 방법으로 계산해 보세요.

방법 1

$3\frac{1}{8}\div5$

방법 2

$3\frac{1}{8}\div5$

일정한 빠르기와 거리

1 일정한 빠르기로 가는 자동차

- 2시간 동안 95 km를 가는 자동차

  ↓ $\div 2$ ↓ $\div 2$

  1시간 동안 $\frac{95}{2}$ km를 갑니다.

- 95 km를 가는 데 2시간이 걸리는 자동차

  ↓ $\div 95$ ↓ $\div 95$

  1 km를 가는 데 $\frac{2}{95}$시간이 걸립니다.

1시간 동안 가는 거리를 구하려면 시간 앞의 수로 나누고, 1 km를 가는 데 걸리는 시간을 구하려면 km 앞의 수로 나눕니다.

활동 문제 각각 일정한 빠르기로 가는 자동차들이 있습니다. 걸린 시간과 간 거리를 보고 같은 자동차를 찾아 같은 색을 색칠해 보세요.

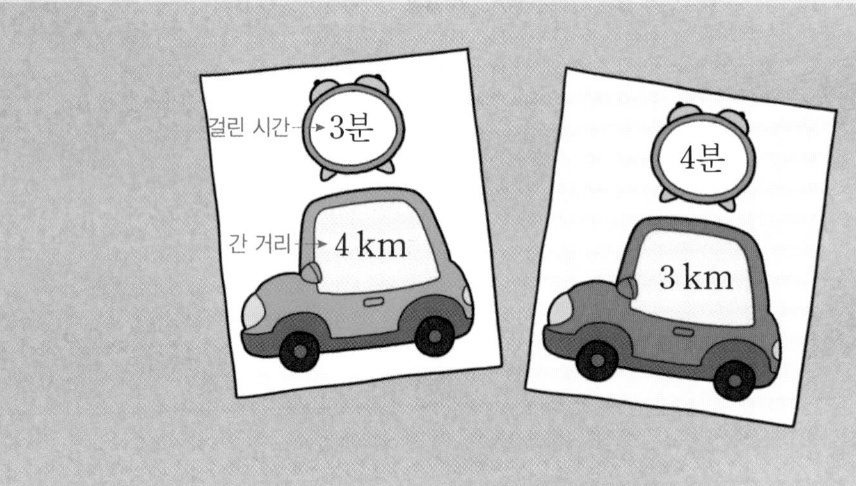

▶정답 및 해설 2쪽

2 연료로 일정한 거리를 가는 자동차

- 16 km를 가는 데 휘발유 3 L가 필요한 자동차

  ↓ $\div 16$ ↓ $\div 16$

  1 km를 가는 데 휘발유 $\frac{3}{16}$ L가 필요합니다.

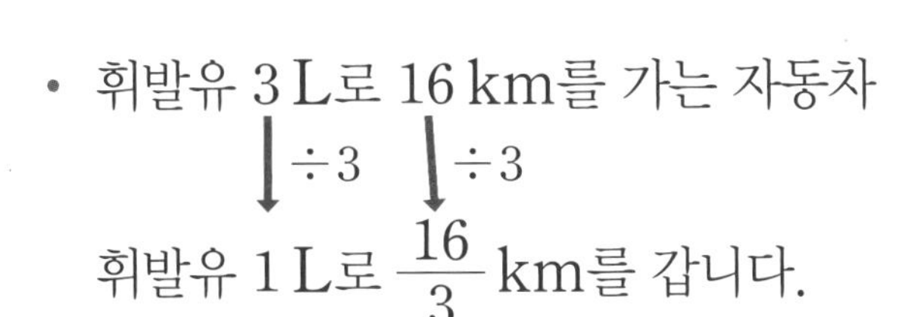

- 휘발유 3 L로 16 km를 가는 자동차

  ↓ $\div 3$ ↓ $\div 3$

  휘발유 1 L로 $\frac{16}{3}$ km를 갑니다.

1 km를 가는 데 필요한 연료의 양을 구하려면 km 앞의 수로 나누고, 1 L로 가는 거리를 구하려면 L 앞의 수로 나눕니다.

활동 문제 휘발유 2 L로 17 km를 가는 자동차가 있습니다. 휘발유 1 L로 갈 수 있는 거리와 1 km를 가는 데 필요한 연료의 양을 각각 계산하여 □ 안에 알맞은 분수를 써넣으세요.

1일 서술형 길잡이

1-1 서진이와 희주는 각자 일정한 빠르기로 걷는다고 합니다. 서진이는 8분 동안 290 m, 희주는 6분 동안 205 m를 걷습니다. 서진이와 희주가 같은 방향으로 1분 동안 걷는다면 누가 더 멀리 가는지 구해 보세요.

(　　　　　　　　　　)

① 서진이가 1분 동안 걷는 거리 구하기
② 희주가 1분 동안 걷는 거리 구하기
③ 서진이와 희주가 1분 동안 걷는 거리 비교하기

1-2 지렁이와 달팽이가 각각 일정한 빠르기로 기어갑니다. 지렁이는 2분 동안 33 cm를 가고 달팽이는 3분 동안 41 cm를 갑니다. 지렁이와 달팽이 중에서 더 빠른 것을 구해 보세요.

(1) 지렁이가 1분 동안 가는 거리를 구해 보세요.

(　　　　　　　　　　)

(2) 달팽이가 1분 동안 가는 거리를 구해 보세요.

(　　　　　　　　　　)

(3) 지렁이와 달팽이 중에서 더 빠른 것을 구해 보세요.

(　　　　　　　　　　)

1-3 윤수와 지인이는 각자 일정한 빠르기로 걷는다고 합니다. 윤수는 5분 동안 162 m, 지인이는 7분 동안 220 m를 걷습니다. 윤수와 지인이가 같은 방향으로 1분 동안 걷는다면 누가 더 멀리 가는지 구해 보세요.

윤수는 1분 동안 $\square \div \square = \frac{\square}{\square} = \square\frac{\square}{\square}$ (m)를 걷고

지인이는 1분 동안 $\square \div \square = \frac{\square}{\square} = \square\frac{\square}{\square}$ (m)를 걷습니다.

따라서 1분 동안 걷는다면 $\square$(이)가 더 멀리 갑니다.

▶정답 및 해설 2쪽

2-1 휘발유 4 L로 35 km를 가는 자동차가 있습니다. 이 자동차의 계기판을 보고 □ 안에 알맞은 분수를 써넣으세요.

- 구하려는 것: 주행 가능 거리 ➜ 갈 수 있는 거리
- 주어진 조건: 휘발유 4 L로 갈 수 있는 거리, 남은 휘발유는 1 L
- 해결 전략: 자동차에 남은 휘발유가 1 L이므로 1 L로 갈 수 있는 거리를 구해 봅니다.

✎ 구하려는 것(〰)과 주어진 조건(——)에 표시해 봅니다.

2-2 휘발유 6 L로 31 km를 가는 자동차가 있습니다. 이 자동차의 계기판을 보고 □ 안에 알맞은 분수를 써넣으세요.

해결 전략

❶ 계기판에서 알 수 있는 정보 찾기

❷ 남은 연료로 1 km를 갈 수 있으므로 1 km를 가는 데 필요한 연료의 양 구하기

2-3 휘발유 7 L로 45 km를 가는 자동차가 있습니다. 이 자동차의 계기판을 보고 □ 안에 알맞은 분수를 써넣으세요.

1일 사고력 · 코딩

수도권 지하철 1~5호선 노선도의 일부분입니다. 2호선을 타고 충정로에서 을지로 4가까지 가는 데 9분이 걸린다면 한 개 역을 가는 데 걸리는 시간은 몇 분인 셈인지 분수로 나타내어 보세요.

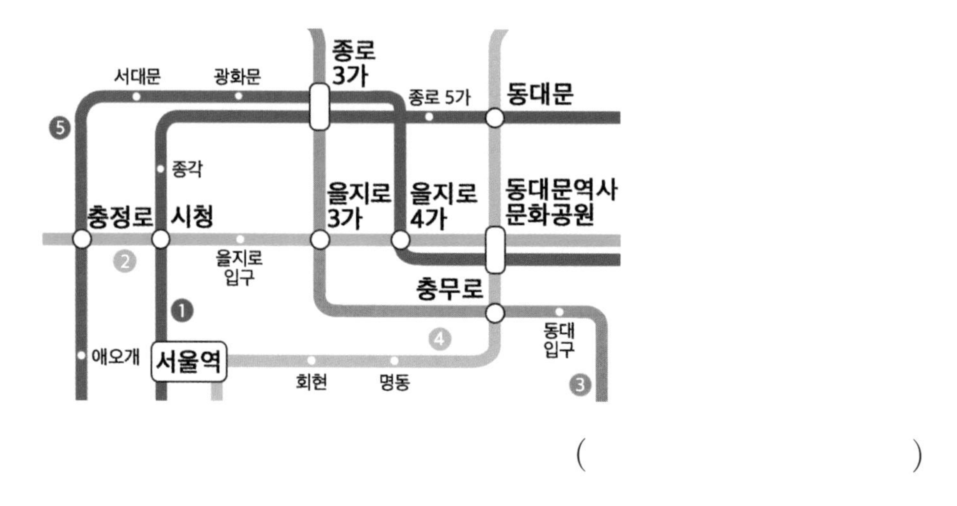

(   )

1층에서 10층까지 올라가는 데 24초가 걸리는 엘리베이터가 있습니다. 이 엘리베이터가 한 층을 올라가는 데 걸리는 시간을 기약분수로 나타내어 보세요. (단, 엘리베이터는 일정한 빠르기로 움직이고 10층까지 올라가는 동안 멈추지 않았습니다.)

(   )

▶정답 및 해설 3쪽

시계의 짧은바늘은 한 바퀴를 도는 데 12시간이 걸립니다. 짧은바늘은 1분 동안 몇 도만큼 움직이는지 기약분수로 나타내어 보세요.

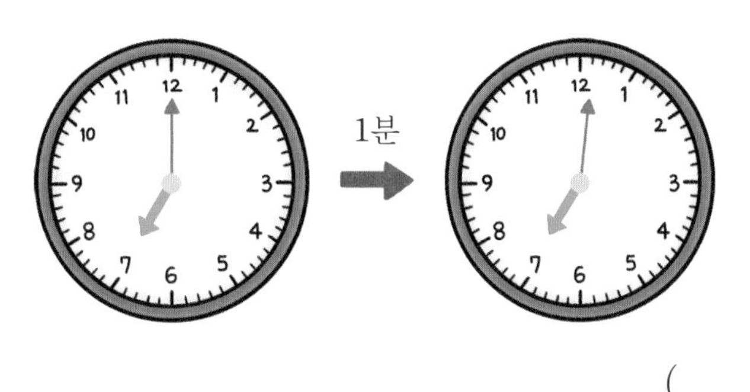

( )

4

추론

휘발유가 12 L 들어 있는 차가 65 km를 갔을 때의 계기판입니다. □ 안에 알맞은 분수를 구해 보세요.

( )

비교하기, □ 안의 수

1 몇 배인지 알아보기

• ▲가 ■의 몇 배인지 알아볼 때에는 ▲÷■를 계산합니다.

➔ 토마토밭의 넓이는 옥수수밭의 넓이의 $3 \div 5 = \frac{3}{5}$(배)입니다.

옥수수밭의 넓이는 토마토밭의 넓이의 $5 \div 3 = \frac{5}{3} = 1\frac{2}{3}$(배)입니다.

• 몇 배인지 비교할 때에는 나눗셈으로 비교하고, 얼마나 더 많은지 비교할 때에는 뺄셈으로 비교합니다.

$5\frac{1}{3}$ m
2 m

➔ 빨간색 끈의 길이는 파란색 끈의 길이의 $2\frac{2}{3}$배입니다.

$5\frac{1}{3} \div 2 = \frac{16}{3} \div 2 = \frac{16 \div 2}{3} = \frac{8}{3} = 2\frac{2}{3}$(배)

$5\frac{1}{3}$ m
2 m　$3\frac{1}{3}$ m

➔ 빨간색 끈의 길이는 파란색 끈의 길이보다 $3\frac{1}{3}$ m 더 깁니다.

$5\frac{1}{3} - 2 = 3\frac{1}{3}$ (m)

활동 문제 무게를 비교하여 □ 안에 알맞은 분수를 써넣으세요.

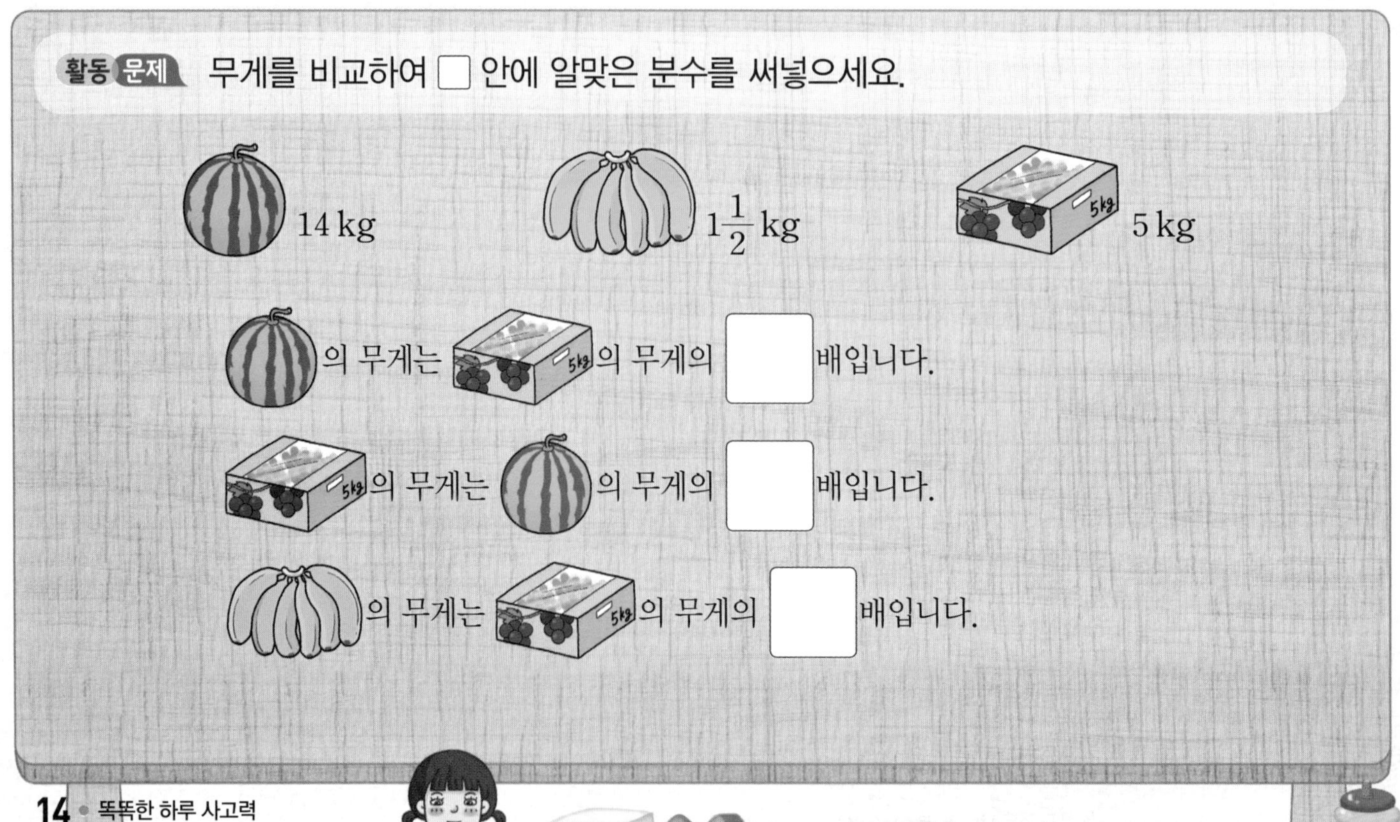

▶정답 및 해설 3쪽

2 □ 안에 들어갈 수 있는 자연수 구하기

① 계산할 수 있는 부분을 먼저 계산합니다.

② □가 분자에 있을 때에는 분모를 같게 만들어 비교하고
□가 분모에 있을 때에는 분자를 같게 만들어 비교합니다.

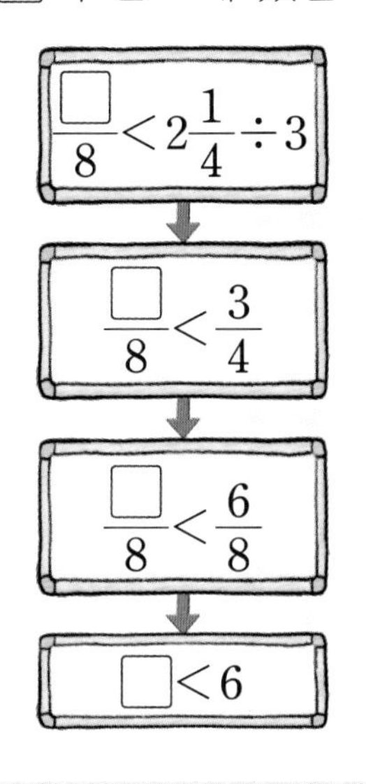

계산할 수 있는 부분을 먼저 계산합니다.

분모를 같게 만듭니다.

분모가 같으면 분자가 클수록 큰 분수입니다.

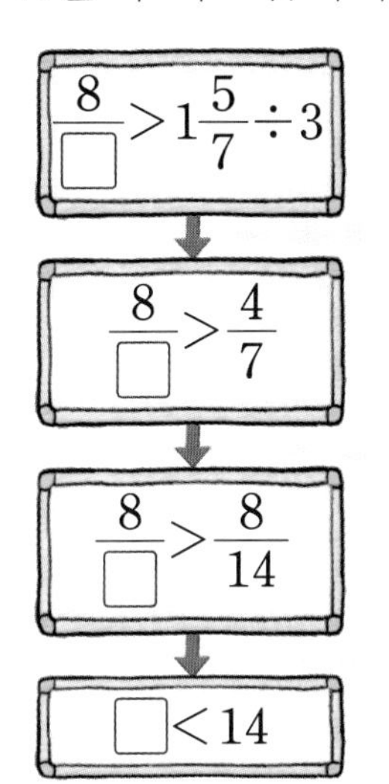

계산할 수 있는 부분을 먼저 계산합니다.

분자를 같게 만듭니다.

분자가 같으면 분모가 작을수록 큰 분수입니다.

활동 문제 $\frac{\square}{10} < 4\frac{1}{5} \div 7$의 □ 안에 들어갈 수 있는 수를 구하는 순서에 맞게 구슬을 꿰어 보세요.

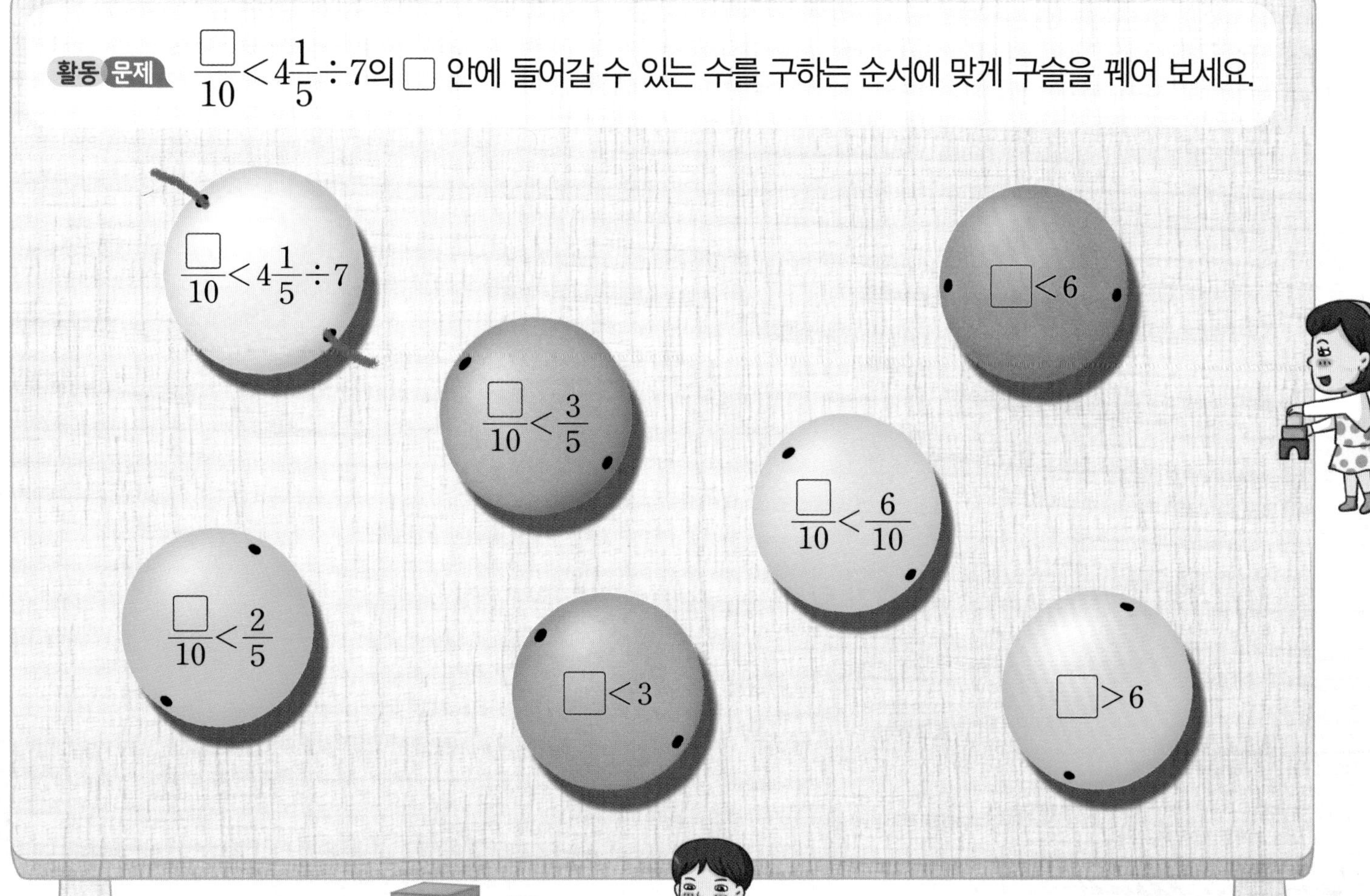

2일 서술형 길잡이

1-1 □ 안에 들어갈 수 있는 자연수를 모두 구해 보세요.

$$\frac{\square}{8} < 3\frac{1}{2} \div 4$$

( )

① $3\frac{1}{2} \div 4$를 먼저 계산하기

② 분모가 같으면 분자를 비교하여 □ 안에 들어갈 수 있는 자연수 구하기

1-2 $\frac{☀}{7}$가 진분수일 때 ☀가 될 수 있는 자연수를 모두 구해 보세요.

$$\frac{☀}{7} > 2\frac{4}{7} \div 6$$

(1) $2\frac{4}{7} \div 6$을 계산해 보세요.

( )

(2) □ 안에 알맞은 수를 써넣으세요.

$$\frac{☀}{7} > 2\frac{4}{7} \div 6 \rightarrow \frac{☀}{7} > \frac{\square}{7} \rightarrow ☀ > \square$$

(3) ☀가 될 수 있는 자연수를 모두 써 보세요.

( )

1-3 $\frac{8}{✿} > 5\frac{1}{3} \div 2$일 때, ✿가 될 수 있는 자연수를 모두 구해 보세요.

$5\frac{1}{3} \div 2 = \frac{\square}{3}$이므로 $\frac{8}{✿} > \frac{\square}{3}$, ✿ ○ □입니다.

(>, =, <)

따라서 ✿가 될 수 있는 자연수는 □입니다.

▶정답 및 해설 3쪽

2-1 해준이와 정하는 '사랑의 김치 행사'에 참석하여 김치를 담가 이웃들에게 나누어 주었습니다. 배추김치는 56 kg을 20가구에 똑같이 나누어 주었고 깍두기는 한 가구에 $1\frac{3}{5}$ kg씩 나누어 주었습니다. 한 가구가 받은 배추김치와 깍두기의 무게의 차는 몇 kg인지 구해 보세요.

(　　　　　　　　)

- 구하려는 것: 한 가구가 받은 배추김치와 깍두기의 무게의 차
- 주어진 조건: 배추김치는 56 kg을 20가구에 똑같이 나누어 주었고 깍두기는 한 가구에 $1\frac{3}{5}$ kg씩 나누어 줌
- 해결 전략: 한 가구가 받은 배추김치의 무게를 나눗셈을 이용하여 구한 다음 한 가구가 받은 깍두기의 무게와의 차를 구합니다.

✎ 구하려는 것(〰)과 주어진 조건(——)에 표시해 봅니다.

2-2 남학생 4명은 $\frac{1}{5}$ L 들이 주스를 각각 한 팩씩 마셨고 여학생 5명은 $1\frac{1}{2}$ L 들이 주스를 똑같이 나눠 마셨습니다. 남학생 한 명이 마신 주스와 여학생 한 명이 마신 주스의 들이의 차는 몇 L인지 구해 보세요.

해결 전략

❶ 남학생 한 명이 마신 주스는 몇 L인지 알아보기

❷ 여학생 한 명이 마신 주스는 몇 L인지 구하기

❸ 남학생 한 명과 여학생 한 명이 마신 주스의 들이의 차 구하기

(　　　　　　　　)

2일 사고력 · 코딩

1
창의 · 융합

희주네 집에서 도서관까지의 거리는 학교까지의 거리의 몇 배인지 구해 보세요.

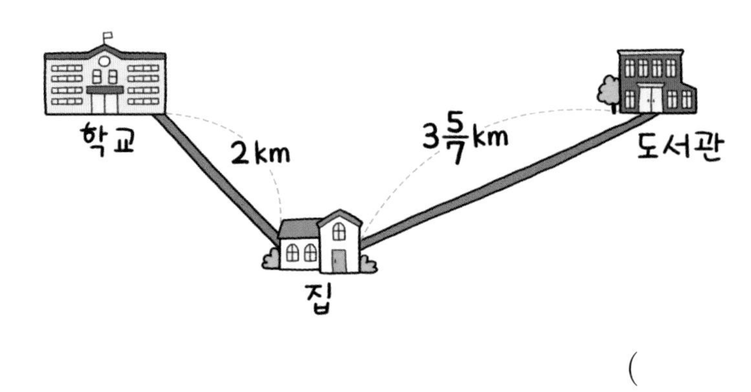

( )

2
문제 해결

간장 $2\frac{1}{4}$ L와 생수 2 L가 있습니다. 간장과 생수의 들이를 비교해 보세요.

(1) 간장의 들이는 생수의 들이의 몇 배인지 구해 보세요.

( )

(2) 간장의 들이는 생수의 들이보다 몇 L 더 많은지 구해 보세요.

( )

▶정답 및 해설 4쪽

3 코딩

□ 안에 들어갈 수 있는 수만 따라가 보세요.

4 추론

□ 안에 들어갈 수 있는 수의 범위를 수직선에 나타내어 보세요.

(1)

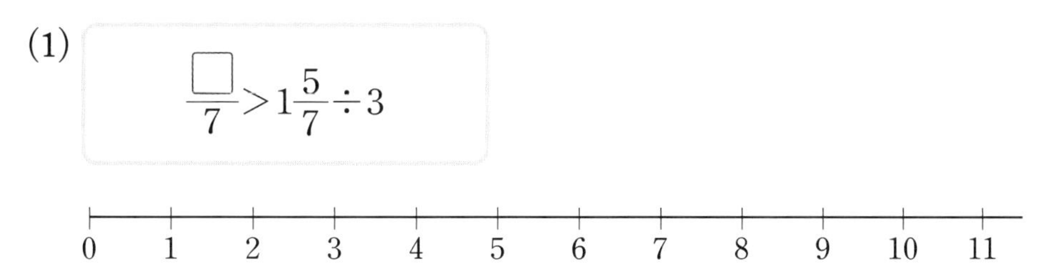

(2)

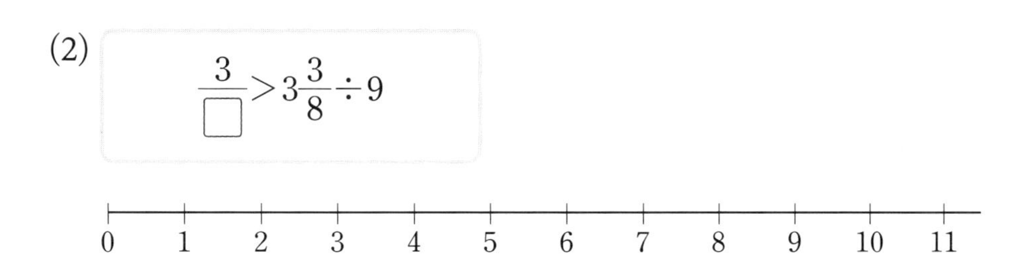

3일 개념·원리 길잡이 조건에 알맞은 식

1 계산 결과가 가장 큰 (분수)÷(자연수), 가장 작은 (분수)÷(자연수) 만들기

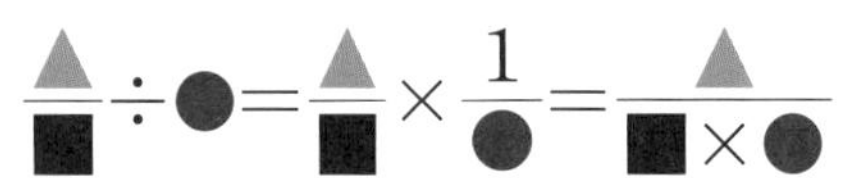

$$\frac{▲}{■}\div●=\frac{▲}{■}\times\frac{1}{●}=\frac{▲}{■\times●}$$

- 계산 결과가 가장 큰 (분수)÷(자연수)

  분모가 작을수록, 분자가 클수록 큰 분수입니다.

  ➔ ■×●가 가장 작게, ▲가 가장 크게 만듭니다.

- 계산 결과가 가장 작은 (분수)÷(자연수)

  분모가 클수록, 분자가 작을수록 작은 분수입니다.

  ➔ ■×●가 가장 크게, ▲가 가장 작게 만듭니다.

①<②<③일 때 $\frac{③}{②}$÷①과 $\frac{③}{①}$÷②의 계산 결과가 가장 크고

$\frac{①}{②}$÷③과 $\frac{①}{③}$÷②의 계산 결과가 가장 작습니다.

활동 문제 연기에 있는 수를 모두 한 번씩 써서 계산 결과가 가장 큰 (분수)÷(자연수), 가장 작은 (분수)÷(자연수)를 각각 만들어 보세요.

▶정답 및 해설 4쪽

2 계산 결과가 가장 큰 (대분수)÷(자연수), 가장 작은 (대분수)÷(자연수) 만들기

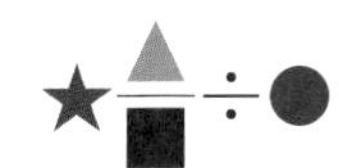

- 계산 결과가 가장 큰 (대분수)÷(자연수)

  나누어지는 수가 클수록, 나누는 수가 작을수록 계산 결과가 커집니다.

  ➔ 가장 큰 수를 ★에 놓고, 가장 작은 수를 ●에 놓습니다. ⟶ 남은 수로 ★▲/■의 분수 부분을 만듭니다. 이때 분수 부분은 진분수임에 주의합니다.

- 계산 결과가 가장 작은 (대분수)÷(자연수)

  나누어지는 수가 작을수록, 나누는 수가 클수록 계산 결과가 커집니다.

  ➔ 가장 작은 수를 ★에 놓고, 가장 큰 수를 ●에 놓습니다. ⟶ 남은 수로 ★▲/■의 분수 부분을 만듭니다.

①<②<③<④일 때 ④$\frac{②}{③}$÷①의 계산 결과가 가장 크고

①$\frac{②}{③}$÷④의 계산 결과가 가장 작습니다.

활동 문제 연기에 있는 수를 모두 한 번씩 써서 계산 결과가 가장 큰 (대분수)÷(자연수), 가장 작은 (대분수)÷(자연수)를 각각 만들어 보세요.

3일 서술형 길잡이

1-1 수 카드 4장을 모두 사용하여 계산 결과가 가장 큰 (대분수)÷(자연수)를 만들고 계산해 보세요.

2 3 5 8

식 $\square\frac{\square}{\square}\div\square$ 답 (　　　　　　)

나누어지는 수가 클수록, 나누는 수가 작을수록 계산 결과가 커집니다.
➔ 나누는 수에 가장 작은 수를 쓰고 남은 수 카드로 만들 수 있는 가장 큰 대분수를 만듭니다.

1-2 수 카드 3장을 모두 사용하여 계산 결과가 가장 큰 (진분수)÷(자연수)를 만들고 계산해 보세요.

(1) 수 카드 중 가장 작은 수를 써 보세요. (　　　　　　)

(2) (1)에서 고르고 남은 수 카드로 진분수를 만들어 보세요. (　　　　　　)

(3) 계산 결과가 가장 큰 (진분수)÷(자연수)를 만들고 계산해 보세요.

식 $\frac{\square}{\square}\div\square$ 답 (　　　　　　)

1-3 수 카드 4장을 모두 사용하여 계산 결과가 가장 작은 (대분수)÷(자연수)를 만들고 계산해 보세요.

1 4 8 7

나누는 수가 (클 , 작을)수록 계산 결과가 작으므로 나누는 수에 $\square$을/를 씁니다.

남은 수로 가장 (큰 , 작은) 대분수를 만들어 나눗셈식을 쓰면 $\square\frac{\square}{\square}\div\square$이고

계산 결과는 $\frac{\square}{\square}$입니다.

1주 3일

2-1 4장의 수 카드 중에서 3장을 사용하여 계산 결과가 가장 작은 나눗셈식을 만들고 계산해 보세요.

식 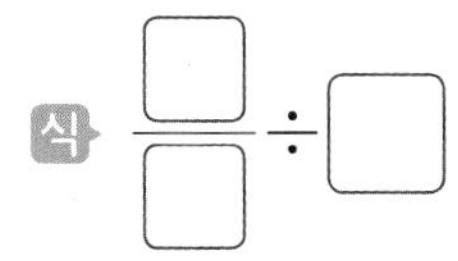

 답 (   )

- 구하려는 것: 계산 결과가 가장 작은 나눗셈식과 그 계산 결과
- 주어진 조건: 수 카드 4장과 나눗셈식
- 해결 전략: 분수의 나눗셈식을 곱셈식으로 나타내 보고 계산 결과가 가장 작게 되도록 수 카드를 놓아 봅니다.

구하려는 것(〰〰)과 주어진 조건(——)에 표시해 봅니다.

2-2 4장의 수 카드 중에서 3장을 사용하여 계산 결과가 가장 큰 나눗셈식을 만들고 계산해 보세요.

해결 전략

❶ 분수의 나눗셈식을 곱셈식으로 나타내기

❷ 곱셈식에서 계산 결과가 가장 크도록 수 카드 놓기

❸ 곱셈식을 분수의 나눗셈식으로 나타내고 계산하기

식 $\frac{\square}{\square} \div \square$

답 (   )

2-3 수 카드 3장을 모두 사용하여 계산 결과가 가장 작은 나눗셈식을 만들고 계산해 보세요.

식 $\frac{\square}{\square} \div \square$

답 (   )

수 카드 2장을 모두 사용하여 나눗셈식을 2개 만들 수 있습니다. 두 나눗셈식의 계산 결과의 차를 구해 보세요.

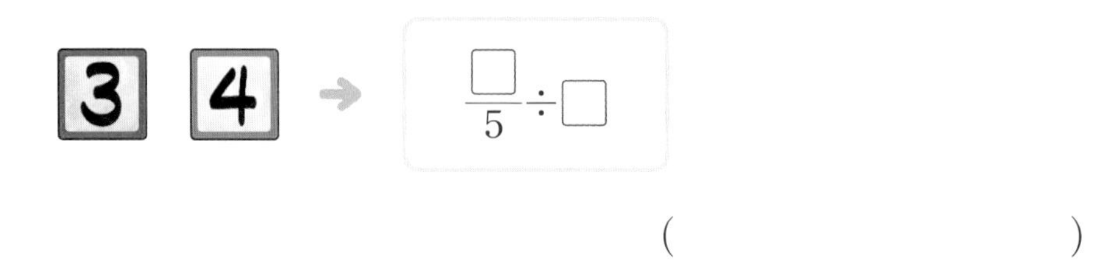

( )

민준이와 세인이가 다음과 같이 수 카드를 3장씩 가지고 있습니다. 수 카드를 모두 사용하여 (진분수)÷(자연수)를 만들 때 누가 계산 결과가 더 큰 나눗셈식을 만들 수 있는지 구해 보세요.

( )

▶정답 및 해설 5쪽

5장의 수 카드 중에서 4장을 사용하여 계산 결과가 가장 큰 (대분수)÷(자연수)를 만들고 계산해 보세요.

식 $\square\frac{\square}{\square}\div\square$ 답 (　　　　　　)

관람차를 보고 보기 와 같이 분수의 나눗셈식을 만들었습니다. 관람차가 돌아가는 동안 만들어지는 분수의 나눗셈식을 모두 쓰고 계산해 보세요.

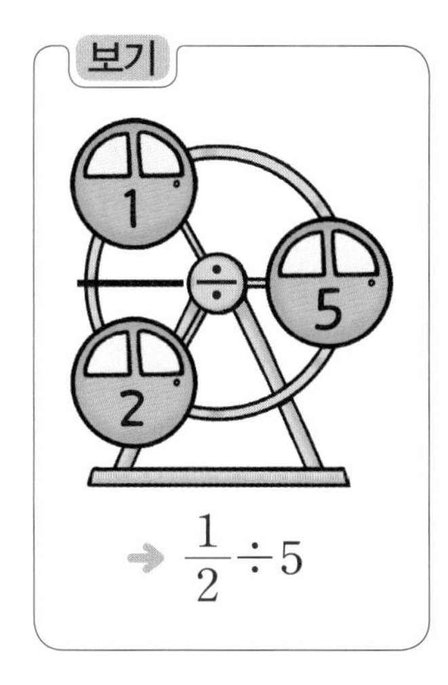

→ $\frac{1}{2}\div5$

도형에서 변의 길이, 수직선에서 눈금의 위치

① 도형에서 변의 길이 구하기

정다각형, 마름모는 변의 길이가 모두 같아요!

- 정다각형, 마름모의 둘레를 알 때 한 변의 길이 구하기

  (한 변의 길이)=(둘레)÷(변의 수)

- 넓이를 알 때 변의 길이, 높이 구하기

  (직사각형의 가로)=(넓이)÷(세로), (직사각형의 세로)=(넓이)÷(가로)

  (평행사변형의 밑변의 길이)=(넓이)÷(높이), (평행사변형의 높이)=(넓이)÷(밑변의 길이)

  (삼각형의 밑변의 길이)=(넓이)×2÷(높이), (삼각형의 높이)=(넓이)×2÷(밑변의 길이)

  (마름모의 한 대각선의 길이)=(넓이)×2÷(다른 대각선의 길이)

활동 문제 다음 도형은 넓이가 모두 $11\frac{2}{3}$ cm²입니다. □의 길이를 구할 때 관계있는 것끼리 이어 보세요.

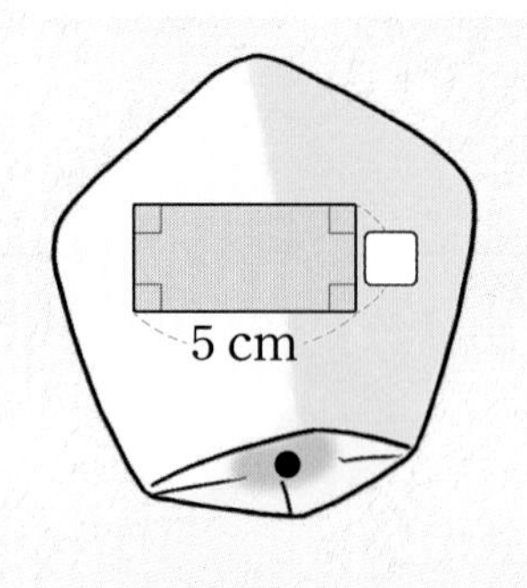

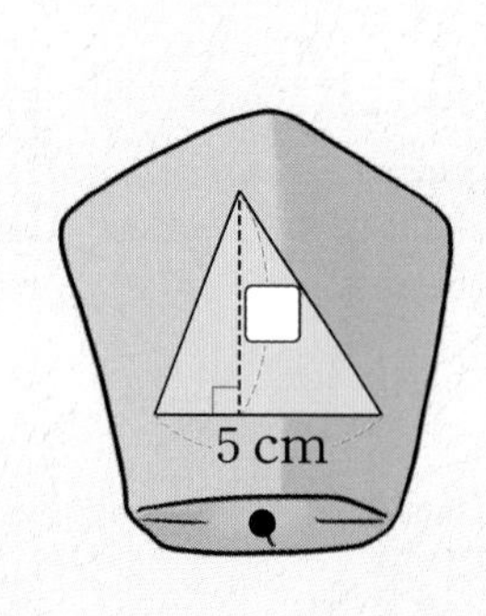

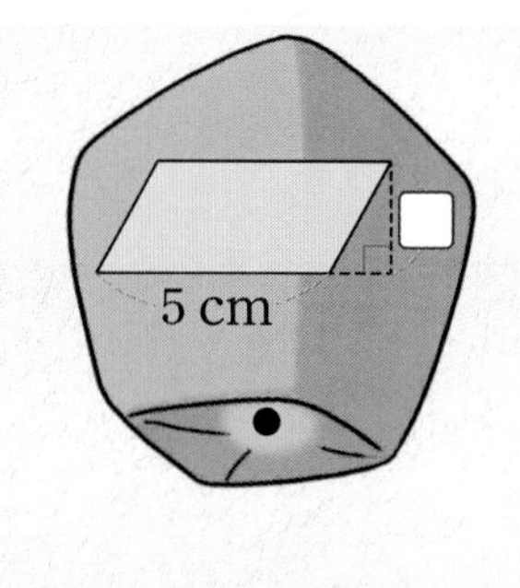

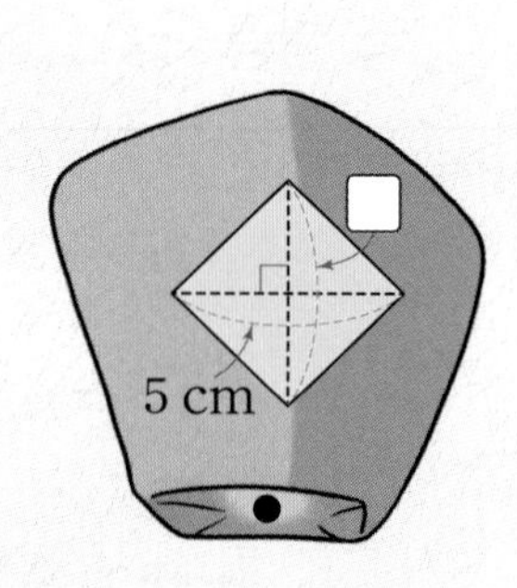

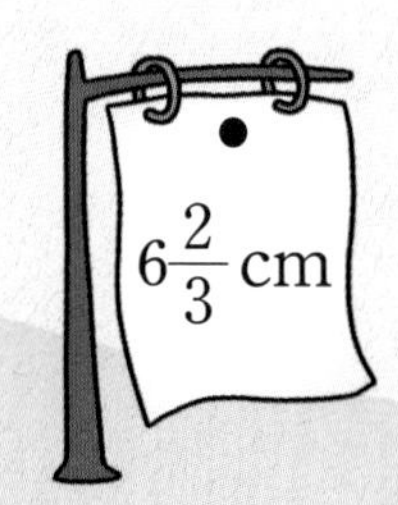

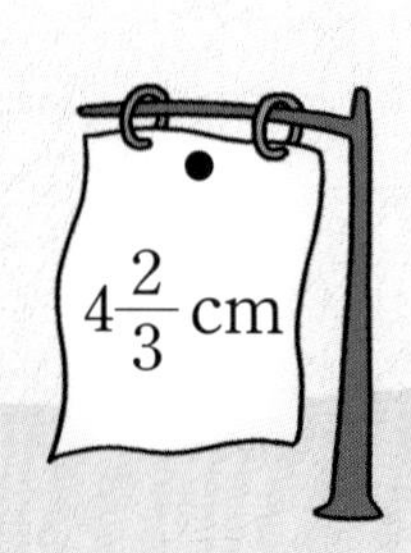

▶ 정답 및 해설 5쪽

2 수직선에서 눈금의 위치 알아보기

수직선에서 눈금 사이의 간격은 모두 같습니다.

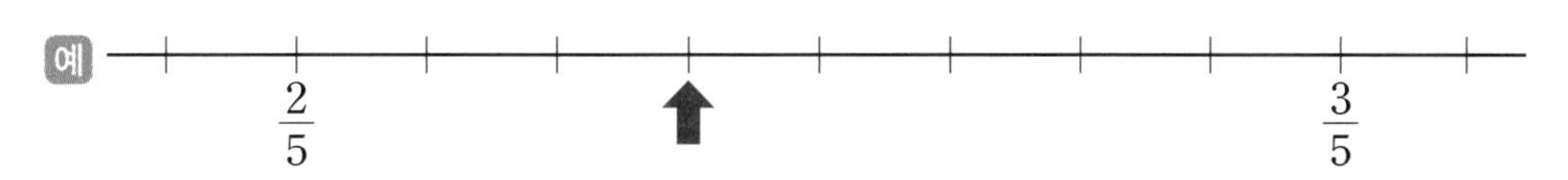

$\frac{2}{5}$와 $\frac{3}{5}$ 사이에는 눈금이 8칸 있고 두 수의 차는 $\frac{1}{5}$이므로 눈금 한 칸의 크기는 $\frac{1}{5} \div 8 = \frac{1}{40}$입니다.

➔ ⬆은 $\frac{2}{5}$에서 오른쪽으로 3칸 더 간 곳이므로 $\frac{2}{5} + \frac{1}{40} \times 3 = \frac{19}{40}$입니다.

활동 문제 집게 사이의 간격은 모두 같습니다. 수 카드를 집게에 알맞게 잇고, 빈 카드에는 알맞은 수를 써넣으세요.

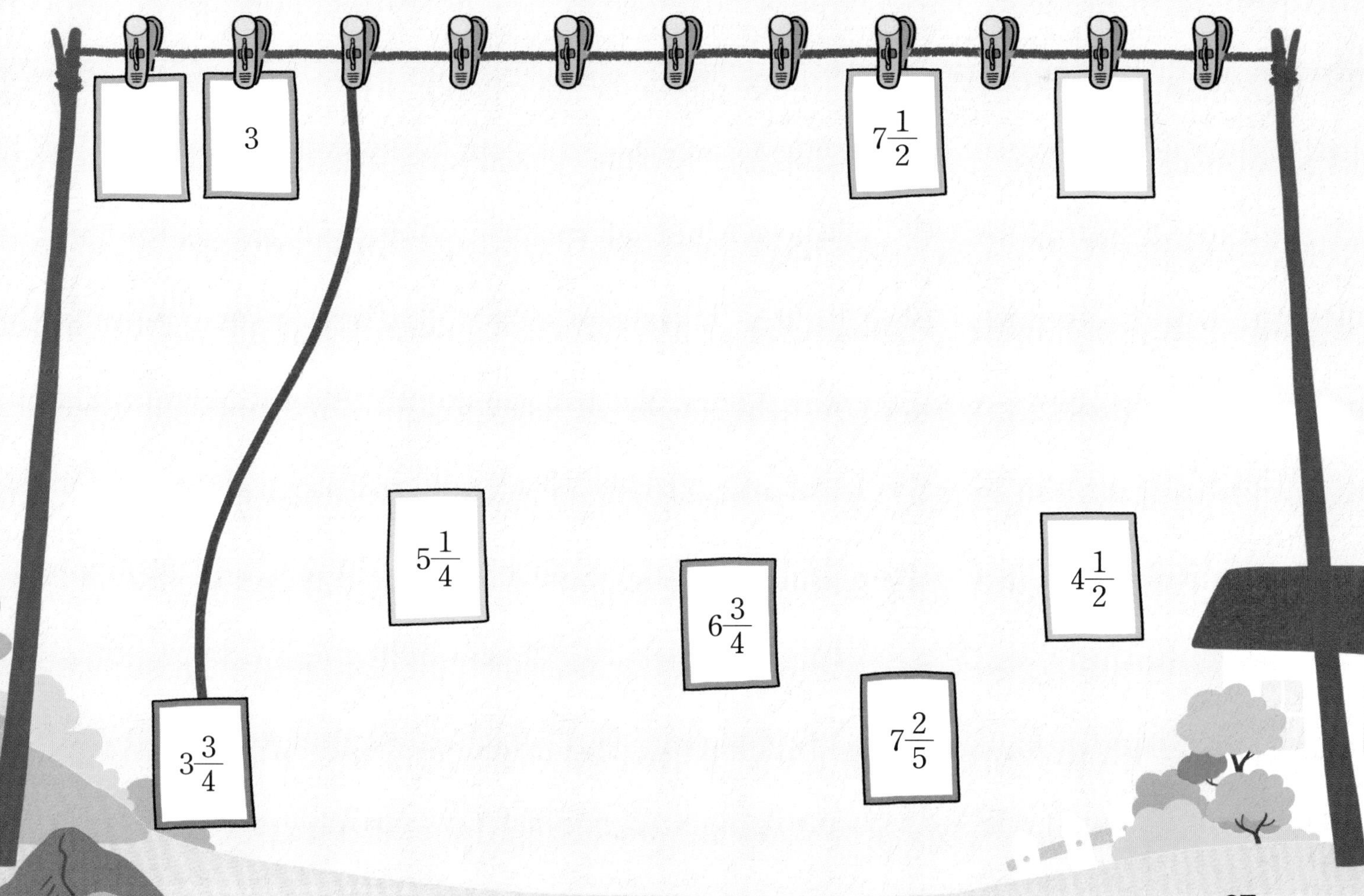

1-1 수직선에서 눈금 사이의 간격은 모두 같습니다. ㉠에 알맞은 분수를 구해 보세요.

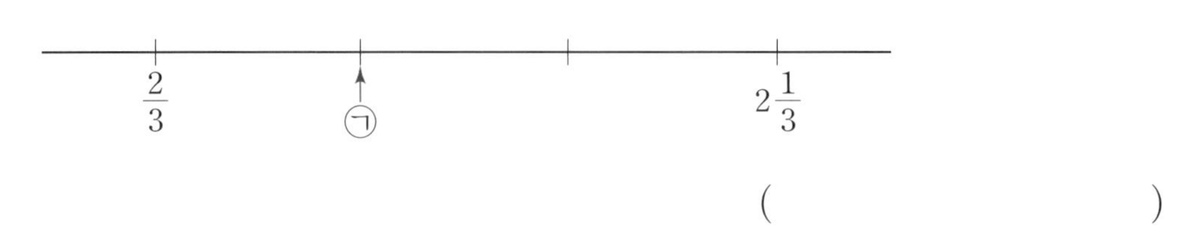

( )

❶ $\frac{2}{3}$와 $2\frac{1}{3}$ 사이에는 눈금이 몇 칸 있는지 세기
❷ 눈금 한 칸의 크기 구하기
❸ ㉠에 알맞은 분수 구하기

1-2 수직선에서 눈금 사이의 간격은 모두 같습니다. ㉠과 ㉡에 알맞은 분수를 각각 구해 보세요.

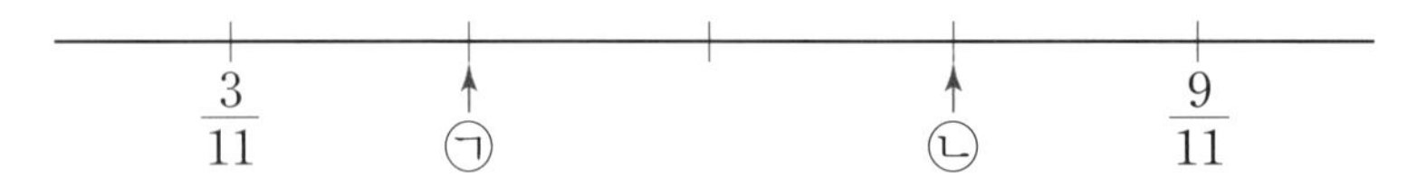

(1) $\frac{3}{11}$과 $\frac{9}{11}$ 사이에는 눈금이 몇 칸 있는지 세어 보세요.

( )

(2) 눈금 한 칸의 크기는 얼마인지 구해 보세요.

( )

(3) ㉠에 알맞은 분수를 구해 보세요.

( )

(4) ㉡에 알맞은 분수를 구해 보세요.

( )

▶정답 및 해설 6쪽

2-1 정사각형의 둘레와 정오각형의 둘레가 같습니다. 정오각형의 한 변의 길이는 몇 cm인지 구해 보세요.

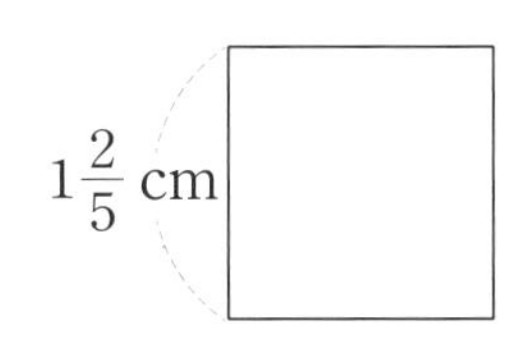

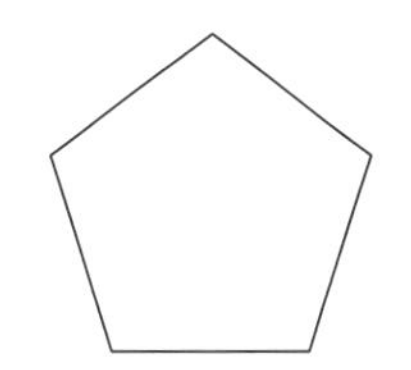

(   )

- 구하려는 것: 정오각형의 한 변의 길이
- 주어진 조건: 한 변의 길이가 $1\frac{2}{5}$ cm인 정사각형의 둘레와 정오각형의 둘레가 같음
- 해결 전략: 정사각형의 둘레를 구하고, 정오각형의 변의 수로 나누어 한 변의 길이를 구합니다.

구하려는 것(〜〜)과 주어진 조건(——)에 표시해 봅니다.

2-2 정사각형의 둘레와 정육각형의 둘레가 같습니다. 정육각형의 한 변의 길이는 몇 cm인지 기약분수로 나타내어 보세요.

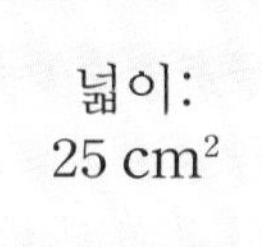

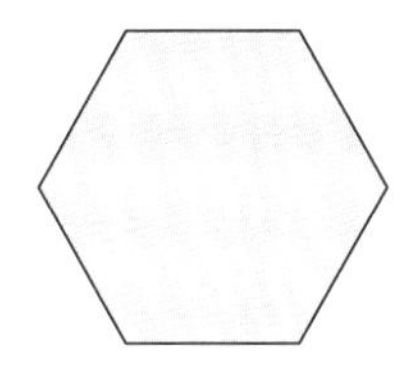

해결 전략
1. 정사각형의 한 변의 길이 구하기
2. 정사각형의 둘레 구하기
3. 정육각형의 한 변의 길이 구하기

(   )

2-3 삼각형과 직사각형의 넓이가 같습니다. 직사각형의 가로는 몇 cm인지 분수로 나타내어 보세요.

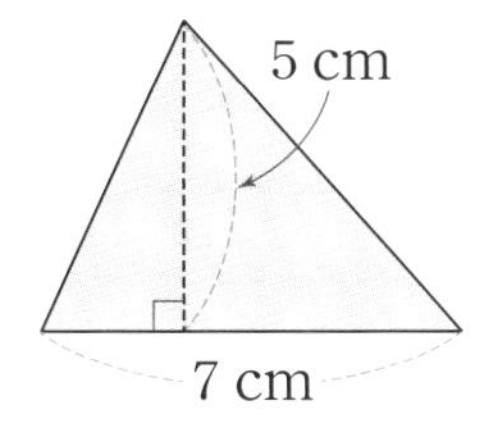

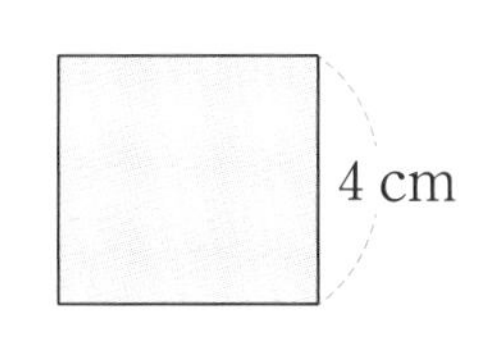

(   )

철사 7 m를 똑같이 둘로 자른 후 겹치지 않게 모두 사용하여 하나로는 정삼각형을 만들고, 다른 하나로는 정칠각형을 만들었습니다. 만든 정삼각형과 정칠각형의 한 변의 길이의 차를 구해 보세요.

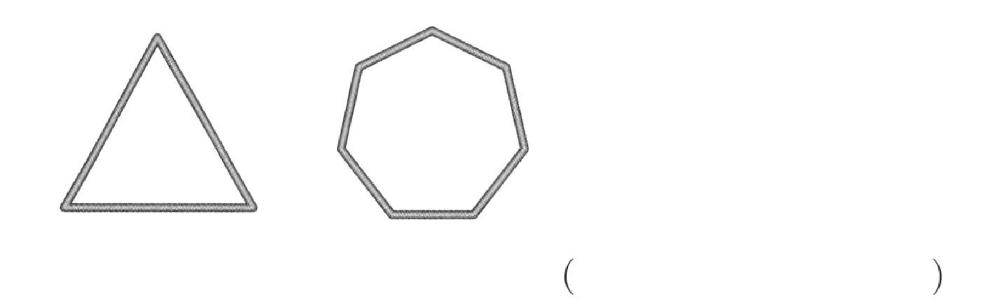

(　　　　　　　　　　)

둘레가 $\frac{33}{14}$ m인 훌라후프에 일정한 간격으로 리본을 묶으려고 합니다. 리본을 5군데에 묶으려면 리본 사이의 간격은 몇 m로 해야 하는지 구해 보세요. (단, 훌라후프와 리본의 두께는 생각하지 않습니다.)

(　　　　　　　　　　)

▶정답 및 해설 6쪽

건반의 길이가 일정한 길이만큼씩 짧아지는 실로폰을 만들었습니다. ㉠의 길이를 구해 보세요.

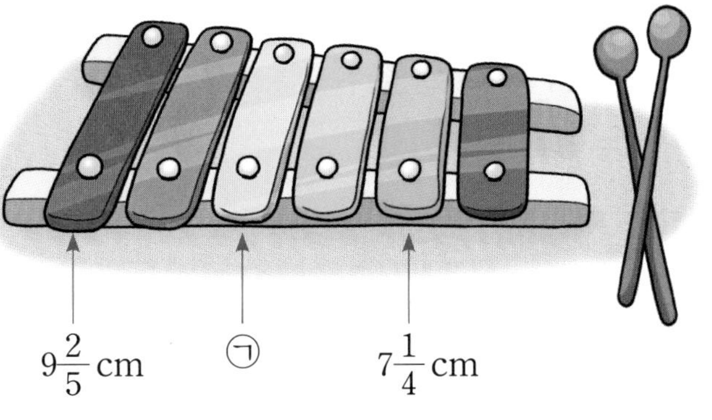

(　　　　　　　　)

그림과 같이 직각삼각형, 평행사변형, 직사각형을 그렸습니다. 평행사변형의 넓이가 $7\frac{1}{2}$ m^2이고 직사각형의 넓이가 13 m^2일때 직각삼각형의 넓이는 몇 m^2인지 구해 보세요.

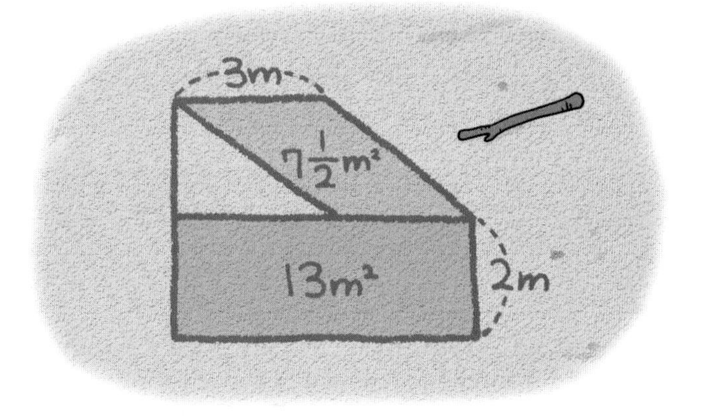

(　　　　　　　　)

하루에 하는 일의 양

1 하루에 하는 일의 양

어떤 일의 양을 1이라 하고 일을 끝마치는 데 걸리는 날수로 나누어 하루에 하는 일의 양을 나타낼 수 있습니다.

일을 끝마치는 데 걸리는 날수	3일이 걸려요.	6일이 걸려요.
하루에 하는 일의 양	$1 \div 3 = \frac{1}{3}$	$1 \div 6 = \frac{1}{6}$

우리 둘이 같이 하면

하루에 하는 일의 양

$\frac{1}{3} + \frac{1}{6} = \frac{1}{2}$

활동 문제 하루에 하는 일의 양이 같은 사람끼리 짝 지어 보세요.

▶정답 및 해설 7쪽

2 일을 끝마치는 데 걸리는 날수

와 가 같이 하면 하루에 하는 일의 양은 $\frac{1}{2}$입니다.

$\frac{1}{2}+\frac{1}{2}=1$이므로 일을 끝마치는 데 2일이 걸립니다.

2번

하루에 하는 일의 양을 몇 번 더해야 1이 되는지 알아보면 일을 하는 데 걸리는 날수를 구할 수 있어요!

활동 문제 32쪽의 활동 문제 를 보고 두 명이 함께 일하면 일을 끝마치는 데 며칠이 걸릴지 구해 보세요.

1-1 어떤 일을 하는데 어머니와 아버지는 다음과 같이 일을 할 수 있다고 합니다. 두 사람이 함께 일을 시작하면 일을 끝마치는 데 며칠이 걸리는지 구해 보세요.

(　　　　　　　　　)

❶ 어머니와 아버지가 각각 하루에 일하는 양 구하기
❷ 두 사람이 함께 일을 했을 때 하루에 일하는 양 구하기
❸ 두 사람이 함께 일을 하면 일을 끝마치는 데 며칠이 걸리는지 구하기

1-2 어떤 일을 하는데 혜진이와 은주는 다음과 같이 일을 할 수 있다고 합니다. 두 사람이 함께 일을 시작하면 일을 끝마치는 데 며칠이 걸리는지 구해 보세요.

(1) 혜진이와 은주가 하루에 일하는 양은 각각 전체의 얼마인지 기약분수로 나타내어 보세요.

혜진 (　　　　　　　　　)
은주 (　　　　　　　　　)

(2) 두 사람이 함께 일을 했을 때 하루에 일하는 양은 전체의 얼마인지 기약분수로 나타내어 보세요.

(　　　　　　　　　)

(3) 두 사람이 함께 일을 하면 일을 끝마치는 데 며칠이 걸리는지 구해 보세요.

(　　　　　　　　　)

▶정답 및 해설 7쪽

2-1 수영장에 가, 나 수도가 설치되어 있습니다. 가 수도만 틀면 3시간 만에, 나 수도만 틀면 2시간 만에 수영장에 물이 가득 찹니다. 가, 나 수도를 동시에 틀어서 수영장에 물을 가득 채우려면 몇 시간 몇 분이 걸리는지 구해 보세요.

(　　　　　　　　)

- 구하려는 것: 가, 나 수도를 동시에 틀어서 수영장에 물을 가득 채우는 데 걸리는 시간
- 주어진 조건: 가 수도만 틀면 3시간 만에, 나 수도만 틀면 2시간 만에 수영장에 물이 가득 참
- 해결 전략: 가 수도를 1시간 동안 틀었을 때와 나 수도를 1시간 동안 틀었을 때 각각 수영장의 얼마만큼을 채울 수 있는지 알아보고 두 수도를 동시에 틀었을 때를 예상해 봅니다.

✎ 구하려는 것(～～)과 주어진 조건(——)에 표시해 봅니다.

2-2 어느 욕조에 물을 가득 채우는 데에는 20분이 걸리고 가득 찬 물을 빼는 데에는 25분이 걸립니다. 욕조 마개를 열어 둔채로 물을 받는다면 물을 가득 채우는 데 몇 분이 걸리는지 구해 보세요.

해결 전략

❶ 1분 동안 물을 받으면 욕조의 얼마만큼이 채워지는지 구하기

❷ 1분 동안 물을 빼면 욕조의 얼마만큼이 빠져 나가는지 구하기

❸ 마개를 열어 둔채로 1분 동안 물을 받으면 욕조의 얼마만큼이 채워지는지 구하기

❹ 물을 가득 채우려면 몇 분이 걸리는지 구하기

(　　　　　　　　)

2-3 어느 욕조의 $\frac{1}{3}$을 채우는 데에는 8분이 걸립니다. 이 욕조의 $\frac{1}{2}$을 채우려면 몇 분이 걸리는지 구해 보세요.

(　　　　　　　　)

5일 사고력 • 코딩

1 추론

연서네 강아지는 사료 한 봉지로 30일 동안 먹습니다. 강아지 한 마리를 더 입양한 후에는 두 강아지가 사료 한 봉지로 20일 동안 먹습니다. 새로 입양한 강아지 혼자 사료를 먹는다면 사료 한 봉지로 며칠 동안 먹을 수 있는지 구해 보세요.

(　　　　　　　　　　　)

2 문제 해결

가 자동차는 나 자동차가 있는 곳까지 가는 데에는 2시간이 걸리고, 나 자동차는 가 자동차가 있는 곳까지 가는 데에는 1시간이 걸립니다. 두 자동차가 서로를 향해 동시에 출발하면 몇 분 후에 만나게 되는지 구해 보세요. (단, 두 자동차는 각각 일정한 빠르기로 움직입니다.)

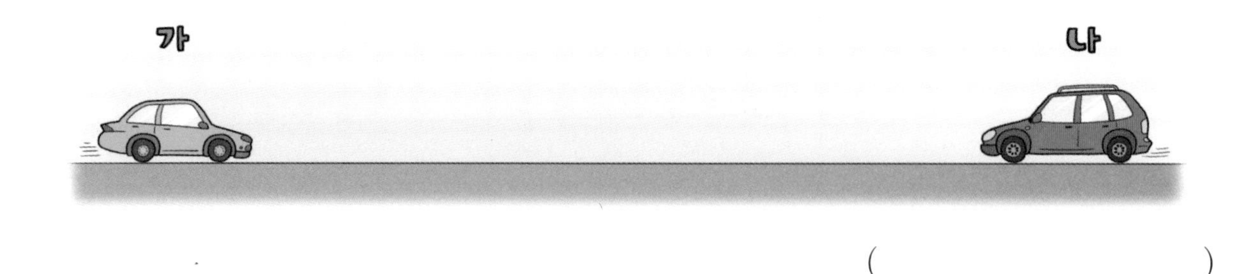

(　　　　　　　　　　　)

▶ 정답 및 해설 7쪽

3 추론

어느 영화관에 팝콘 기계가 2개 있습니다. 가 기계는 10초 만에 팝콘 통 2개 반을 채울 수 있고, 나 기계는 8초 만에 팝콘 통 3개를 채울 수 있습니다. 두 기계를 동시에 사용하여 팝콘 통 10개를 채우려면 몇 초가 걸리는지 구해 보세요.

( )

4 문제 해결

목장에서 우유를 짜고 있습니다. 두 사람이 함께 일하면 우유 24 L를 짜는 데 몇 시간 몇 분이 걸리는지 구해 보세요.

( )

1주 특강 창의 · 융합 · 코딩

1 고대 이집트에서는 자연수와 분수를 그림으로 나타냈다고 합니다. 분수의 나눗셈을 계산하여 몫을 이집트 분수로 나타내어 보세요. 창의 · 융합

2 지나가는 길에 있는 수를 ㉠, ㉡, ㉢에 차례로 놓아 계산하려고 합니다. 계산 결과가 가장 크게 되는 길을 따라가고 계산해 보세요. 문제 해결

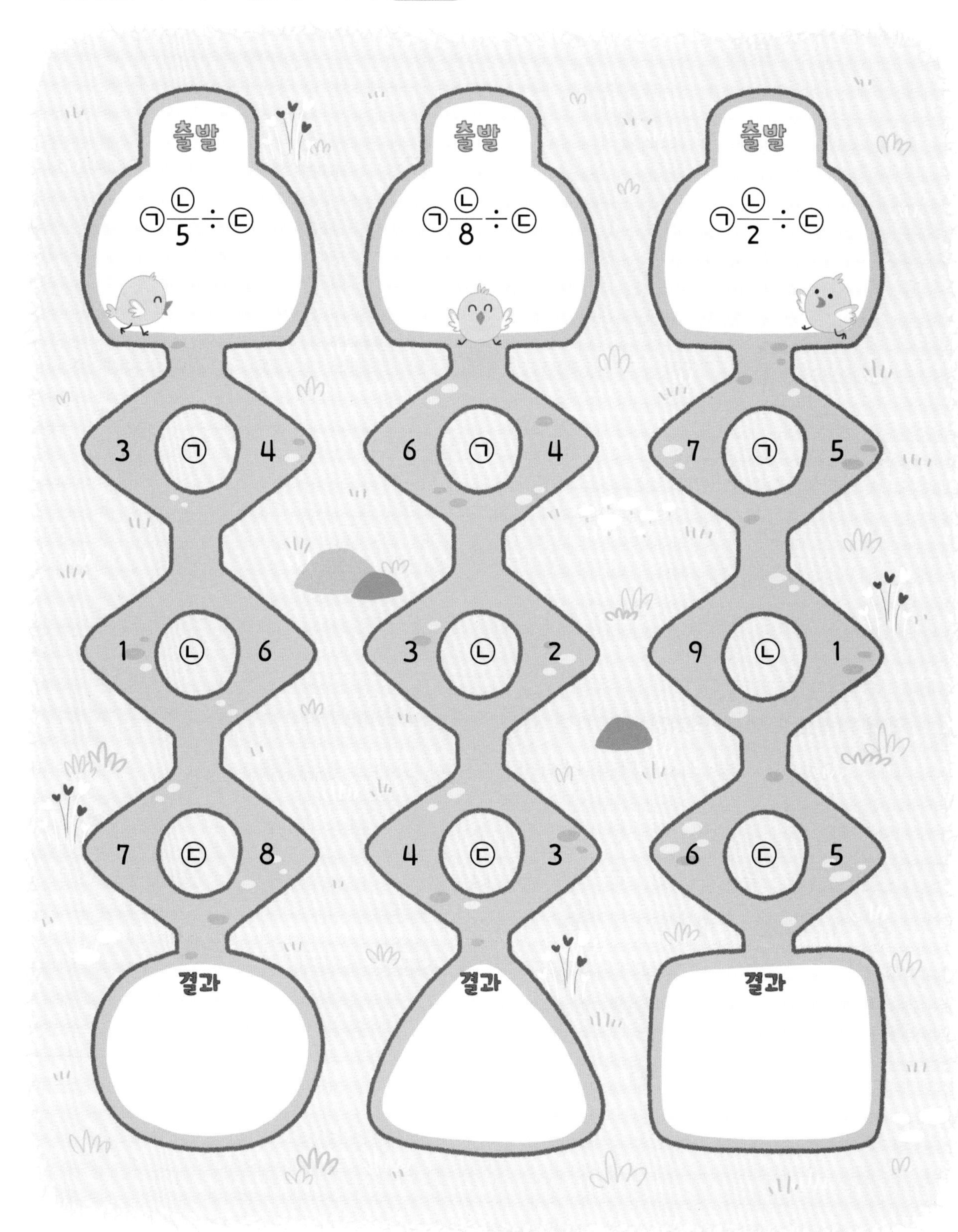

3 다음 보기 와 같이 아래쪽에 짝 지어진 두 수의 곱을 그 수의 위에 씁니다. 빈 곳에 알맞은 기약분수를 써넣으세요. 코딩

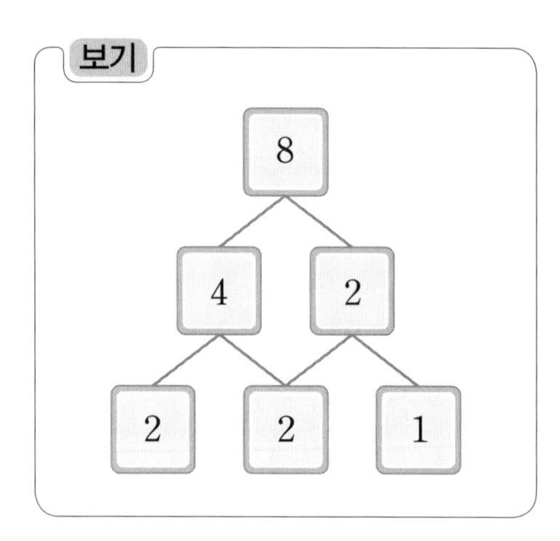

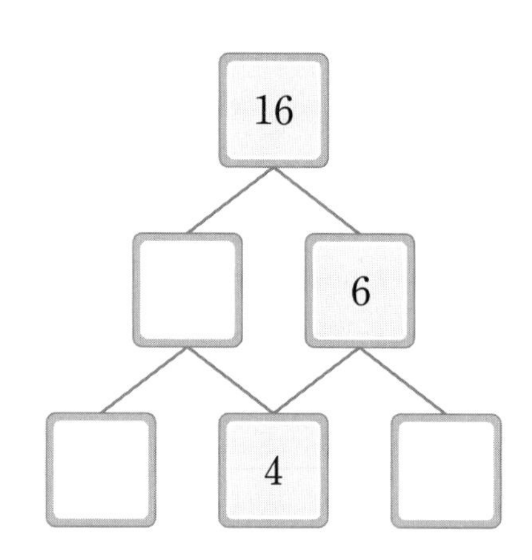

4 격자 암호와 위치가 일치하는 격자의 색칠한 부분의 글씨만 적어서 나열하면 격자 암호를 해독할 수 있습니다. 다음 격자 암호를 해독하고 계산해 보세요. 문제 해결

사	와	나	칠	의	살	분	의	던	고
은	향	이	를	칠	오	로	삼	사	나
누	어	이	육	팔	보	세	요	칠	구

해독

식 답

5 9명의 학생들이 주스를 마시려고 합니다. 각자 오렌지 주스와 포도 주스 중 한 가지에 줄을 서고 줄을 선 학생들이 똑같이 나눠 마시려고 합니다. 재인이는 주스를 더 많이 마실 수 있는 쪽으로 줄을 서려고 합니다. 어떤 주스 쪽에 줄을 서면 되는지 구해 보세요. 추론

(　　　　　　　　)

6 마주 보는 두 면에 있는 두 수의 곱이 일정하도록 정육면체의 전개도를 만들었습니다. 정육면체의 전개도를 보고 ㉠과 ㉡에 알맞은 수를 기약분수로 나타내어 보세요. 문제 해결

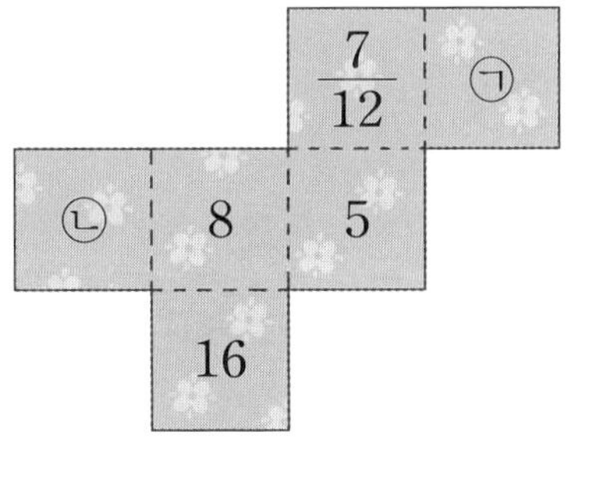

㉠ (　　　　　　　　)

㉡ (　　　　　　　　)

7 다음 코드를 실행했을 때 출력되는 기약분수를 구해 보세요. 코딩

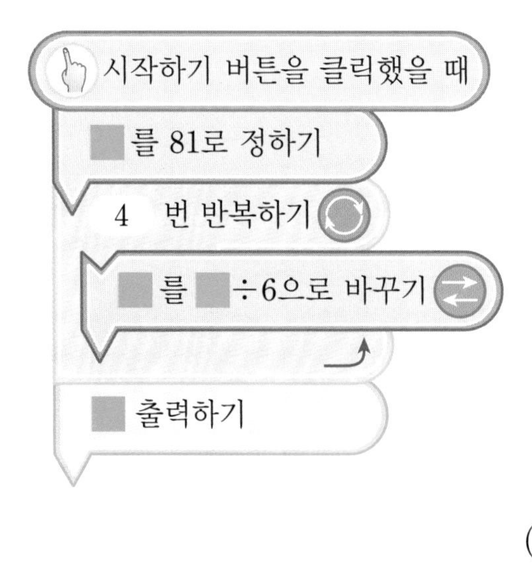

( )

8 어느 욕조에 물을 가득 채우는 데에는 10분이 걸리고 가득 찬 물을 빼는 데에는 12분이 걸립니다. 욕조 마개를 열어 둔채로 물을 받기 시작했고 6분이 지났을 때 마개를 막았습니다. 이 욕조에 물을 가득 채우는 데 걸린 시간을 구해 보세요. 문제 해결

( )

▶정답 및 해설 8쪽

9 □ 안에 들어갈 수 있는 자연수가 써 있는 칸을 모두 색칠했을 때 생기는 수를 표에서 찾아 해당하는 글자를 써넣어 수수께끼를 만들어 보세요. 추론

$\frac{\square}{6}<3\frac{1}{3}\div4$

6	1	5	2	5	비
8	2	5	1	8	
7	3	7	4	8	
8	4	3	4	4	
9	6	6	4	9	

$\frac{\square}{4}<6\div8$

3	8	1	5	3	가
4	5	1	9	8	
7	6	2	3	4	
5	3	1	4	7	
9	8	2	7	6	

$1\frac{\square}{7}>4\frac{5}{7}\div3$

1	5	5	6	1	새
3	6	3	5	7	
4	9	2	6	1	
4	2	7	6	4	
8	9	3	6	4	

$\frac{5}{\square}>3\frac{3}{4}\div6$

9	1	4	6	8	장
8	8	8	2	9	
9	1	2	5	8	
9	7	8	8	9	
8	4	3	3	9	

$14\frac{1}{4}\div6<2\frac{\square}{8}$

1	4	6	5	9	는
3	7	1	4	2	
9	7	4	5	8	
2	5	3	6	8	
9	6	6	7	1	

$\square<11\frac{1}{2}\div2$

6	1	5	3	8	싼
8	1	9	7	6	
9	4	3	2	9	
7	9	7	2	6	
9	4	3	5	8	

1	2	3	4	5	6	7	8	9
가			비					?

답 백조

누구나 100점 TEST

맞은 개수 /9개

1 오른쪽 달걀 한 판의 무게는 $1\frac{1}{2}$ kg입니다. 달걀의 무게가 모두 같을 때 달걀 한 개의 무게는 몇 kg인지 기약분수로 나타내어 보세요.

( )

2 우유와 컵의 들이를 비교해 보세요.

(1) 우유의 들이는 컵의 들이의 몇 배인지 기약분수로 나타내어 보세요.

( )

(2) 우유의 들이는 컵의 들이보다 몇 mL 더 많을까요?

( )

3 끈 $3\frac{3}{4}$ m를 겹치지 않게 모두 사용하여 정육각형 모양 1개를 만들었습니다. 만든 정육각형의 한 변의 길이는 몇 m인지 기약분수로 나타내어 보세요.

( )

4 일정한 빠르기로 3시간 동안 160 km를 가는 자동차가 있습니다. 이 자동차가 1시간 동안 갈 수 있는 거리는 몇 km인지, 1 km를 가는 데 몇 시간이 걸리는지 각각 분수로 나타내어 보세요.

1시간 동안 갈 수 있는 거리 ( )

1 km를 가는 데 걸리는 시간 ( )

5 $11\frac{4}{7} \div 3 = ★\frac{▲}{●}$일 때, 다음 수수께끼를 풀어 보세요. (단, $★\frac{▲}{●}$는 기약분수입니다.)

( )

6 유리컵 실로폰은 물의 높이가 높을수록 낮은 음을 낸다고 합니다. 가장 낮은 음을 내는 유리컵 물의 높이는 가장 높은 음을 내는 유리컵의 물의 높이의 몇 배인지 구해 보세요.

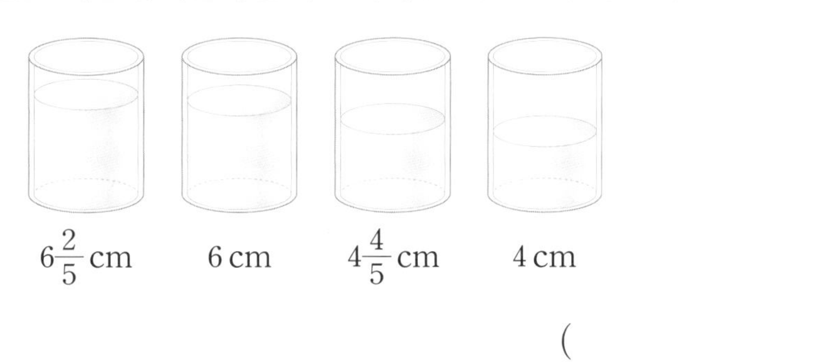

(　　　　　　　　　　)

7 수 카드 2장을 모두 사용하여 계산 결과가 가장 큰 나눗셈식을 만들고 계산해 보세요.

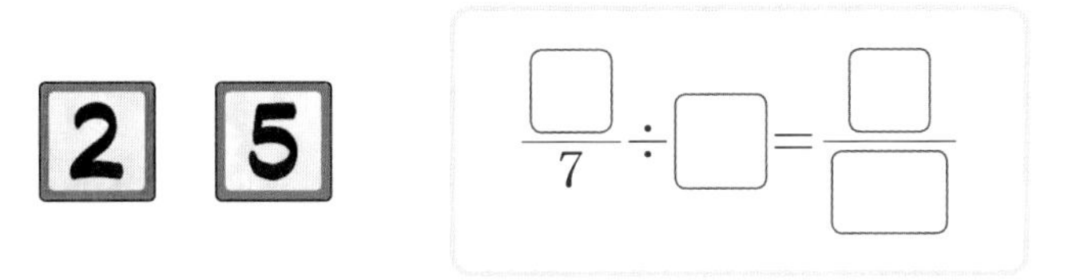

8 현중이가 색종이로 꽃 팽이를 접고 있습니다. 현중이가 일정한 빠르기로 꽃 팽이 3개를 접는 데 8분이 걸린다고 합니다. 1시간 동안 접으면 몇 개까지 접을 수 있는지 구해 보세요. (단, 완성된 팽이만 셉니다.)

(　　　　　　　　　　)

9 □ 안에 들어갈 수 있는 자연수를 모두 구해 보세요.

$$1\frac{\square}{5} < 6\frac{2}{5} \div 4$$

(　　　　　　　　　　)

2주 이번 주에는 무엇을 공부할까? ①

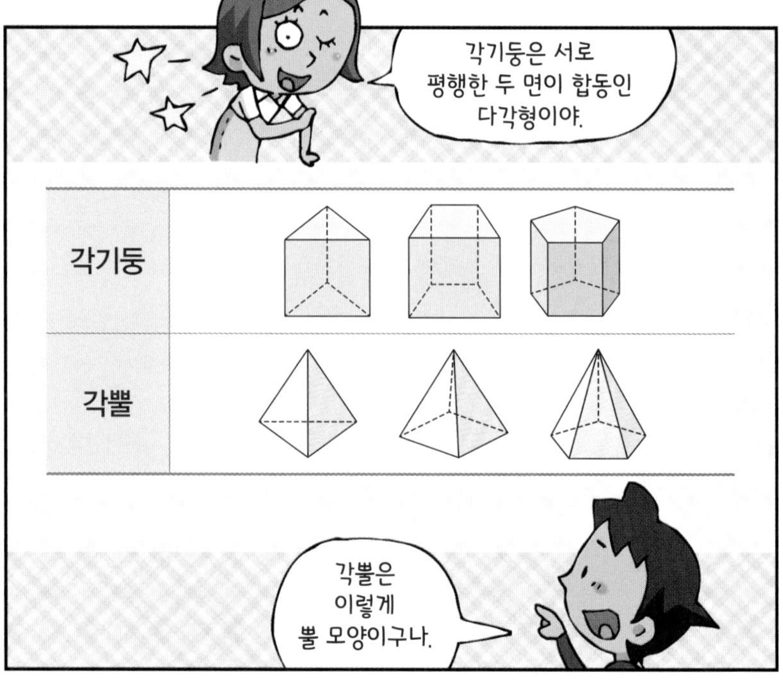

만화로 미리 보기

^^
악마 캐릭터에 각뿔이 달려 있네.

세계에서 가장 긴 추로스를 만들었다는 뉴스를 봤어.

얼마나 길게 만들었는데?
길이가 3.66 m나 된대.

추로스 3.66 m를 우리 2명이 똑같이 나누면 한 사람이 몇 m를 가질 수 있을까?

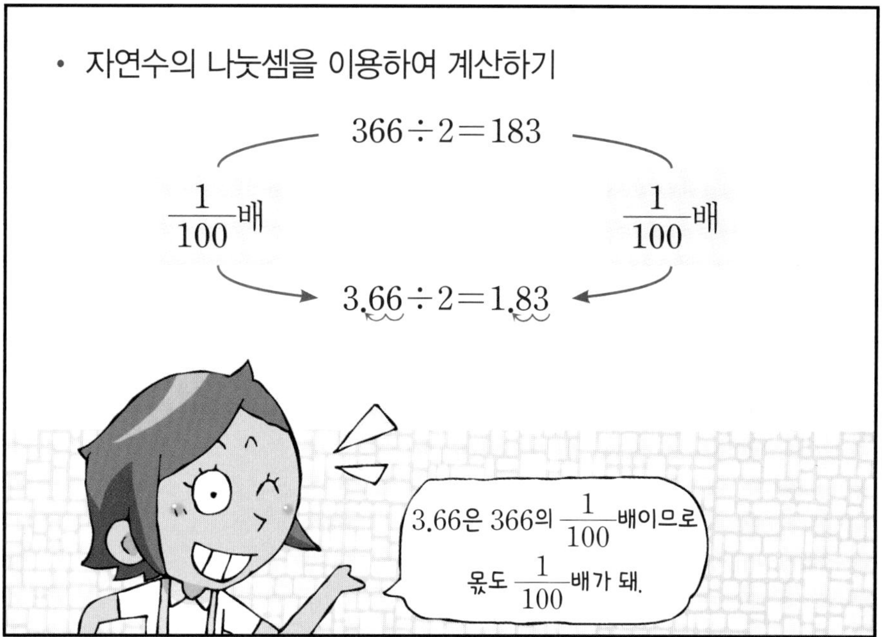
• 자연수의 나눗셈을 이용하여 계산하기
366÷2=183
1/100배
1/100배
3.66÷2=1.83
3.66은 366의 1/100배이므로 몫도 1/100배가 돼.

나도 추로스처럼 길게 할 수 있는 게 있어.
뭔데?

집중력 있게 길게 공부를 할 수 있지.

ZZZ
쿠울~
30초를 못 견디네.

2주 이번 주에는 무엇을 공부할까? ②

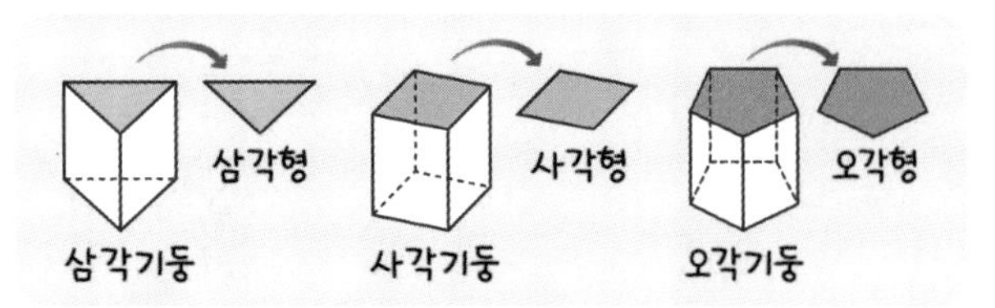

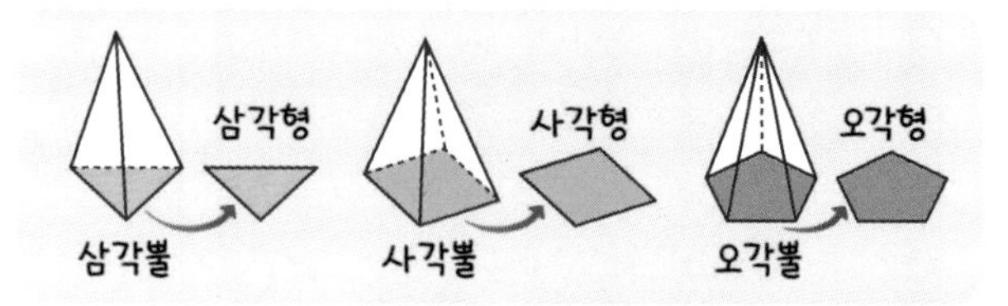

확인 문제

1-1 각기둥을 보고 표를 완성해 보세요.

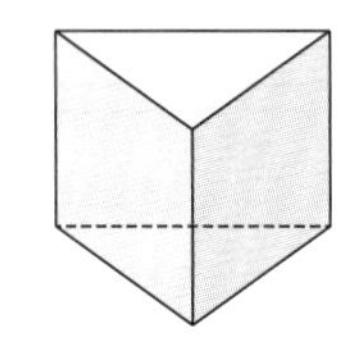
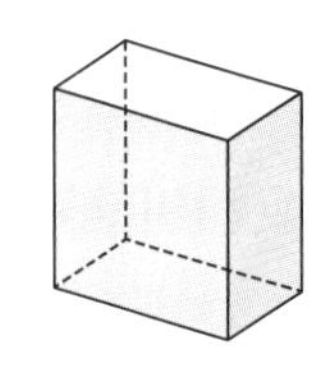

도형	한 밑면의 변의 수(개)	꼭짓점의 수(개)	면의 수 (개)	모서리의 수(개)
삼각기둥				
사각기둥				

한번 더

1-2 각기둥을 보고 표를 완성해 보세요.

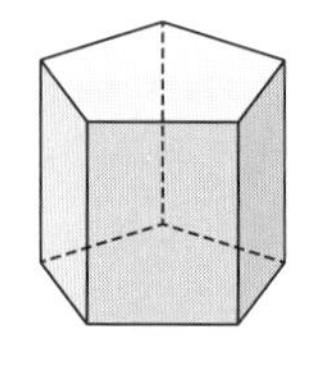
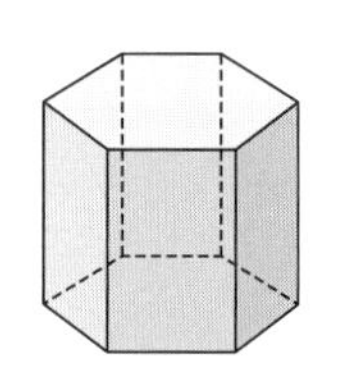

도형	한 밑면의 변의 수(개)	꼭짓점의 수(개)	면의 수 (개)	모서리의 수(개)
오각기둥				
육각기둥				

2-1 각뿔을 보고 표를 완성해 보세요.

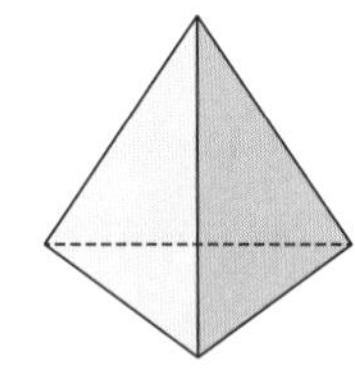
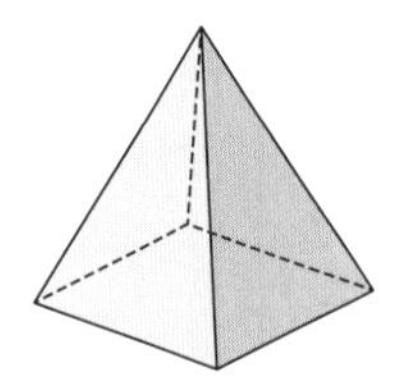

도형	밑면의 변의 수(개)	꼭짓점의 수(개)	면의 수 (개)	모서리의 수(개)
삼각뿔				
사각뿔				

2-2 각뿔을 보고 표를 완성해 보세요.

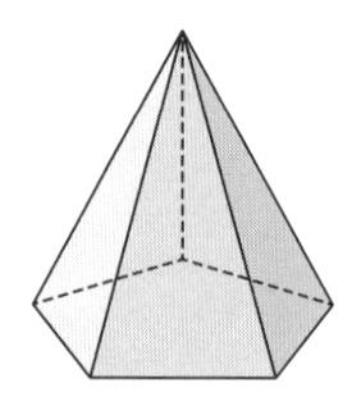
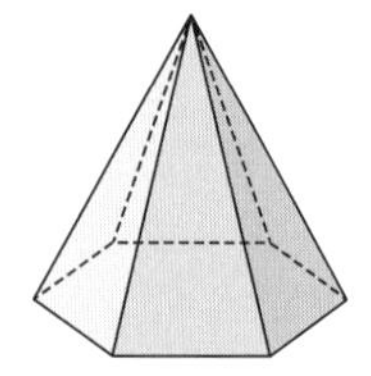

도형	밑면의 변의 수(개)	꼭짓점의 수(개)	면의 수 (개)	모서리의 수(개)
오각뿔				
육각뿔				

교과 내용 확인하기

▶정답 및 해설 10쪽

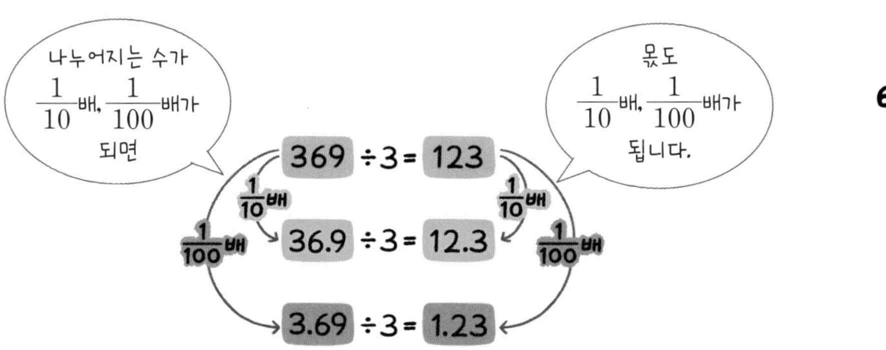

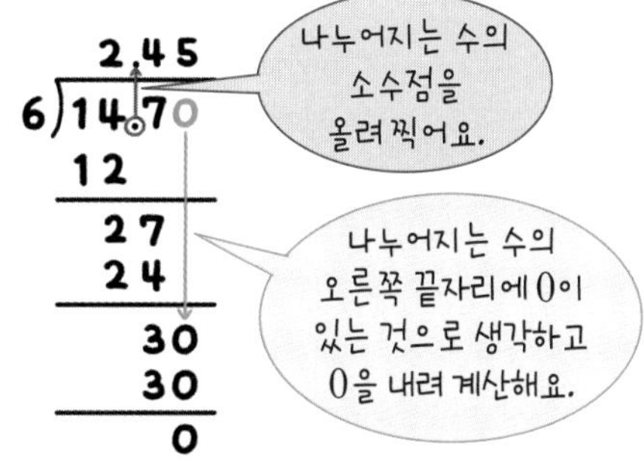

확인 문제

3-1 자연수의 나눗셈을 이용하여 소수의 나눗셈을 해 보세요.

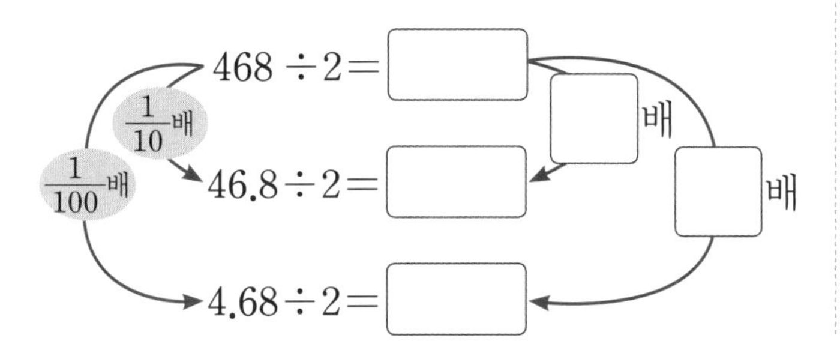

한번 더

3-2 자연수의 나눗셈을 이용하여 소수의 나눗셈을 해 보세요.

$936 \div 3 = \square$

$93.6 \div 3 = \square$

$9.36 \div 3 = \square$

4-1 나머지가 0이 될 때까지 계산해 보세요.

(1) $4\overline{)33.4}$

(2) $12\overline{)46.2}$

(3) $14.7 \div 2$

(4) $49.4 \div 5$

4-2 나머지가 0이 될 때까지 계산해 보세요.

(1) $5\overline{)24.3}$

(2) $16\overline{)47.2}$

(3) $36.4 \div 8$

(4) $88.9 \div 14$

여러 가지 입체도형

❶ 각기둥, 각뿔

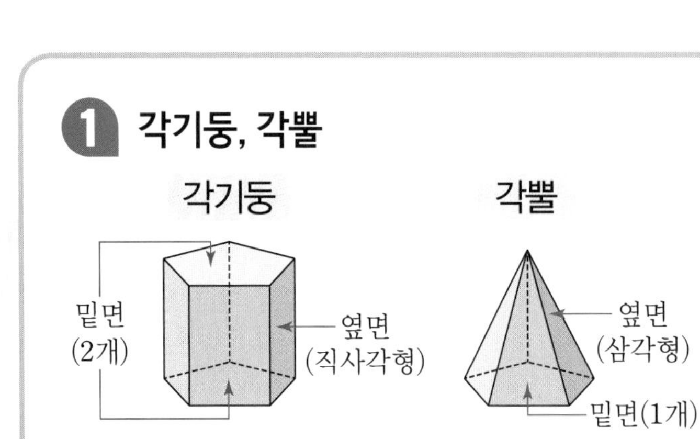

		각기둥	각뿔
같은 점	밑면의 모양	다각형	
다른 점	밑면의 수	2개	1개
	옆면의 모양	직사각형	삼각형

활동 문제 건축가가 되어 여러 가지 모양의 건축물을 만들었습니다. 건축물의 모양을 보고 분류해 보세요.

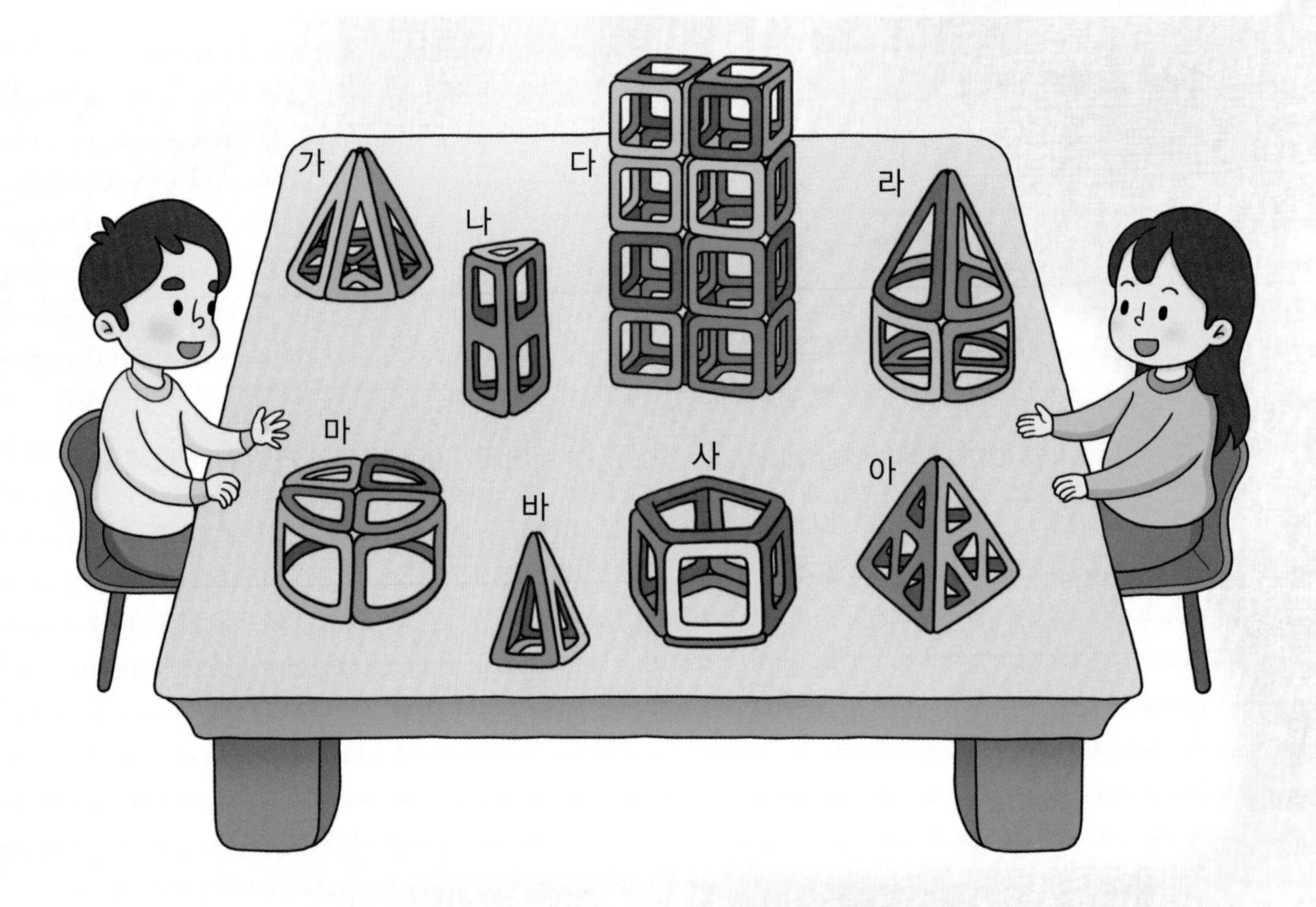

각기둥	
각뿔	
각기둥도 아니고 각뿔도 아닌 도형	

▶ 정답 및 해설 10쪽

2 입체도형 자르기

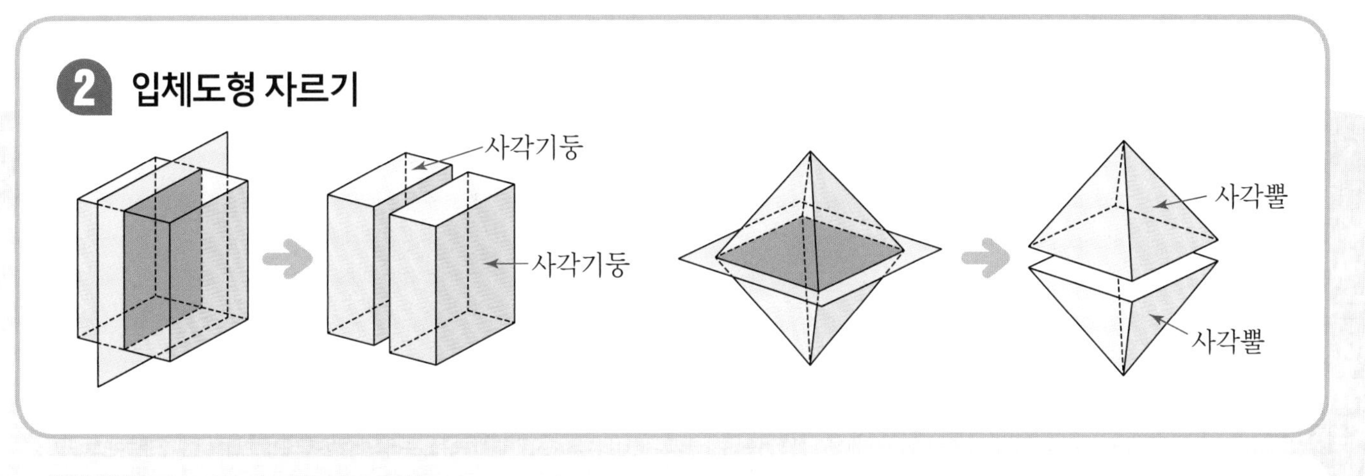

활동 문제 입체도형을 다음과 같이 자르면 어떤 도형을 얻을 수 있는지 써 보세요.

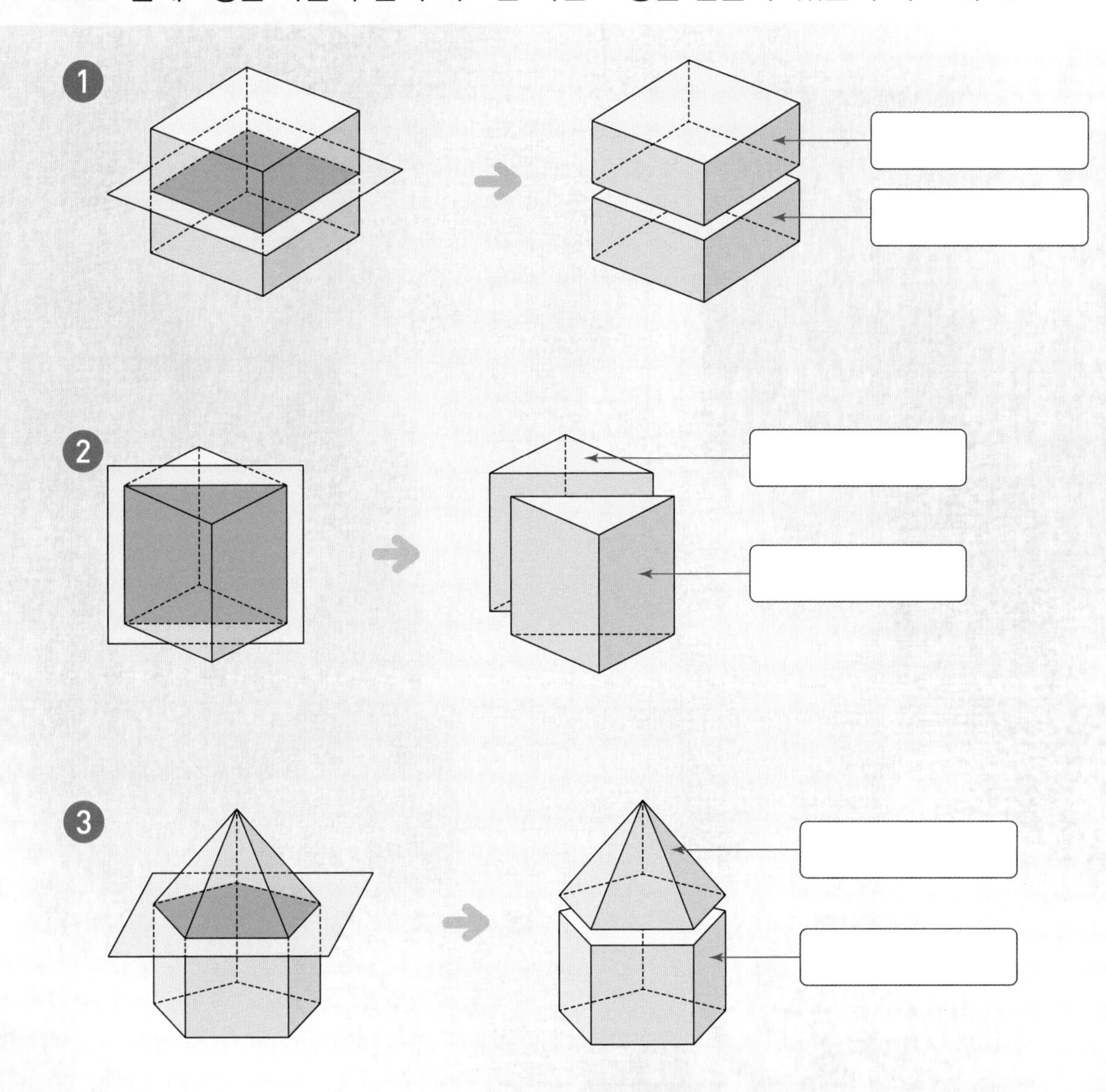

1일 서술형 길잡이

1-1 주어진 색판지를 모두 사용하여 만들 수 있는 입체도형의 이름을 써 보세요.

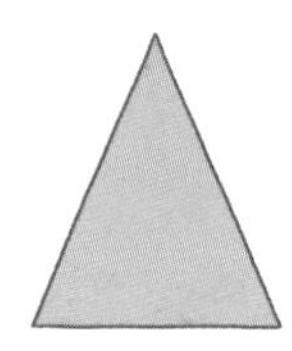

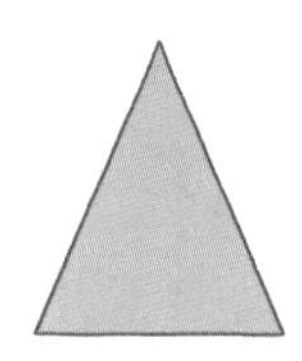

( )

❶ 밑면과 옆면을 찾아 각기둥인지 각뿔인지를 알아봅니다. ➜ 밑변이 2개이면 각기둥이고 밑면이 1개이면 각뿔입니다. 또, 옆면이 직사각형이면 각기둥이고 옆면이 삼각형이면 각뿔입니다.
❷ 밑면의 모양을 보고 입체도형의 이름을 알아봅니다.

1-2 주어진 색판지를 모두 사용하여 만들 수 있는 입체도형의 이름을 알아보세요.

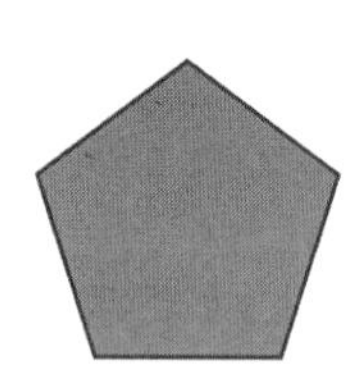
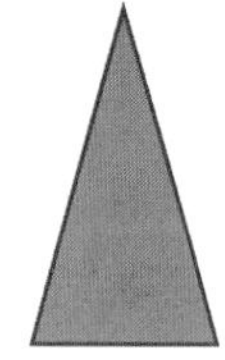
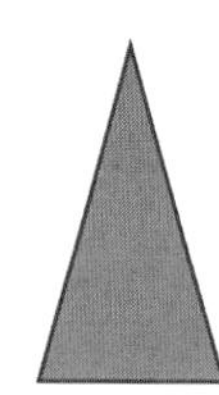
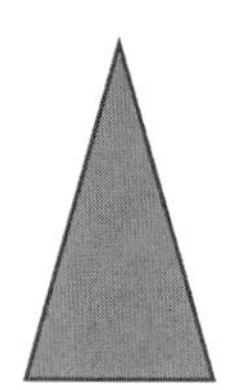
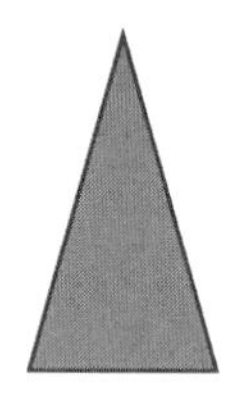
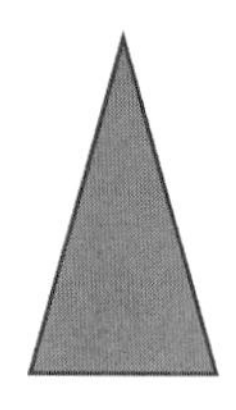

(1) 밑면의 모양과 옆면의 모양을 각각 써 보세요.

밑면의 모양 ( ), 옆면의 모양 ( )

(2) 입체도형의 이름을 써 보세요.

( )

1-3 주어진 색판지를 모두 사용하여 만들 수 있는 입체도형의 이름을 알아보세요.

밑면의 모양은 [ ]이고 옆면의 모양은 [ ]이므로

만들 수 있는 입체도형의 이름은 [ ]입니다.

▶정답 및 해설 10쪽

2-1 오른쪽과 같이 입체도형을 평면으로 잘랐습니다. 이때 생기는 두 입체도형의 이름을 각각 써 보세요.

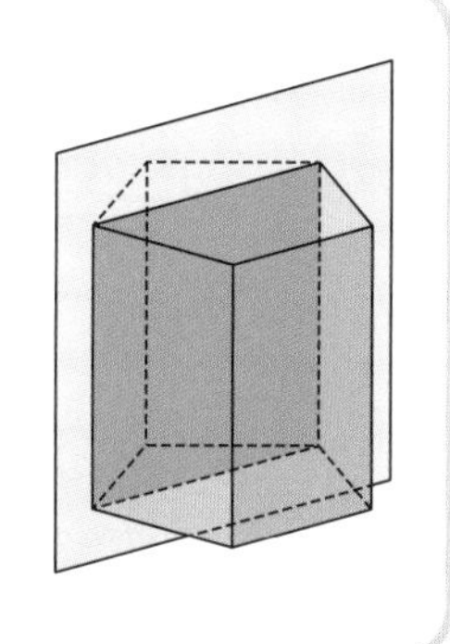

( ), ( )

- 구하려는 것: 생기는 두 입체도형의 이름
- 주어진 조건: 오각기둥을 자르는 그림
- 해결 전략: ❶ 잘랐을 때 생기는 입체도형이 각기둥인지 각뿔인지 알아보기
  ❷ 입체도형의 밑면을 보고 이름 알아보기

✎ 구하려는 것(〰)과 주어진 조건(——)에 표시해 봅니다.

2-2 다음과 같이 입체도형을 평면으로 잘랐습니다. 이때 생기는 두 입체도형의 이름을 각각 써 보세요.

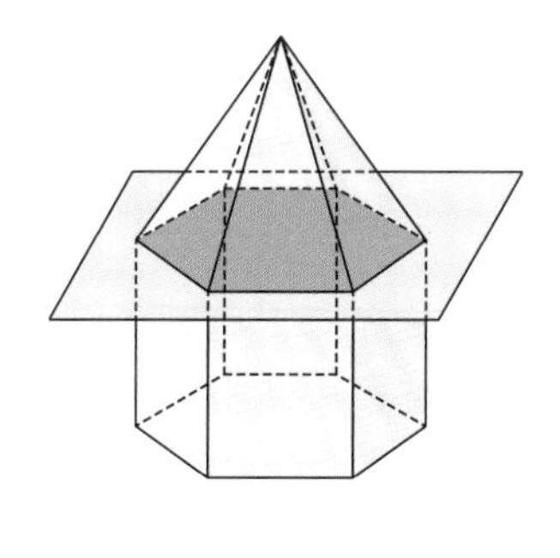

해결 전략

❶ 잘랐을 때 생기는 입체도형이 각기둥인지 각뿔인지 알아보기

❷ 입체도형의 밑면을 보고 이름 알아보기

( ), ( )

2-3 오른쪽 입체도형을 점 ㄴ, ㄹ, ㅅ을 지나는 면을 따라 잘랐습니다. 이때 생기는 색칠한 입체도형의 이름을 써 보세요.

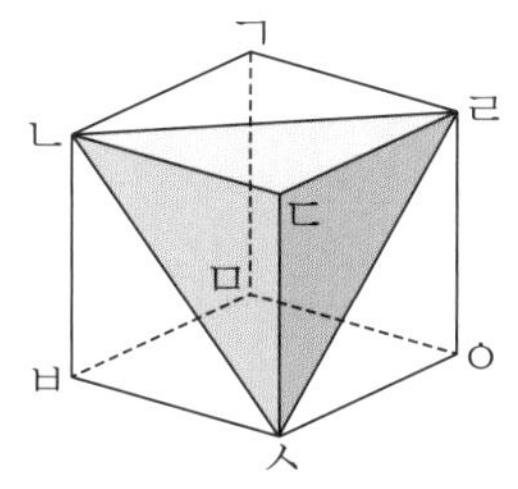

( )

1 코딩

밑면의 모양과 옆면의 모양이 만나는 곳에 각기둥이나 각뿔의 이름을 알맞게 써넣으세요.

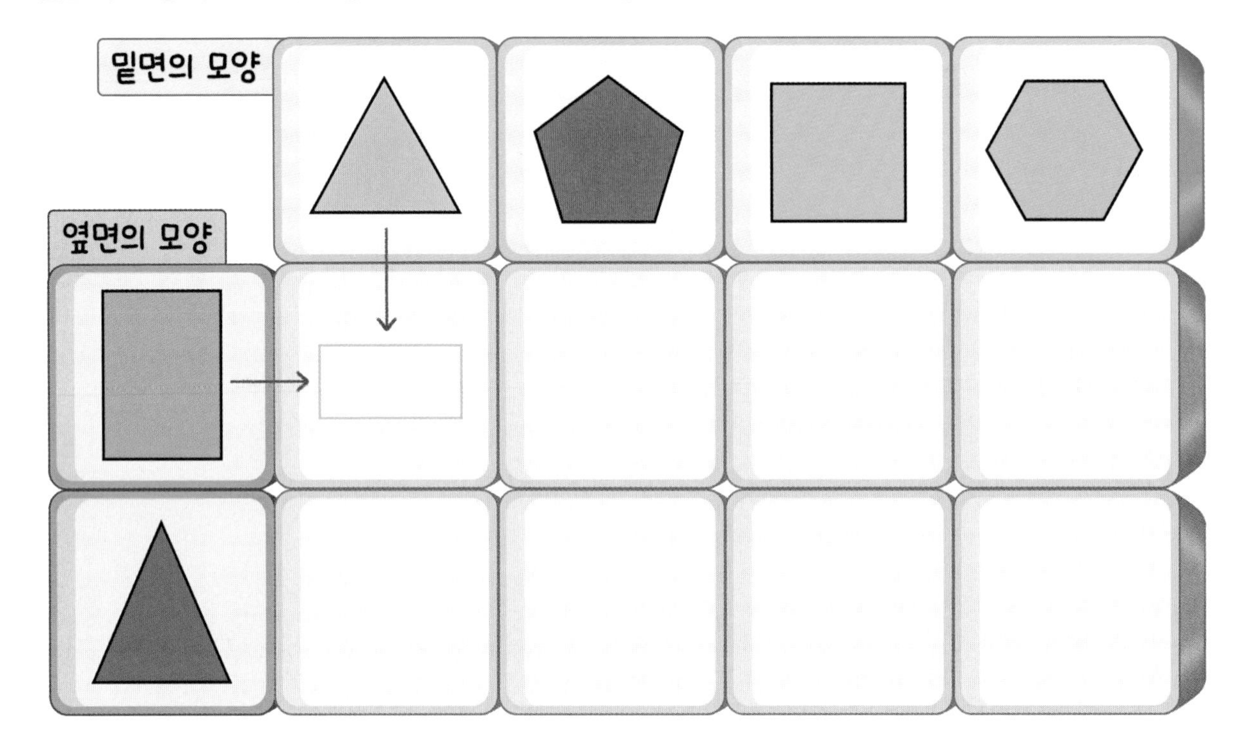

2 창의 · 융합

다음 입체도형의 면, 모서리, 꼭짓점의 수를 각각 구해 보세요.

(1)

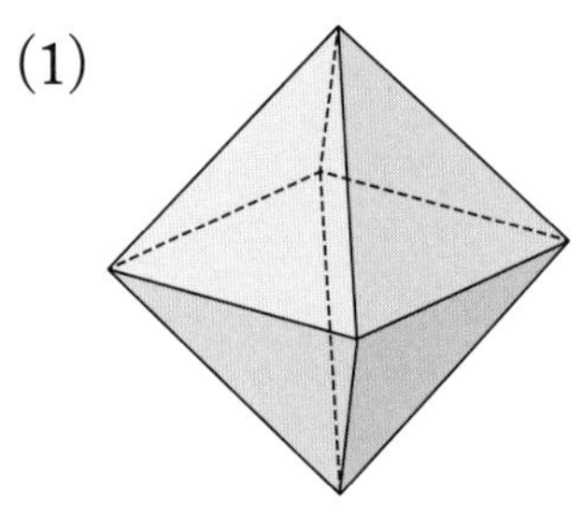

면 ( )
모서리 ( )
꼭짓점 ( )

(2)

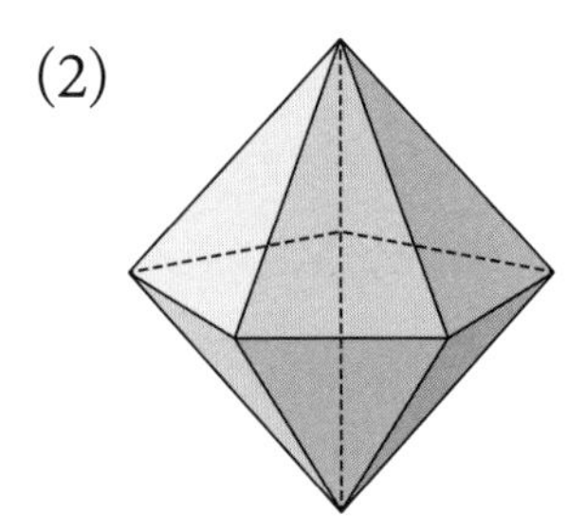

면 ( )
모서리 ( )
꼭짓점 ( )

▶정답 및 해설 11쪽

3 추론

입체도형을 평면으로 한 번 잘라 주어진 도형을 만들려고 합니다. 어떻게 잘라야 하는지 표시해 보세요.

(1) 사각뿔 1개, 사각기둥 1개

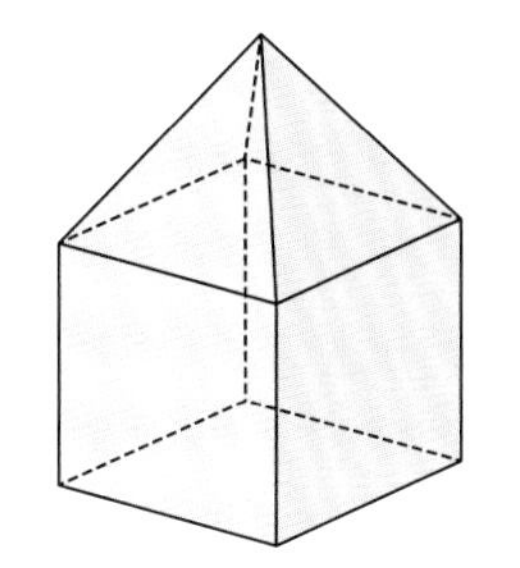

(2) 삼각기둥 1개, 오각기둥 1개

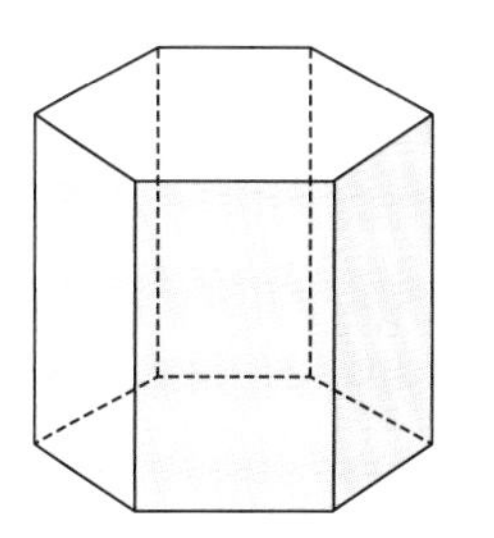

4 문제 해결

두더지 잡기 게임을 하고 있습니다. 삼각기둥과 삼각뿔을 바르게 비교한 두더지를 잡으면 점수를 얻습니다. 점수를 얻기 위해 잡아야 할 두더지를 모두 찾아 ○표 하세요.

잘라서 펼치기

1 전개도 찾는 방법

① 밑면의 변의 수와 옆면의 수가 같은지 확인합니다.
② 자르는 선은 실선으로, 접히는 선은 점선으로 그렸는지 확인합니다.
③ 서로 맞닿는 모서리끼리 길이가 같은지 확인합니다.
④ 겹쳐지는 면이 있으면 안 됩니다.

이건 모두 올바른 전개도가 아니라구~

한 밑면의 변의 수(6개)와 옆면의 수(5개)가 다릅니다.

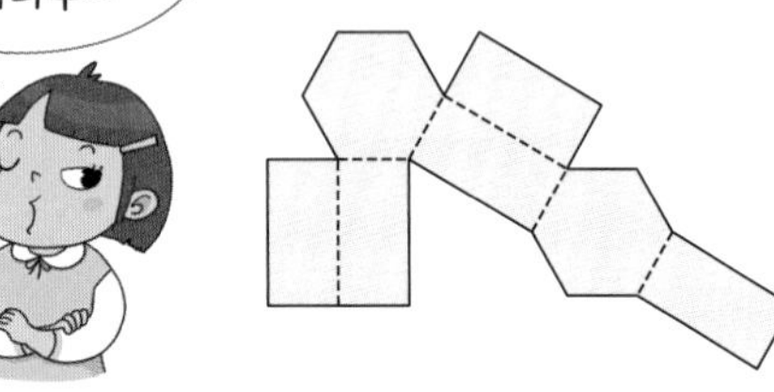

서로 맞닿는 모서리끼리 길이가 다릅니다.

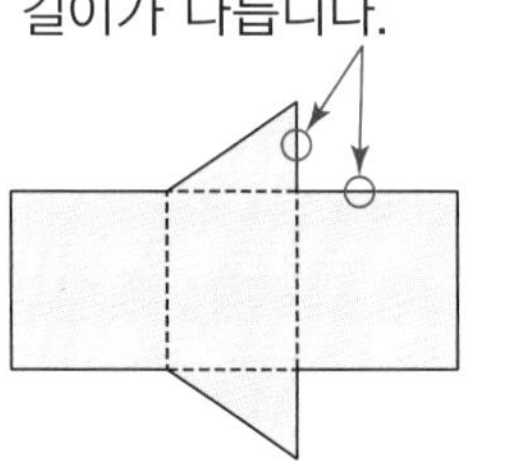

두 면이 겹쳐집니다.

활동 문제 사다리를 타고 내려갔을 때 알맞은 전개도를 만나는 친구를 찾아 ○표 해 보세요.

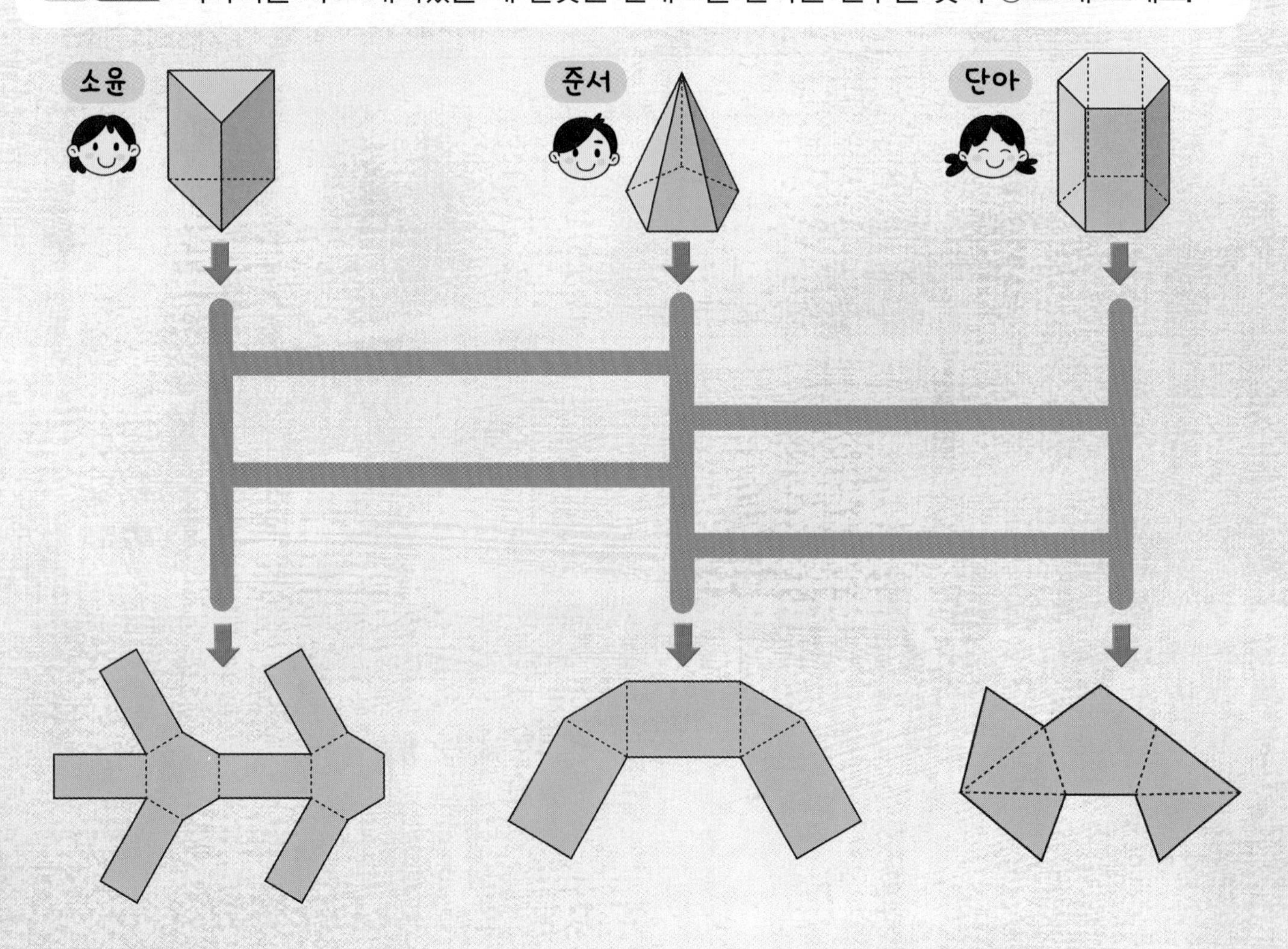

▶정답 및 해설 11쪽

최단 거리

입체도형에서 두 꼭짓점을 잇는 최단 거리는 전개도에서 두 점을 이은 선분의 길이와 같습니다.

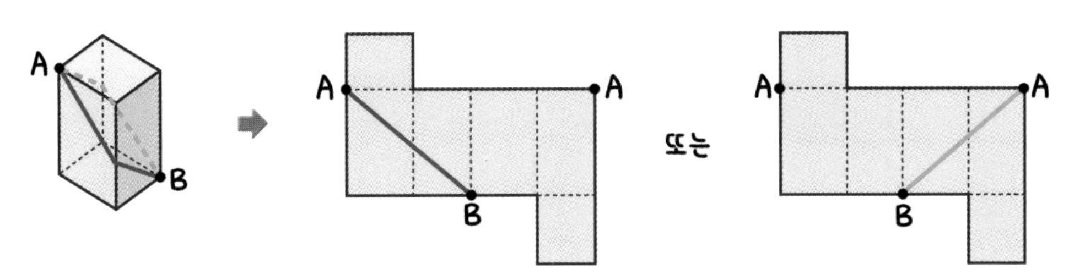

활동 문제 똑똑한 개미가 꼭짓점 A에서 출발하여 설탕물이 있는 꼭짓점 B까지 가장 짧은 길로 가려고 합니다. 개미가 가야할 길을 전개도에 표시해 보세요. (단, 밑면은 정다각형입니다.)

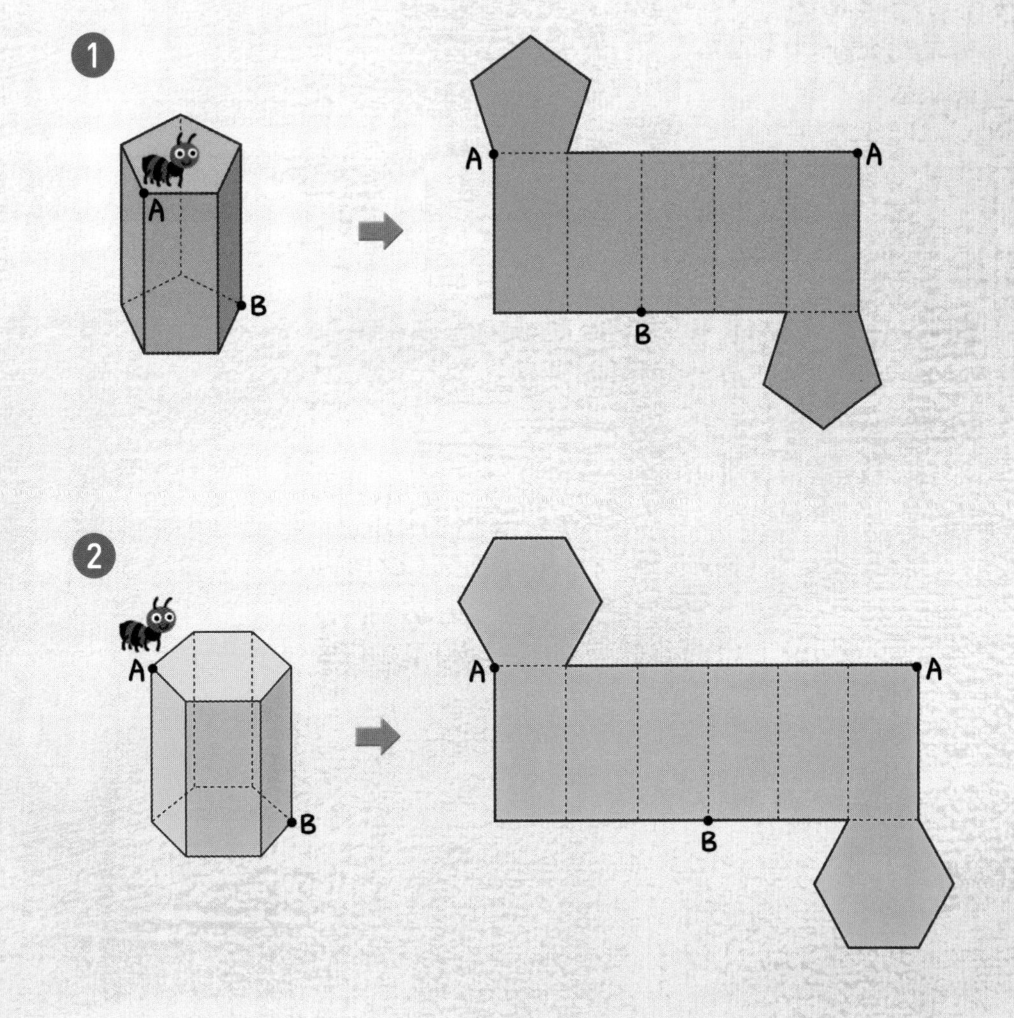

1-1 오른쪽은 어떤 각기둥의 옆면만 그린 전개도의 일부분입니다. 전개도를 완성해 보고 각기둥의 이름을 써 보세요.

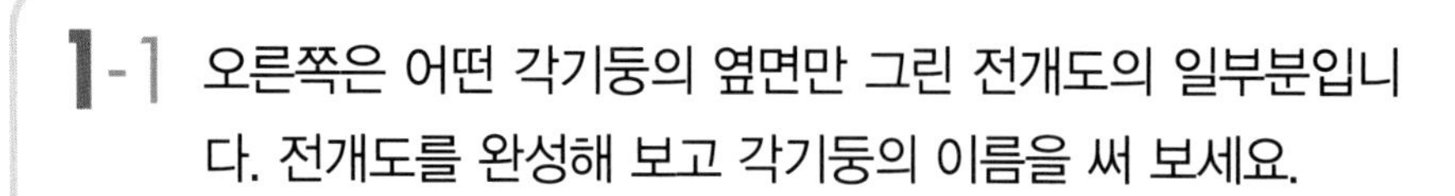

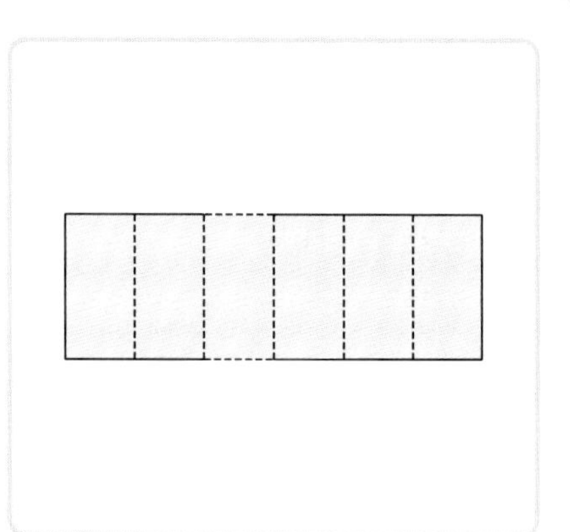

(　　　　　　　　　　)

❶ 밑면의 모양을 알아봅니다. ➔ 각기둥에서 옆면의 수는 한 밑면의 변의 수와 같습니다.
❷ 각기둥의 밑면을 그려 보고 이름을 알아봅니다.

1-2 오른쪽은 어떤 각기둥의 옆면만 그린 전개도의 일부분입니다. 전개도를 완성해 보고 각기둥의 이름을 알아보세요.

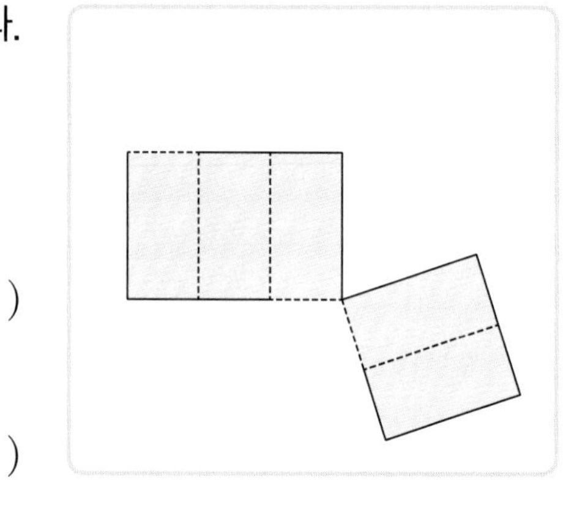

(1) 각기둥의 밑면은 어떤 모양일까요?

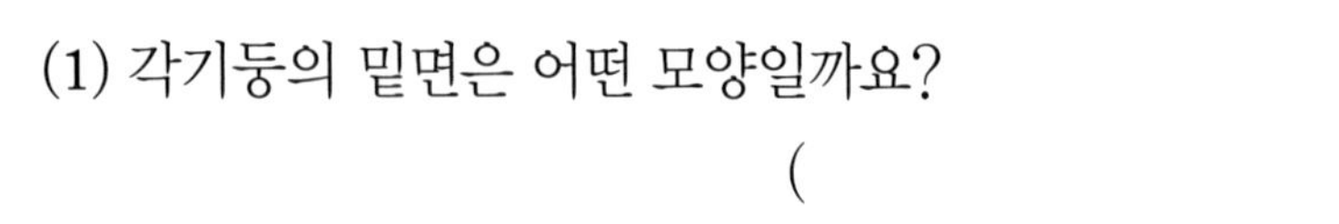

(　　　　　　　　　　)

(2) 각기둥의 이름을 써 보세요.

(　　　　　　　　　　)

1-3 오른쪽은 어떤 각뿔의 밑면만 그린 전개도의 일부분입니다. 전개도를 완성해 보고 각뿔의 이름을 알아보세요.

밑면의 모양이 [　　　　]이므로

각뿔의 이름은 [　　　　]입니다.

독해력 길잡이

▶정답 및 해설 12쪽

2-1 삼각기둥의 꼭짓점 ㄱ에서 출발하여 옆면을 모두 지나 꼭짓점 ㄴ까지 가는 가장 짧은 선을 그었습니다. 이 선을 전개도 위에 그어 보세요.

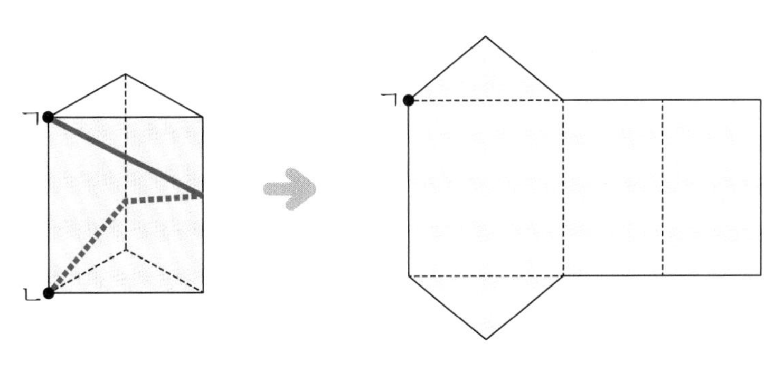

- 구하려는 것: 꼭짓점 ㄱ에서 ㄴ까지 그은 선을 전개도 위에 긋기
- 주어진 조건: 삼각기둥의 꼭짓점 ㄱ에서 출발하여 옆면을 모두 지나 꼭짓점 ㄴ까지 가장 짧은 선을 그음
- 해결 전략: ❶ 삼각기둥의 전개도에서 출발점과 도착점을 찾아 표시하기
  ❷ 출발점과 도착점을 선분으로 잇기

✎ 구하려는 것(〰)과 주어진 조건(——)에 표시해 봅니다.

2-2 각기둥의 꼭짓점 ㄱ에서 출발하여 옆면을 모두 지나 꼭짓점 ㄴ까지 가는 가장 짧은 선을 그었습니다. 이 선을 전개도 위에 그어 보세요.

(1)

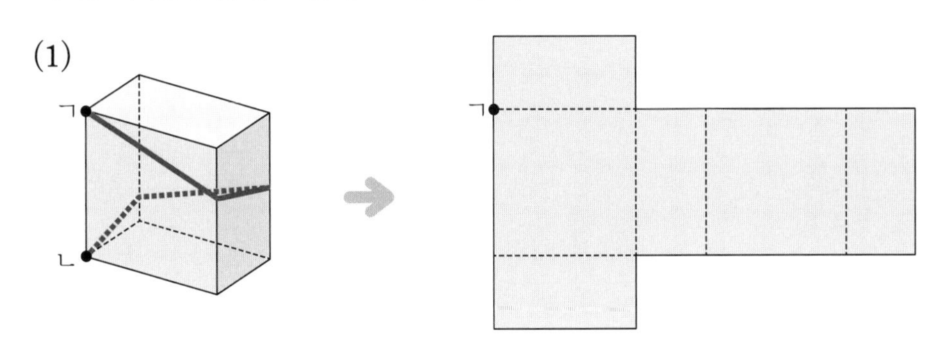

해결 전략

❶ 각기둥의 전개도에서 출발점과 도착점을 찾아 표시하기

❷ 출발점과 도착점을 선분으로 잇기

(2)

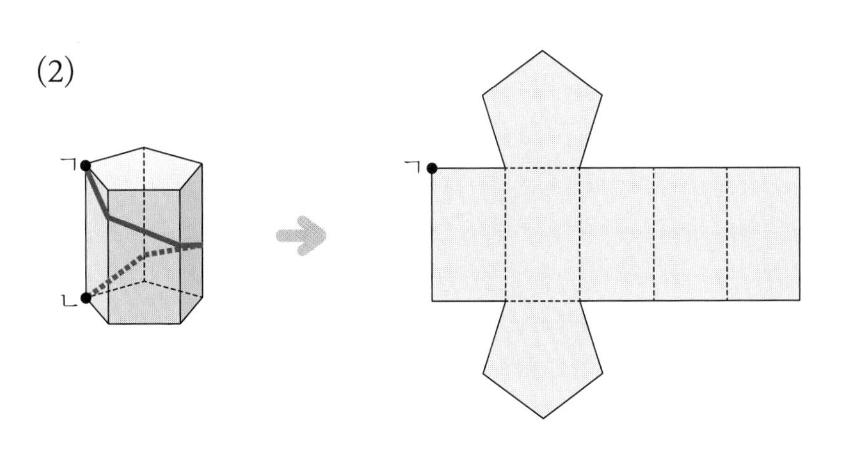

2일 사고력 · 코딩

사각기둥의 전개도입니다. 색칠한 면이 밑면일 때 높이를 나타내는 선분을 모두 찾아 ○표 하세요.

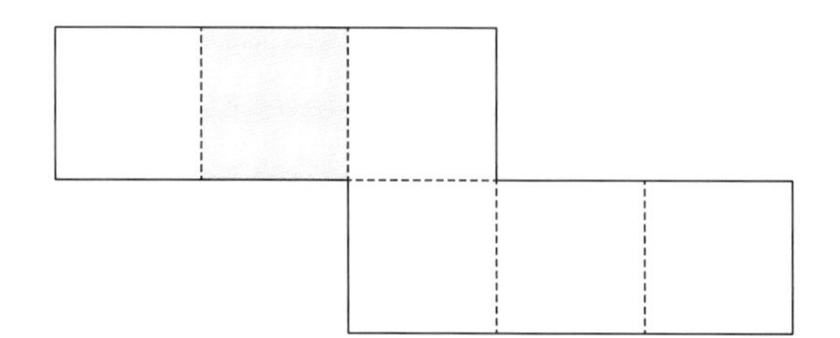

2

창의 · 융합

왼쪽 전개도를 접어 뚜껑이 없는 통을 만들었습니다. 이 통을 기울인 후 오른쪽과 같이 물을 채웠습니다. 물이 닿은 부분을 전개도에 색칠해 보세요.

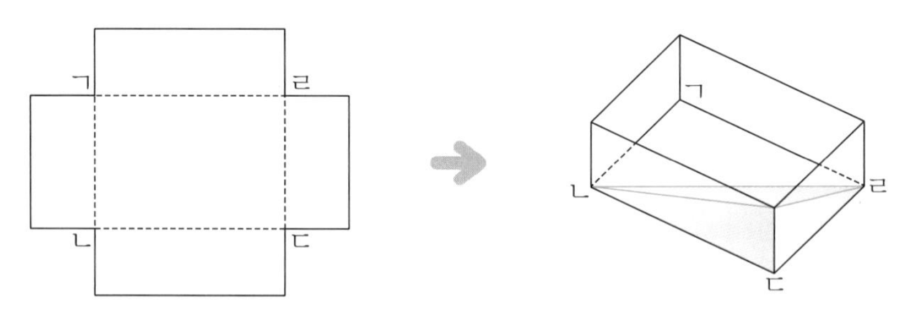

3

추론

육각기둥의 꼭짓점 ㄱ에서 출발하여 꼭짓점 ㄴ을 지나 다시 꼭짓점 ㄱ으로 돌아오는 가장 짧은 선을 그었습니다. 이 선을 전개도 위에 그어 보세요.

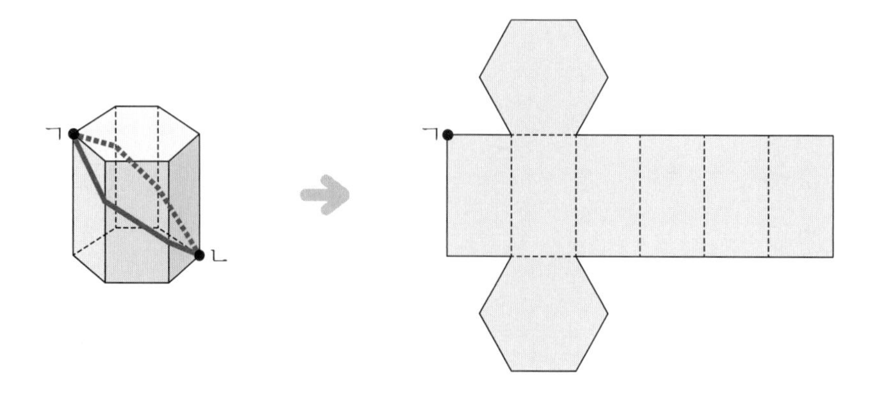

▶정답 및 해설 12쪽

다음 전개도를 접어서 만들 수 있는 도형을 찾아 기호를 써 보세요. (단, 그림의 방향은 생각하지 않습니다.)

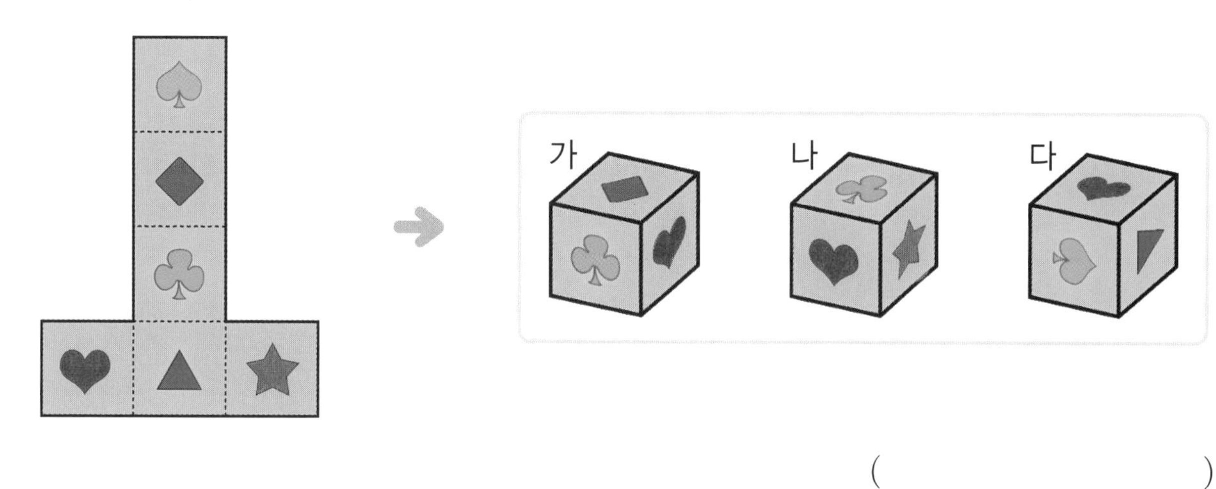

( )

모든 면이 정삼각형인 삼각뿔의 전개도를 2가지 그려 보세요.
(단, 돌리거나 뒤집어서 같은 모양은 1가지로 생각합니다.)

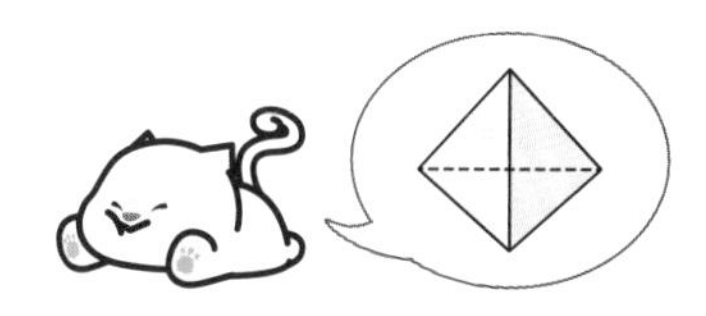

전개도 1

전개도 2

입체도형에 담긴 규칙

1 구성 요소 사이의 관계

각기둥

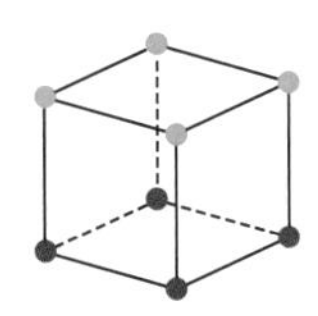

(꼭짓점의 수)
=(한 밑면의 변의 수)×2

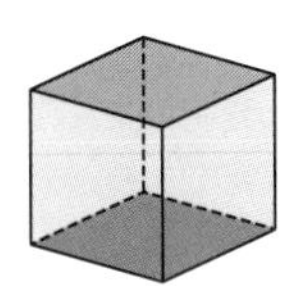

(면의 수)
=(한 밑면의 변의 수)+2

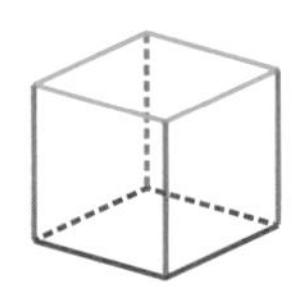

(모서리의 수)
=(한 밑면의 변의 수)×3

각뿔

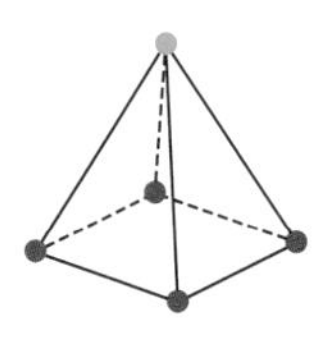

(꼭짓점의 수)
=(밑면의 변의 수)+1

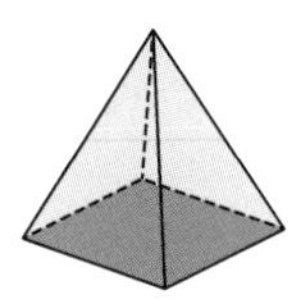

(면의 수)
=(밑면의 변의 수)+1

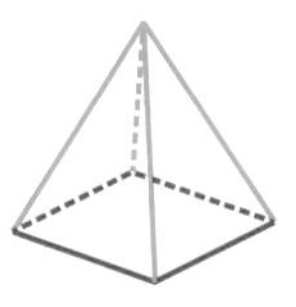

(모서리의 수)
=(밑면의 변의 수)×2

활동 문제 지윤이와 수찬이는 다음과 같이 꼭짓점을 고무찰흙으로, 모서리를 막대로 나타내어 입체도형을 만들고 있습니다. 입체도형을 만드는 데 필요한 고무찰흙과 막대의 수를 알아보세요.

도형	사각기둥	사각뿔
필요한 고무찰흙의 수(개)		
필요한 막대의 수(개)		

▶ 정답 및 해설 13쪽

2 도형 알아맞히기

예 꼭짓점의 수와 모서리의 수의 합이 25개인 각기둥 알아맞히기

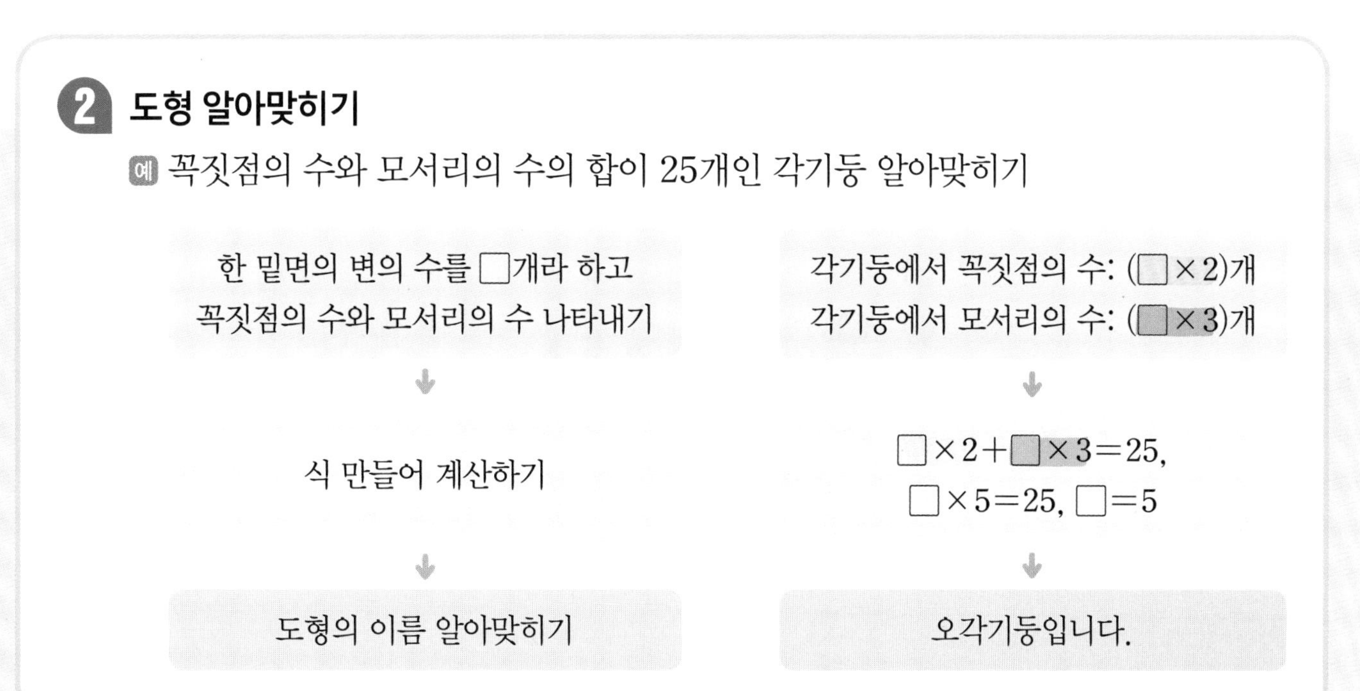

활동 문제 조건 을 보고 알맞은 길을 따라가 보세요.

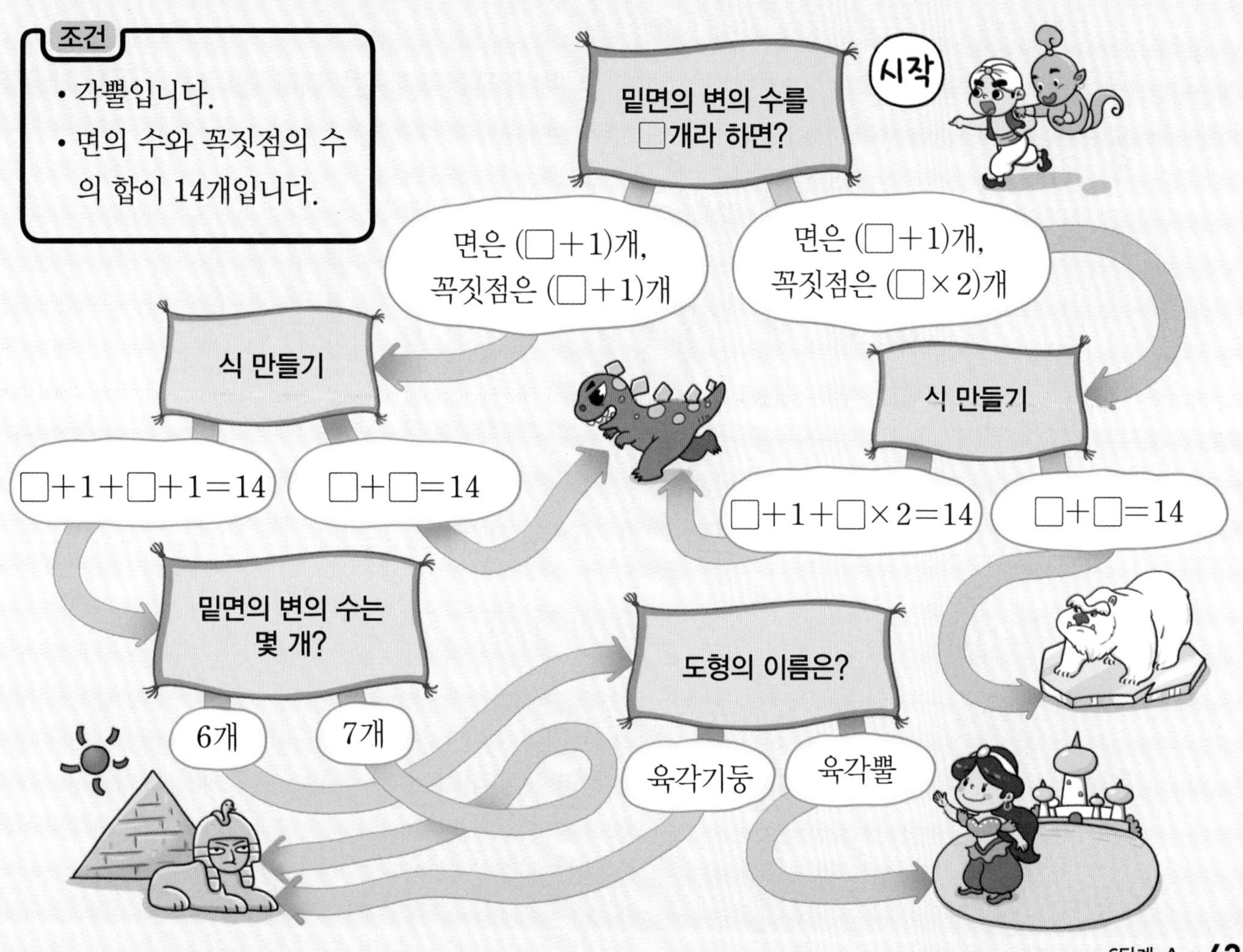

3일 서술형 길잡이

1-1 꼭짓점을 고무찰흙으로, 모서리를 막대로 나타내어 각기둥을 1개 만들려고 합니다. 주어진 재료를 모두 사용하여 만들 수 있는 각기둥의 이름을 써 보세요.

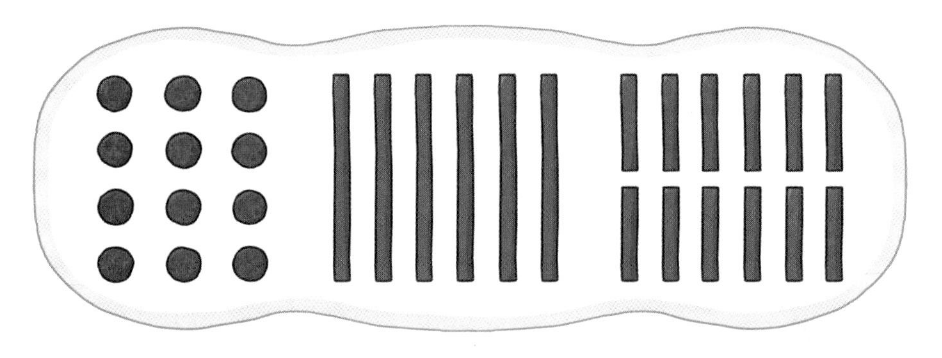

( )

❶ 각기둥에서 한 밑면의 변의 수를 □개라 하면 꼭짓점의 수는 (□×2)개이고 모서리의 수는 (□×3)개입니다.

❷ 꼭짓점의 수나 모서리의 수를 구하는 식을 세워 각기둥의 이름을 구합니다.

1-2 꼭짓점을 고무찰흙으로, 모서리를 막대로 나타내어 각뿔을 1개 만들려고 합니다. 주어진 재료를 모두 사용하여 만들 수 있는 각뿔의 이름을 알아보세요.

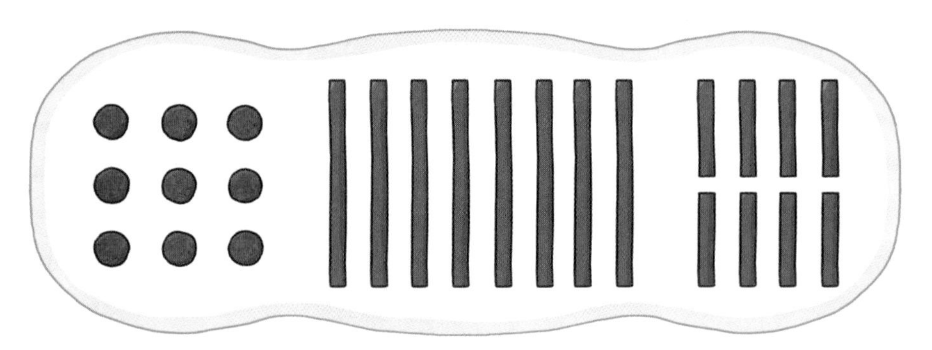

풀이 1 각뿔에서 밑면의 변의 수를 ■개라 하면 꼭짓점의 수는 (■+□)개입니다.

■+□=9, ■=□이므로 각뿔의 이름은 □입니다.

풀이 2 각뿔에서 밑면의 변의 수를 ■개라 하면 모서리의 수는 (■×□)개입니다.

■×□=16, ■=□이므로 각뿔의 이름은 □입니다.

▶정답 및 해설 13쪽

2-1 다음 조건을 만족하는 도형에서 모서리는 몇 개인지 구해 보세요.

- 각기둥입니다.
- 면의 수와 꼭짓점의 수의 합이 11개입니다.

( )

- 구하려는 것: 모서리의 수
- 주어진 조건: 면의 수와 꼭짓점의 수의 합이 11개인 각기둥
- 해결 전략: ❶ 각기둥에서 면의 수와 꼭짓점의 수로 식을 세워서 한 밑면의 변의 수 구하기
  ❷ 각기둥의 이름을 알아본 후 모서리의 수 구하기

구하려는 것(〜〜)과 주어진 조건(——)에 표시해 봅니다.

2-2 다음 조건을 만족하는 도형에서 모서리는 몇 개인지 구해 보세요.

- 각뿔입니다.
- 면의 수와 꼭짓점의 수의 합이 12개입니다.

( )

해결 전략

❶ 각뿔에서 면의 수와 꼭짓점의 수로 식을 세워서 밑면의 변의 수 구하기

❷ 각뿔의 이름을 알아본 후 모서리의 수 구하기

2-3 다음 조건을 만족하는 각기둥의 이름을 써 보세요.

(면의 수)+(모서리의 수)+(꼭짓점의 수)=32

( )

각기둥 또는 각뿔을 위, 앞, 옆에서 본 모양입니다. 이 입체도형의 모서리의 수와 꼭짓점의 수의 합은 몇 개인지 구해 보세요.

(1)

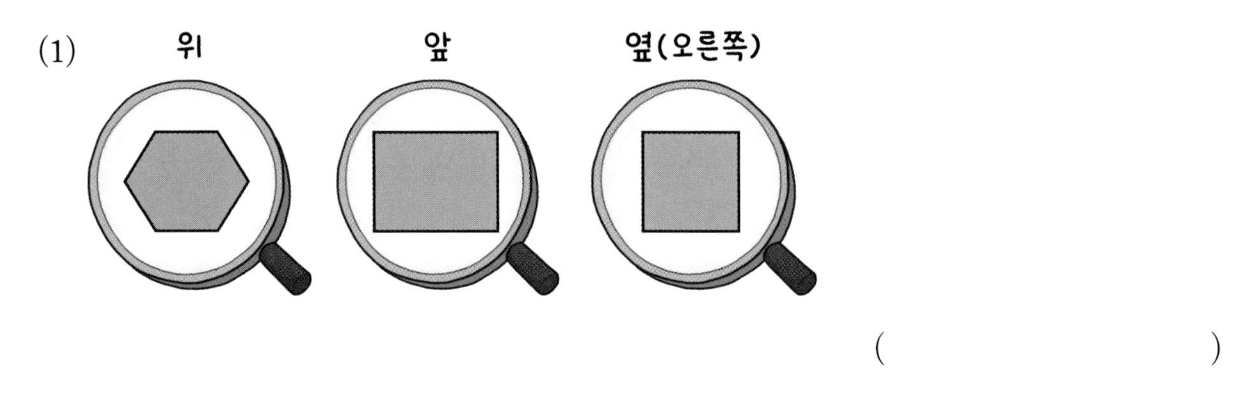

( )

(2)

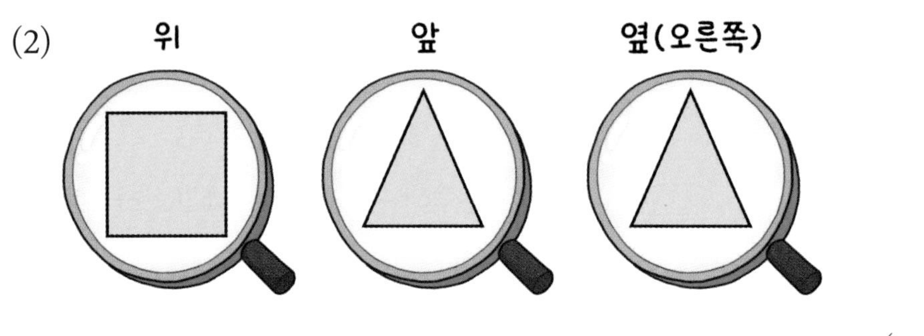

( )

모서리의 길이가 모두 같은 삼각뿔의 각 면을 파란색 또는 노란색으로 칠하려고 합니다. 색칠하는 방법은 모두 몇 가지일까요? (단, 삼각뿔을 돌려서 같은 색깔이 나오면 한 가지로 생각합니다.)

( )

▶정답 및 해설 14쪽

막대 3개와 고무찰흙 3개로 다음과 같이 삼각형 1개를 만들 수 있습니다. 이와 같은 방법으로 여러 가지 도형을 만들어 보세요.

(1) 막대 6개와 고무찰흙 4개로 삼각형 4개를 만드는 방법을 설명해 보세요.

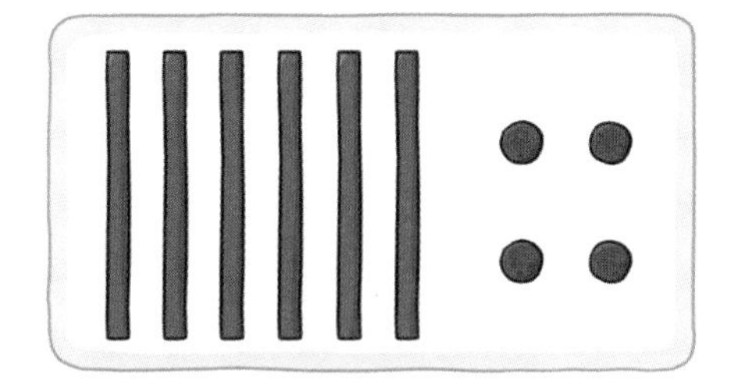

방법

(2) 막대 12개와 고무찰흙 8개로 사각형 6개를 만드는 방법을 설명해 보세요.

방법

입체도형의 꼭짓점의 수를 v, 면의 수를 f, 모서리의 수를 e라 할 때 ㉠+㉡의 값을 구해 보세요.

각기둥에서

v+f−e=㉠

각뿔에서

v+f−e=㉡

스위스의 수학자 오일러가 이 규칙을 발견해서 '오일러의 정리'라고 해요.

(　　　　　　　　)

4일 개념·원리 길잡이 조건에 알맞은 식

1 약속에 따라 식 만들어 계산하기

'가♥나=(가−나)÷나'라고 약속할 때 8.64♥4를 계산해 봅시다.

♥ 앞에 있는 수

$8.64♥4=(8.64-4)\div4=4.64\div4=1.16$

♥ 뒤에 있는 수

활동 문제 약속에 따라 식을 바르게 쓴 곳에 드론이 착륙하려고 합니다. 드론이 착륙할 곳에 ○표 하세요.

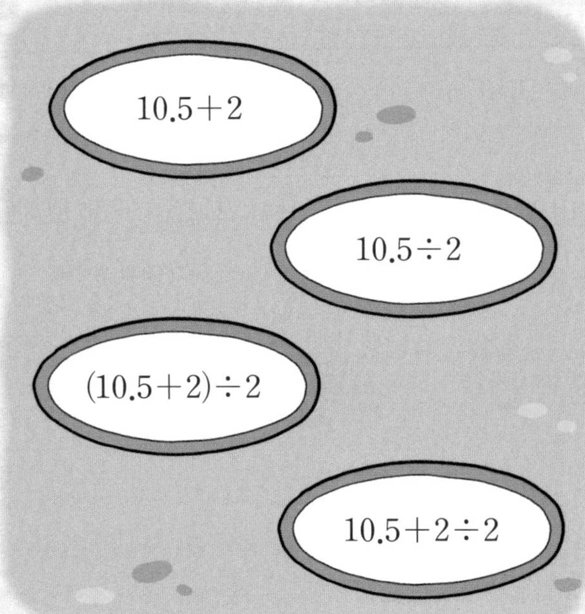

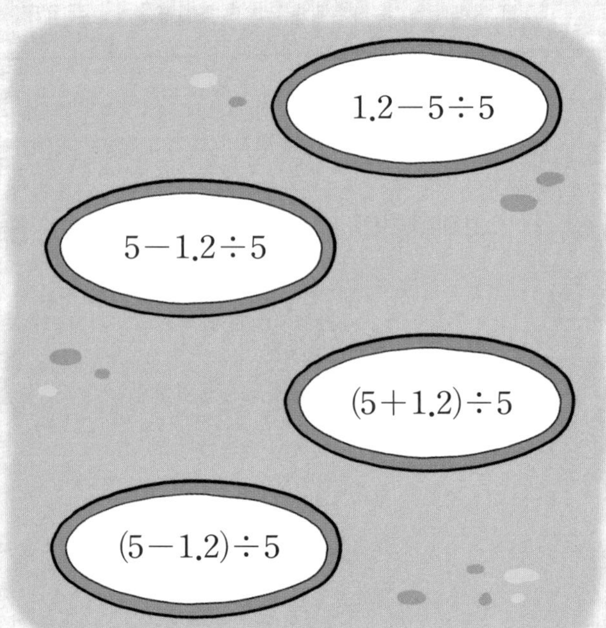

▶정답 및 해설 14쪽

2 수 카드로 나눗셈식 만들기

Q. 몫이 가장 크려면?

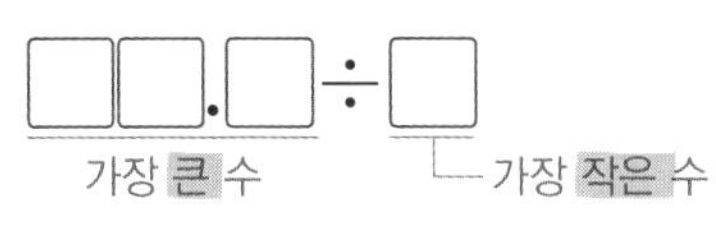

➔ $84.3 \div 2 = 42.15$

Q. 몫이 가장 작으려면?

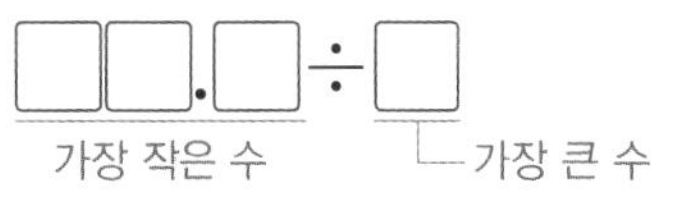

➔ $23.4 \div 8 = 2.925$

활동 문제 AI 인공지능 로봇의 질문에 알맞은 답을 찾아 ○표 하세요.

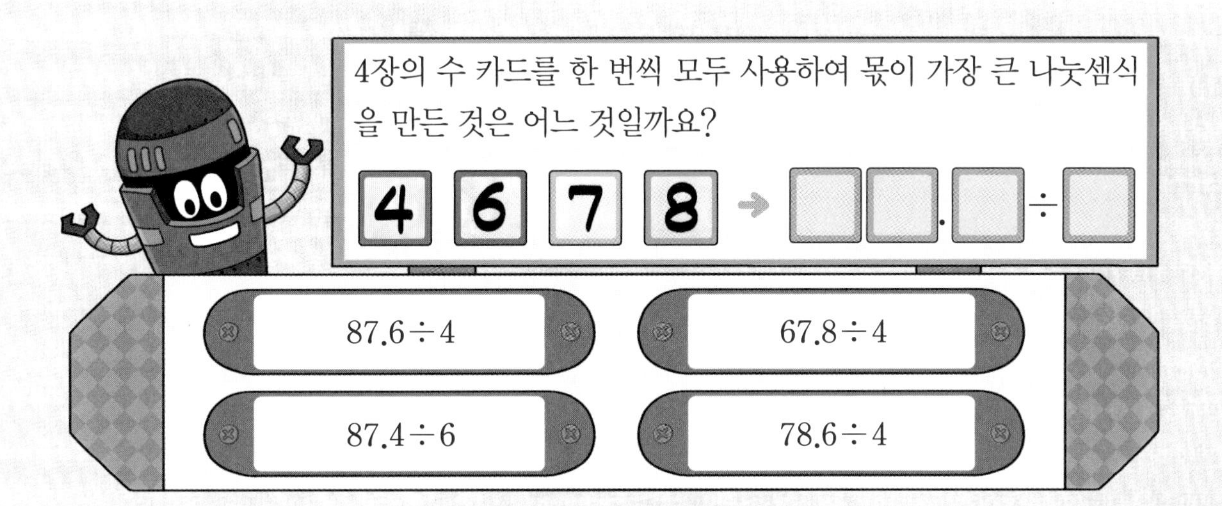

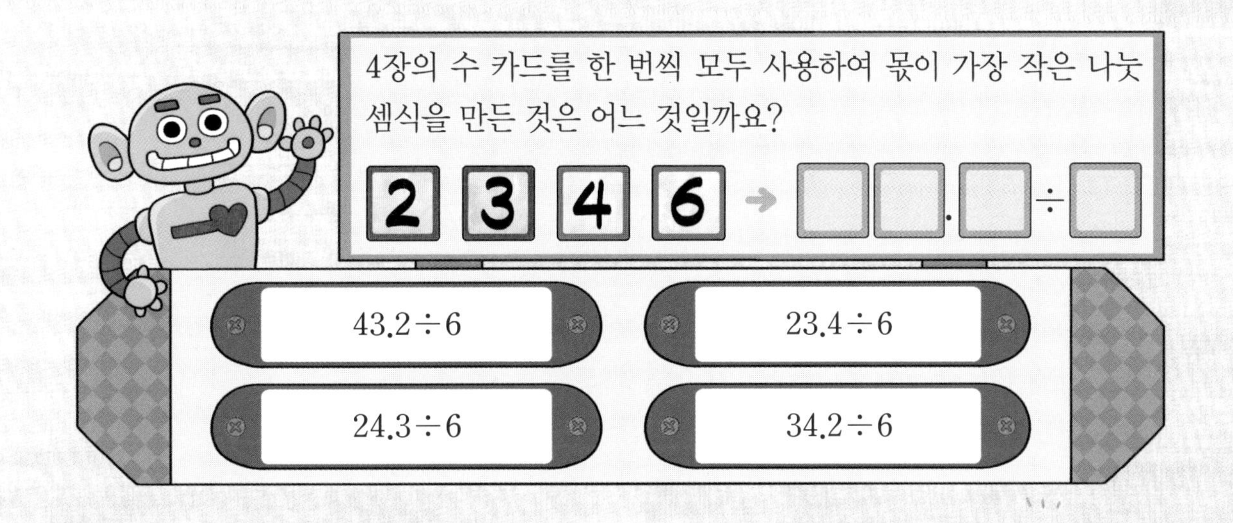

1-1 기호 #에 대하여 **가#나=(가+나)÷가** 라고 약속할 때 다음을 계산해 보세요.

(1) 3#5.4

( )

(2) 7#17.78

( )

약속에 따라 식을 쓴 다음 순서를 생각하며 계산합니다.

(가+나)÷가 ➜ 괄호가 있는 계산은 괄호 안을 가장 먼저 계산합니다.

① ②

1-2 기호 Ω에 대한 약속 을 보고 12.5Ω4.5 를 계산해 보세요.

약속

AΩB=(A+B)÷(A−B)

(1) 주어진 약속에 따라 12.5Ω4.5의 계산식을 만들어 보세요.

12.5Ω4.5=(□+□)÷(□−□)

(2) 12.5Ω4.5의 계산 결과를 소수로 나타내어 보세요.

( )

1-3 기호 [ ]는 [4.7]=5, [6.23]=6과 같이 [ ] 안의 수를 반올림하여 일의 자리까지 나타냅니다. 다음을 계산하여 소수로 나타내어 보세요.

(1) [8.5]÷[4.4] ➜ [8.5]÷[4.4]=□÷□=□

(2) [51.08]÷[5.72] ➜ [51.08]÷[5.72]=□÷□=□

▶정답 및 해설 14쪽

2-1 다음 4장의 수 카드를 한 번씩 모두 사용하여 몫이 가장 큰 나눗셈식을 만들고, 몫을 구해 보세요.

몫 (   )

- 구하려는 것: 몫이 가장 큰 나눗셈식과 그 몫
- 주어진 조건: 수 카드 3, 4, 8, 9와 나눗셈식 □.□□÷□
- 해결 전략: 몫이 가장 크려면 가장 큰 수를 가장 작은 수로 나누어야 합니다.

✎ 구하려는 것(〰〰)과 주어진 조건(——)에 표시해 봅니다.

2-2 다음 4장의 수 카드를 한 번씩 모두 사용하여 몫이 가장 큰 나눗셈식을 만들고, 몫을 구해 보세요.

2 3 7 8 → □□.□÷□

해결 전략
가장 큰 수를 가장 작은 수로 나누어 몫이 가장 큰 나눗셈식을 만듭니다.

몫 (   )

2-3 다음 4장의 수 카드를 한 번씩 모두 사용하여 몫이 가장 작은 나눗셈식을 만들고, 몫을 구해 보세요.

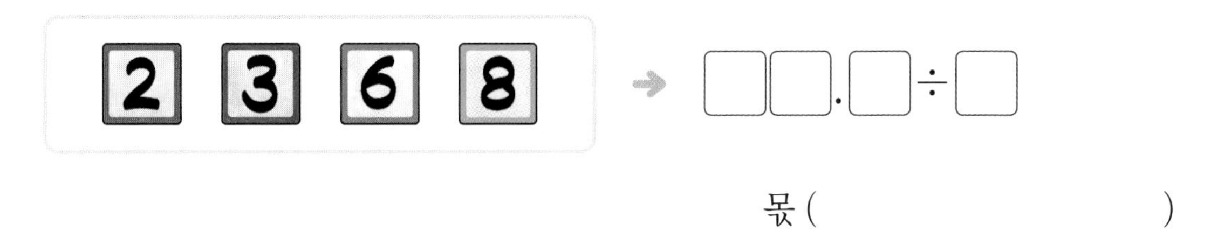

몫 (   )

4일 사고력 · 코딩

1 코딩

다음과 같이 계산기 버튼을 차례로 눌렀습니다. 몫의 소수 다섯째 자리 숫자를 구해 보세요.

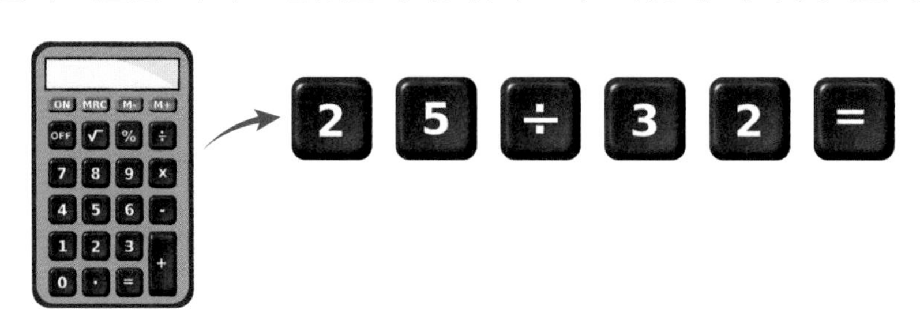

( )

2 창의 · 융합

기호 ◉에 대하여 $A ◉ B=(A-B)\div(A\div B)$ 라고 약속할 때 다음을 계산하여 소수로 나타내어 보세요.

(1) 16 ◉ 2

( )

(2) 15 ◉ 3

( )

3 문제 해결

다음 4장의 수 카드를 한 번씩 모두 사용하여 몫이 가장 큰 나눗셈식을 만들고, 몫을 소수로 나타내어 보세요.

2 5 8 9 → □□ ÷ □□

몫 ( )

▶정답 및 해설 15쪽

순서도는 어떤 문제를 해결하기 위한 과정을 알기 쉽게 기호와 그림으로 나타낸 것입니다. 순서도의 기호를 보고 오른쪽 순서도의 ( )에 알맞은 답을 써넣으세요.

기호	설명
(둥근 사각형)	시작과 끝
(사각형)	계산 처리
(마름모)	어느 것을 택할 것인지를 판단
(인쇄 기호)	계산한 값을 인쇄

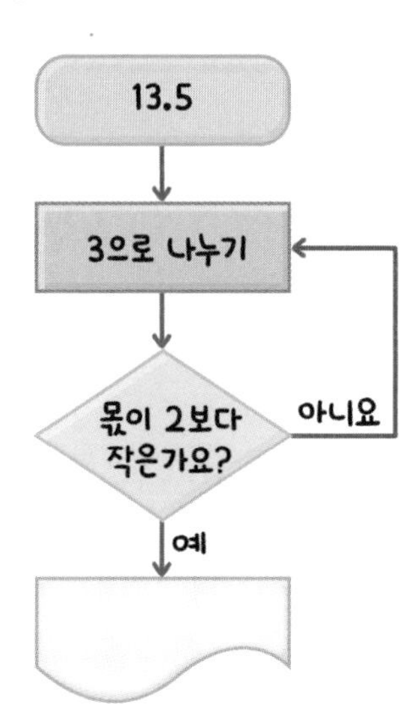

요술 상자에 소수와 자연수가 써 있는 공을 넣으면 상자의 규칙에 따라 새로운 공이 나옵니다. 알맞은 규칙을 찾아 빈 공에 알맞은 수를 써넣으세요.

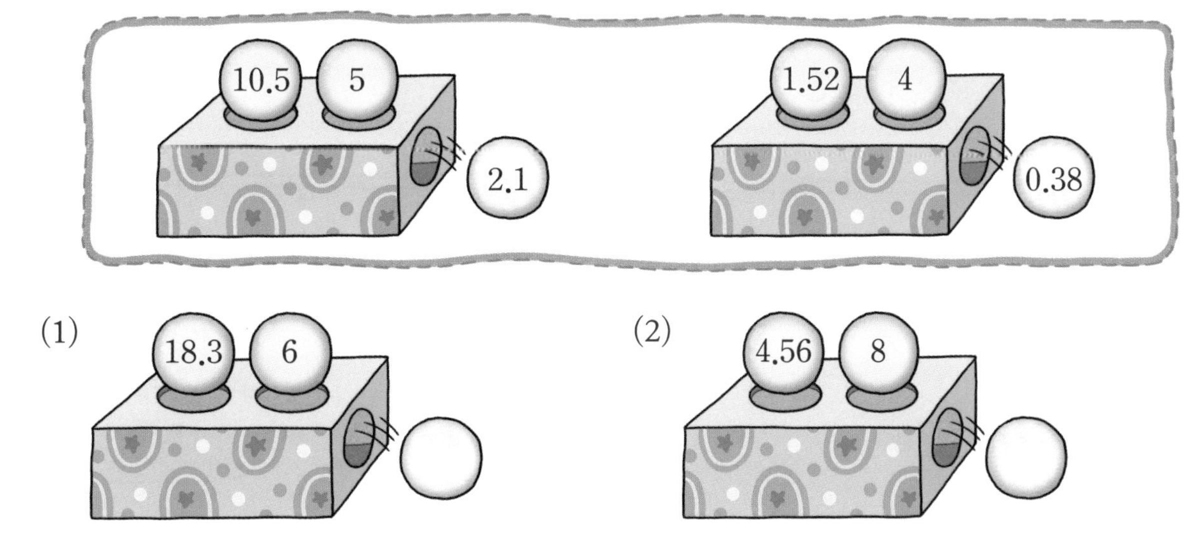

(1) 18.3, 6

(2) 4.56, 8

간격 문제

1 나무 심기

• 길의 처음과 끝이 만날 때

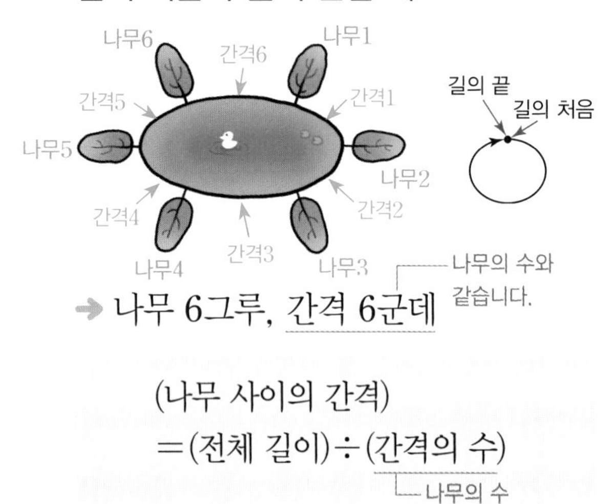

➡ 나무 6그루, 간격 6군데 (나무의 수와 같습니다.)

(나무 사이의 간격)
=(전체 길이)÷(간격의 수)
(간격의 수: 나무의 수)

• 길의 처음과 끝이 만나지 않을 때

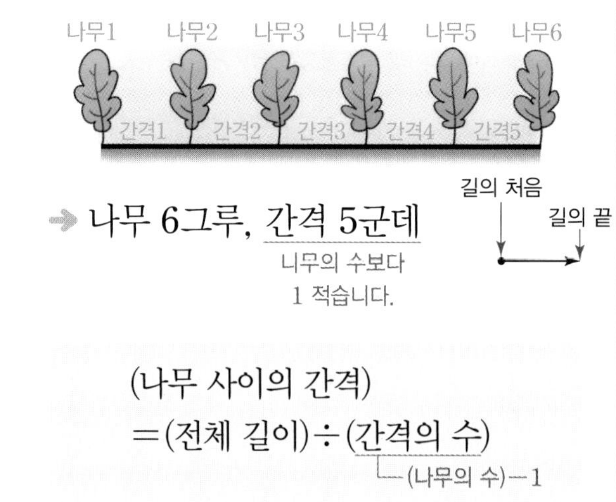

➡ 나무 6그루, 간격 5군데 (나무의 수보다 1 적습니다.)

(나무 사이의 간격)
=(전체 길이)÷(간격의 수)
(간격의 수: (나무의 수)−1)

활동 문제 길이가 115.5 m인 길에 일정한 간격으로 나무 22그루를 심으려고 합니다. 길의 모양을 보고 나무 사이의 간격을 구하는 나눗셈식을 찾아 이어 보세요. (단, 나무의 굵기는 생각하지 않습니다.)

길의 모양

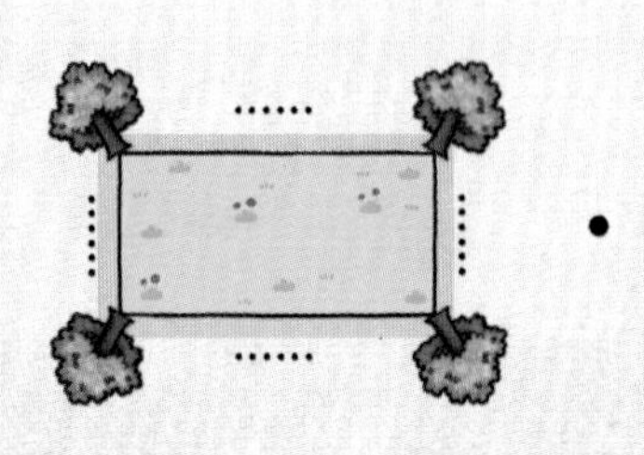

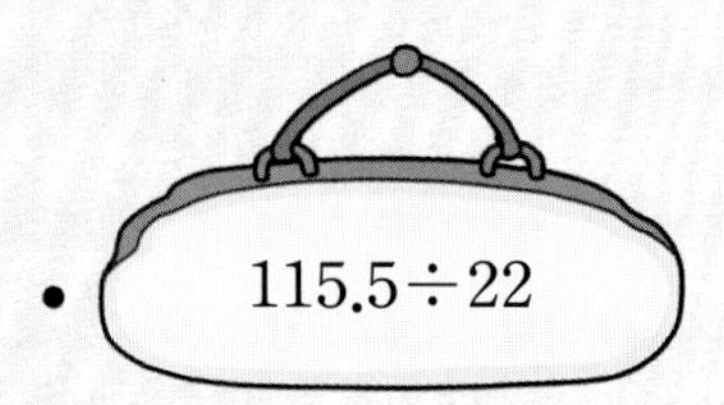

▶정답 및 해설 15쪽

2 통나무 자르기

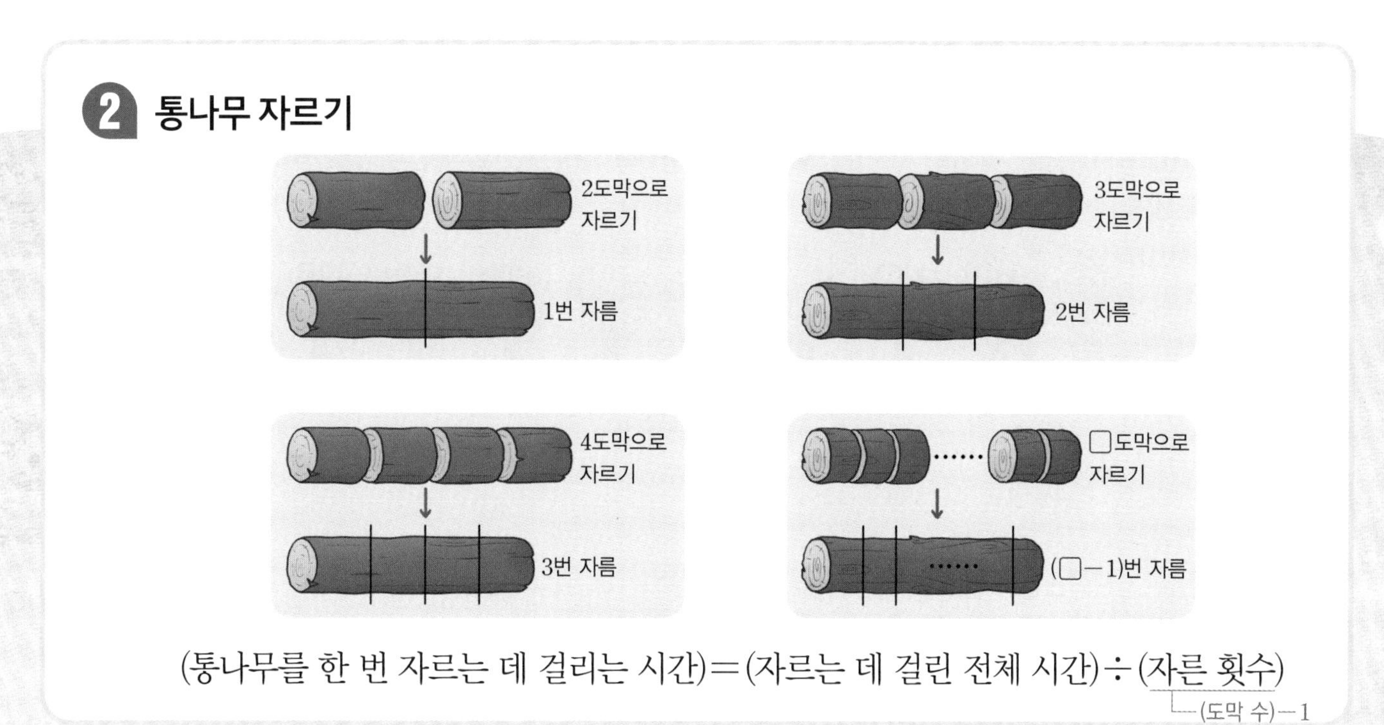

(통나무를 한 번 자르는 데 걸리는 시간)＝(자르는 데 걸린 전체 시간)÷(자른 횟수)
(도막 수)－1

활동 문제 길을 따라가서 통나무를 한 번 자르는 데 걸리는 시간을 나눗셈식으로 나타내어 보세요. (단, 각 통나무를 한 번 자르는 데 걸리는 시간은 일정하고, 통나무를 쉬지 않고 잘랐습니다.)

한 번 자르는 데 걸리는 시간

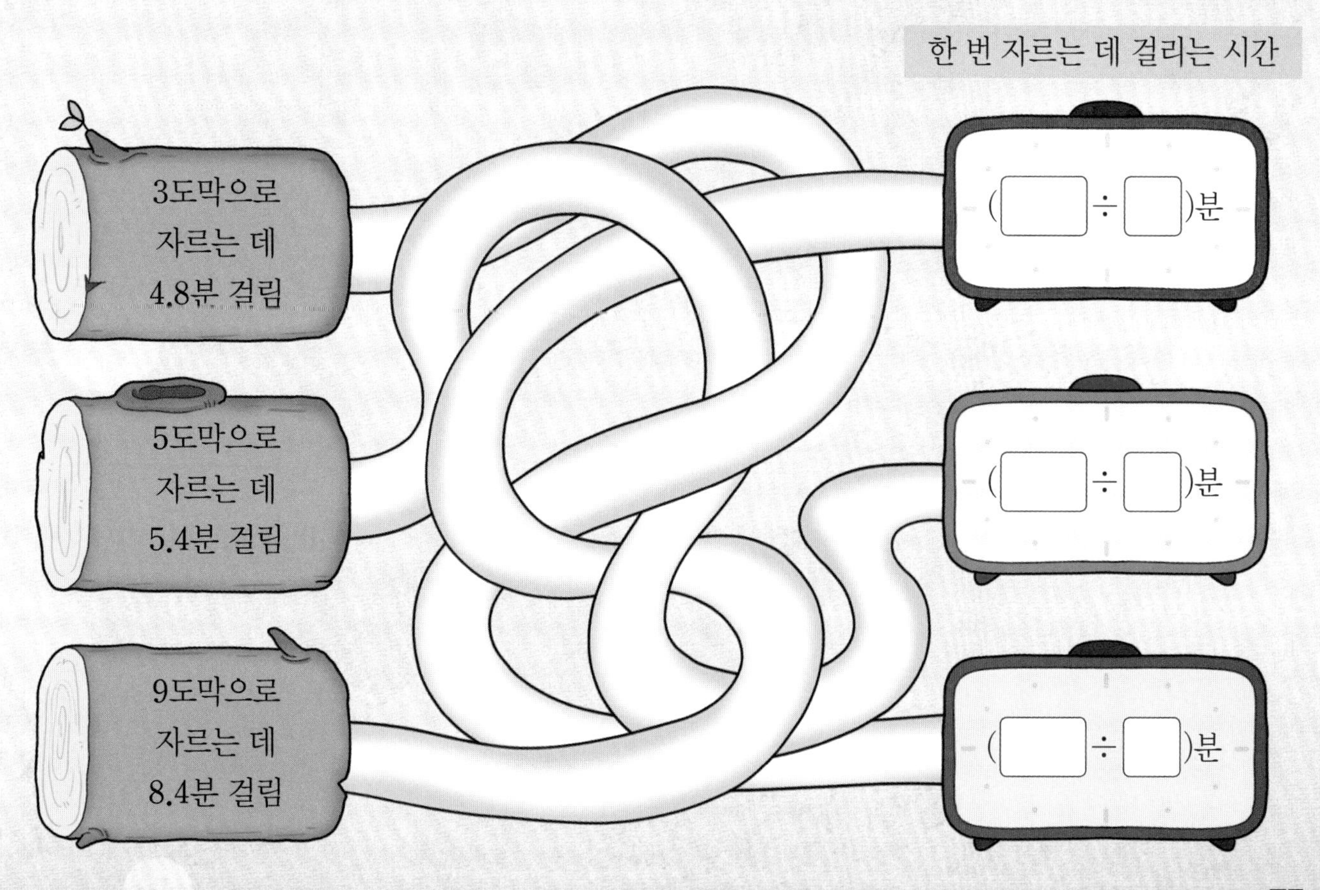

1-1 길이가 68.76 m인 직선 도로의 한쪽에 처음부터 끝까지 같은 간격으로 나무 10그루를 심으려고 합니다. 나무 사이의 간격은 몇 m로 해야 하는지 구해 보세요. (단, 나무의 굵기는 생각하지 않습니다.)

(　　　　　　　　)

나무 사이의 간격은 도로의 길이를 나무 사이의 간격의 수로 나누어야 합니다.
이때 길의 처음과 끝이 만나지 않으므로 (나무 사이의 간격의 수)=(나무의 수)−1입니다.

1-2 길이가 66.3 m인 직선 도로의 한쪽에 처음부터 끝까지 같은 간격으로 가로등 7개를 설치하려고 합니다. 가로등 사이의 간격은 몇 m로 해야 하는지 구해 보세요. (단, 가로등의 굵기는 생각하지 않습니다.)

(1) 가로등 사이의 간격의 수는 몇 군데일까요?

(　　　　　　　　)

(2) 가로등 사이의 간격은 몇 m로 해야 하는지 구해 보세요.

식 ______________　　답 ______________

1-3 길이가 102.2 m인 호수의 둘레에 같은 간격으로 의자 7개를 설치하려고 합니다. 의자 사이의 간격은 몇 m로 해야 하는지 구해 보세요. (단, 의자의 길이는 생각하지 않습니다.)

의자 사이의 간격의 수는 ☐군데입니다.

➔ (의자 사이의 간격)=☐÷☐=☐(m)

▶정답 및 해설 15쪽

2-1 통나무 한 개를 7도막으로 쉬지 않고 자르는 데 8.4분이 걸렸습니다. 통나무를 한 번 자르는 데 걸리는 시간은 몇 분인지 구해 보세요. (단, 통나무를 한 번 자르는 데 걸리는 시간은 일정합니다.)

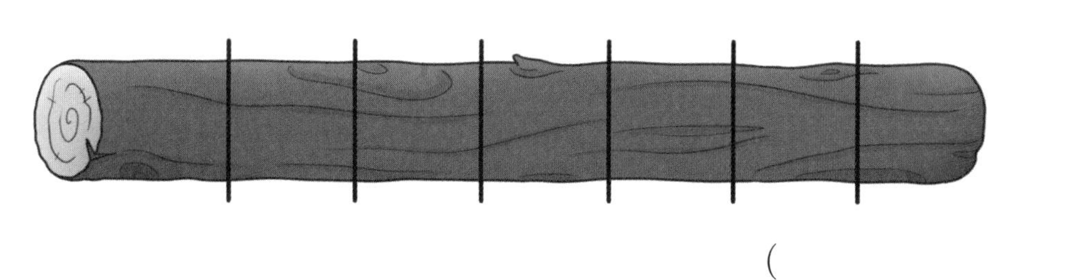

( )

- 구하려는 것: 통나무를 한 번 자르는 데 걸리는 시간
- 주어진 조건: 통나무를 7도막으로 자르는 데 8.4분 걸림
- 해결 전략: ❶ 통나무를 자른 횟수 구하기
  ❷ 전체 걸린 시간을 자른 횟수로 나누어 한 번 자르는 데 걸리는 시간 구하기

✎ 구하려는 것(～～)과 주어진 조건(——)에 표시해 봅니다.

2-2 통나무 한 개를 10도막으로 쉬지 않고 자르는 데 9.72분이 걸렸습니다. 통나무를 한 번 자르는 데 걸리는 시간은 몇 분인지 구해 보세요. (단, 통나무를 한 번 자르는 데 걸리는 시간은 일정합니다.)

해결 전략

❶ 통나무를 자른 횟수 구하기

❷ 전체 걸린 시간을 자른 횟수로 나누어 한 번 자르는 데 걸리는 시간 구하기

( )

2-3 길이가 12 m인 통나무를 한 도막의 길이가 2 m씩 되게 쉬지 않고 자르는 데 7.5분이 걸렸습니다. 통나무를 한 번 자르는 데 걸리는 시간은 몇 분인지 구해 보세요. (단, 통나무를 한 번 자르는 데 걸리는 시간은 일정합니다.)

( )

5일 사고력 · 코딩

1 창의 · 융합

9층짜리 건물에 엘리베이터가 있습니다. 엘리베이터로 1층부터 5층까지 쉬지 않고 가는 데 9.2초가 걸립니다. 이 엘리베이터로 1층부터 9층까지 쉬지 않고 가는 데 몇 초가 걸리는지 구해 보세요.

(단, 엘리베이터는 일정한 빠르기로 움직입니다.)

(　　　　　　　　)

2 문제 해결

다음과 같이 직사각형 모양 땅의 둘레에 나무 28그루를 일정한 간격으로 심었습니다. ㉠에 심은 나무 수가 9그루일 때 직사각형 모양 땅의 둘레는 몇 m인지 구해 보세요. (단, 4개의 꼭짓점에는 반드시 나무를 심었습니다.)

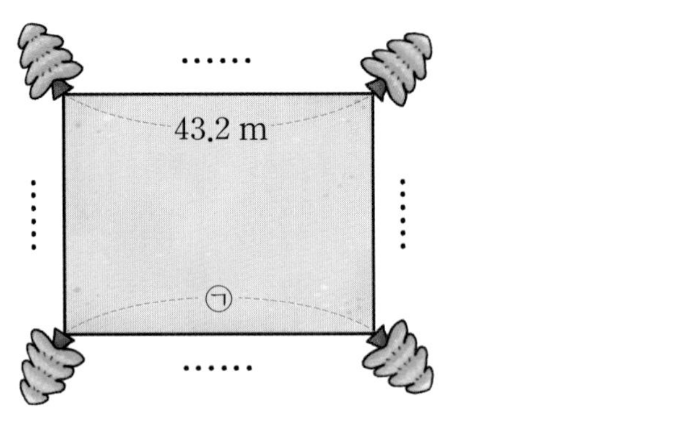

(　　　　　　　　)

▶정답 및 해설 16쪽

3 문제 해결

길이가 276 m인 직선 도로의 양쪽에 처음부터 끝까지 같은 간격으로 가로등 32개를 설치하려고 합니다. 가로등 사이의 간격은 몇 m로 해야 하는지 소수로 나타내어 보세요. (단, 가로등의 굵기는 생각하지 않습니다.)

직선 도로의 한쪽이 아니라 양쪽에 설치해야 하는 점을 조심해요.

( )

4 추론

수현이가 다음과 같이 통나무를 자르는 데 28.8분이 걸렸습니다. 통나무를 한 번 자르는 데 걸리는 시간은 몇 분인지 구해 보세요. (단, 통나무를 한 번 자르는 데 걸리는 시간은 일정합니다.)

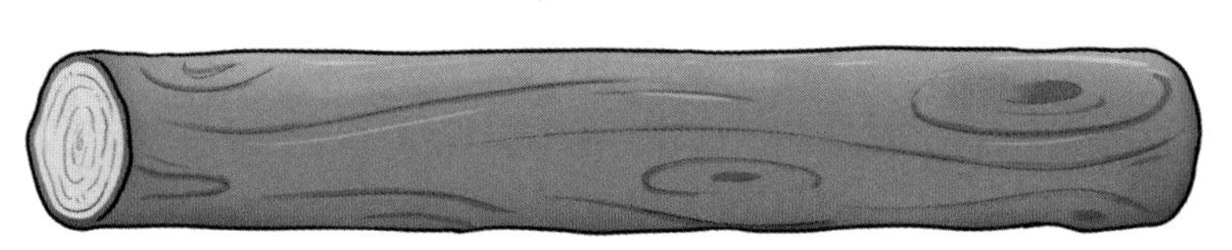

- 통나무를 8도막으로 잘랐습니다.
- 통나무를 한 번 자른 후에는 2분씩 쉬고 마지막으로 자른 다음에는 쉬지 않았습니다.

( )

2주 특강 창의 · 융합 · 코딩

1 낱말 블록이 내려오고 있습니다. ①~⑥에 알맞은 낱말을 써넣으세요. 창의 · 융합

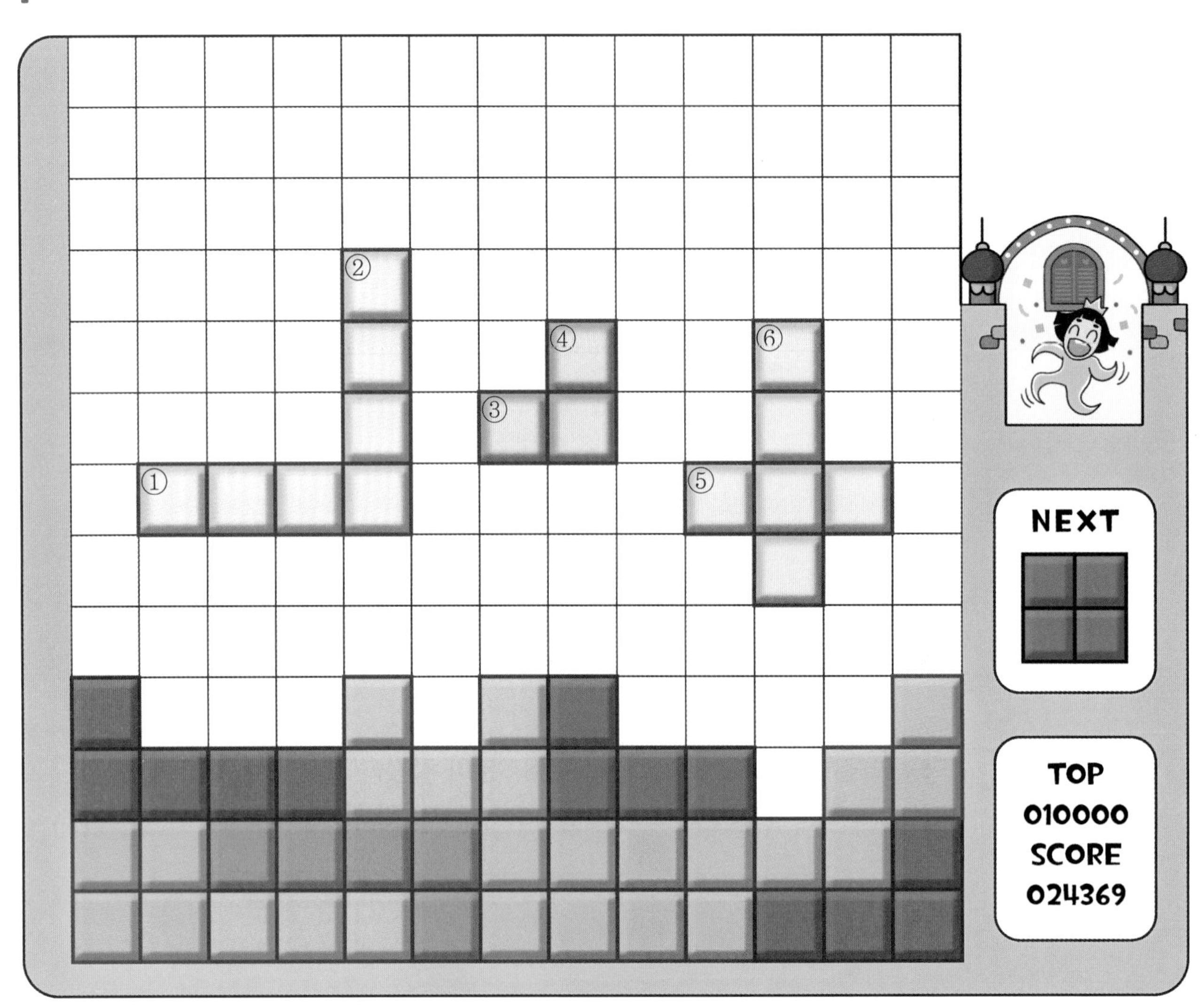

〈가로 방향〉

① 평평한 표면에 그려진 도형

③ 각기둥에서 서로 평행한 두 면

⑤ 위아래의 면이 서로 평행하고 합동인 다각형으로 이루어진 기둥 모양의 입체도형

〈세로 방향〉

② 여러 개의 평면이나 곡면으로 둘러싸인 도형

④ 각기둥에서 밑면에 수직인 면

⑥ 모서리가 15개인 각기둥의 이름

2 숲속에서 동물의 왕을 뽑기 위한 회의가 열렸습니다. 후보로 나온 동물 중에서 몫이 가장 큰 동물이 왕이 되고 두 번째가 재상, 세 번째가 장군을 맡기로 했습니다. 각 자리에 알맞은 동물의 이름을 써 보세요. 창의·융합

3 이집트의 피라미드는 고대 왕 파라오의 무덤으로 사각뿔 모양입니다. 다음 피라미드의 모양에 대한 설명 중 잘못된 것을 찾아 기호를 써 보세요. 창의 · 융합

㉠ 밑면은 1개입니다.	㉡ 밑면의 모양은 사각형입니다.
㉢ 옆면은 4개입니다.	㉣ 면은 4개입니다.

(　　　　　　　　　)

4 태양과 태양 주변을 돌고 있는 지구를 비롯한 여러 행성들을 '태양계'라고 합니다. 화성의 반지름을 5 cm로 그렸을 때 지구의 반지름은 7.6 cm입니다. 지구의 반지름은 화성의 반지름의 몇 배인지 구해 보세요. 창의 · 융합

(　　　　　　　　　)

▶정답 및 해설 16쪽

5 건축물을 위, 앞, 옆에서 본 모양을 각각 그려 보세요. 추론

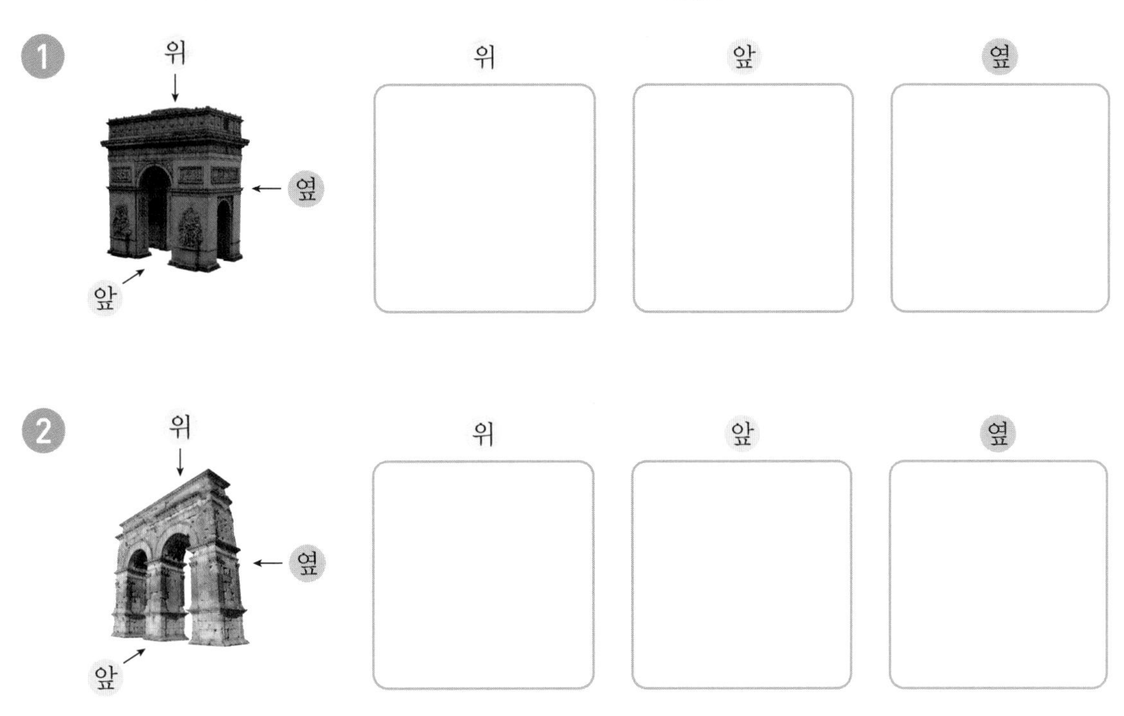

6 다음 연산 규칙 상자를 실행하려고 합니다. 물음에 답하세요. 코딩

시작

9 이하의 자연수 중 가장 큰 짝수 입력

6.08을 입력된 값으로 나눈 몫 출력

끝

1 9 이하의 자연수 중 가장 큰 짝수는 얼마일까요?

( )

2 출력되는 값은 얼마일까요?

( )

7 쥐돌이가 모든 모서리의 길이가 같은 사각기둥 모양의 치즈를 그림과 같이 세 꼭짓점을 지나는 평면으로 잘라 냈습니다. 잘라 낸 치즈 모양을 그려 보세요. 창의 · 융합

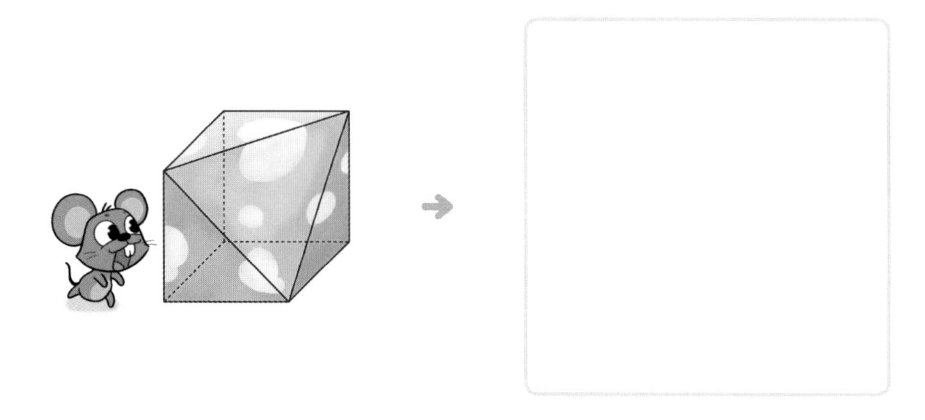

8 다음은 입체도형의 전개도입니다. 마주 보는 두 면에 적힌 수의 합이 10일 때 ㉠, ㉡, ㉢에 알맞은 수를 각각 구해 보세요. 문제 해결

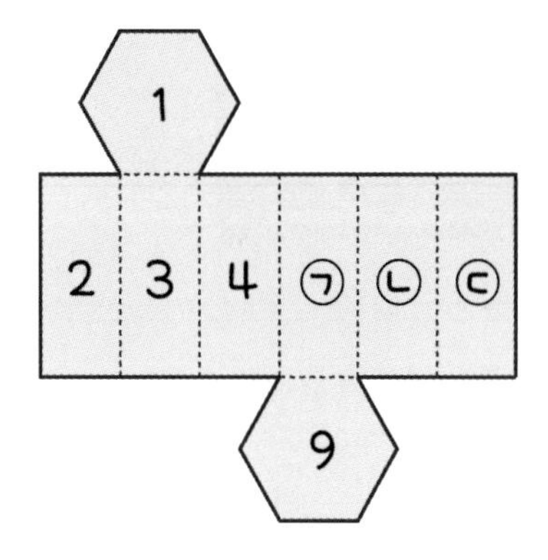

㉠	㉡	㉢

9 사각기둥의 꼭짓점에 1부터 8까지의 수를 한 번씩 써넣어서 한 면에 있는 네 수의 합이 모두 같게 되도록 하려고 합니다. 가, 나, 다에 알맞은 수를 각각 구해 보세요. 문제 해결

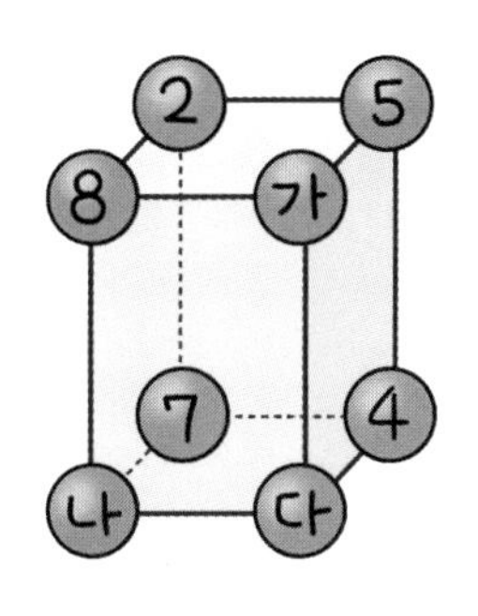

가 (　　　　　　　　)

나 (　　　　　　　　)

다 (　　　　　　　　)

10 똑똑한 개미가 꼭짓점 A에서 출발하여 각기둥의 모서리를 따라서 설탕물이 있는 꼭짓점 B까지 가려고 합니다. A에서 B까지 가는 가장 짧은 길은 몇 가지인지 구해 보세요. (단, 밑면은 정오각형입니다.) 추론

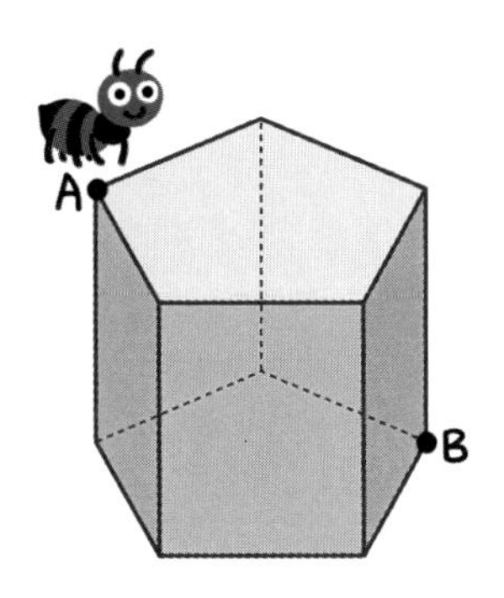

(　　　　　　　　)

맞은 개수 /10개

[1~2] 다음과 같이 입체도형을 평면으로 잘랐습니다. 이때 생기는 두 입체도형의 이름을 써 보세요.

1

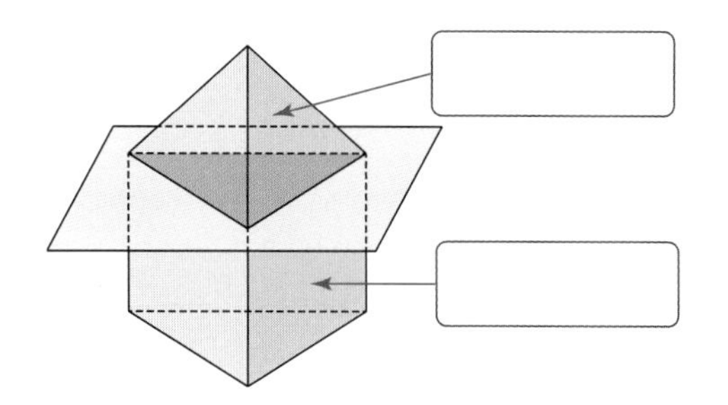

2

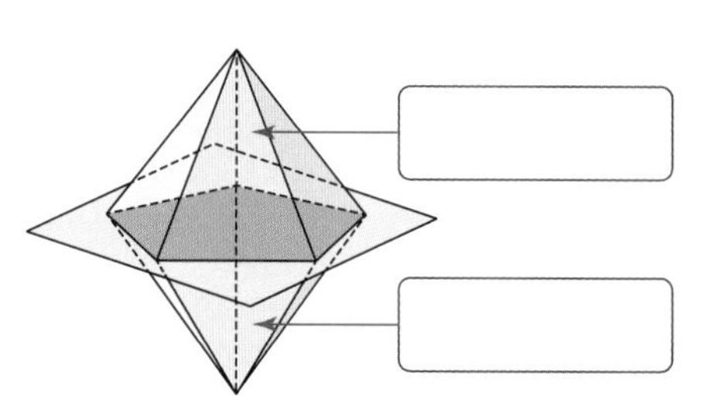

[3~4] 다음 전개도를 접으면 어떤 도형이 되는지 써 보세요.

3

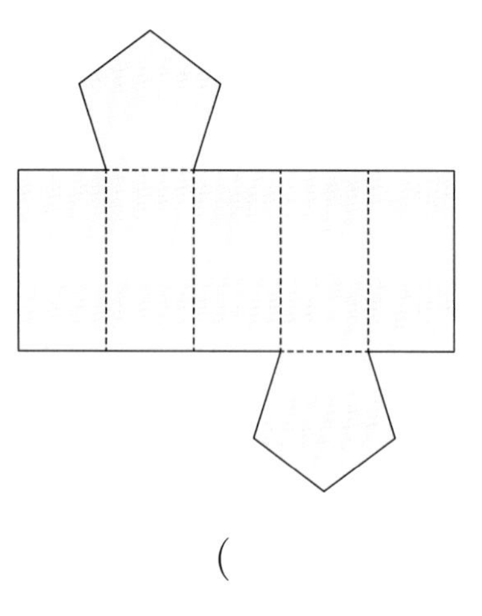

(　　　　　　　　)

4

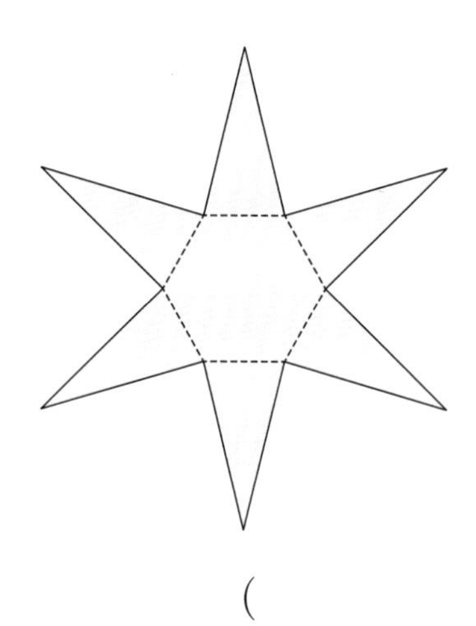

(　　　　　　　　)

[5~6] 다음 조건을 만족하는 도형의 이름을 써 보세요.

5

- 각기둥입니다.
- 모서리의 수가 24개입니다.

(　　　　　　　　)

6

- 각뿔입니다.
- 꼭짓점의 수가 10개입니다.

(　　　　　　　　)

[7~8] 다음 4장의 수 카드를 한 번씩 모두 사용하여 나눗셈식을 만들려고 합니다. 물음에 답하세요.

7 몫이 가장 큰 나눗셈식을 만들고, 몫을 구해 보세요.

8 몫이 가장 작은 나눗셈식을 만들고, 몫을 구해 보세요.

□.□□÷□ ➔ 몫 (　　　　　　　　)

9 길이가 66.5 m인 직선 도로의 한쪽에 처음부터 끝까지 같은 간격으로 나무 8그루를 심으려고 합니다. 나무 사이의 간격은 몇 m로 해야 하는지 구해 보세요. (단, 나무의 굵기는 생각하지 않습니다.)

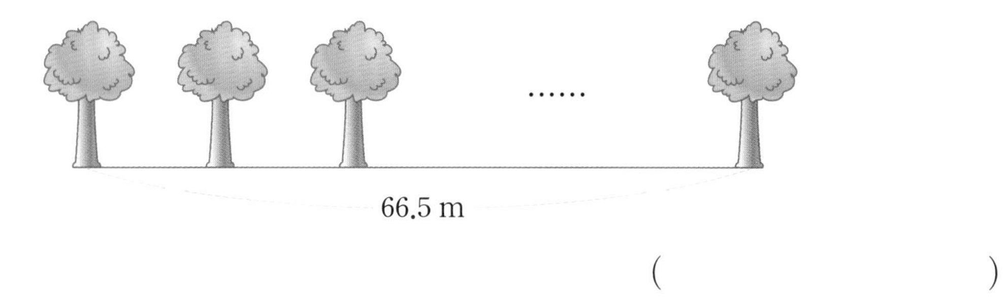

(　　　　　　　　)

10 통나무 한 개를 10도막으로 쉬지 않고 자르는 데 22.5분이 걸렸습니다. 통나무를 한 번 자르는 데 걸리는 시간은 몇 분인지 구해 보세요. (단, 통나무를 한 번 자르는 데 걸리는 시간은 일정합니다.)

(　　　　　　　　)

3주 이번 주에는 무엇을 공부할까? ①

우와~
색이 너무
예쁘게
잘 나왔어.

액자에
넣어서 벽에
걸어야겠어.
좋은
생각이야.

나는
가로 30 cm,
세로 20 cm인
액자에 넣어야지.
나는
가로 24 cm,
세로 16 cm인
액자에 넣을거야.

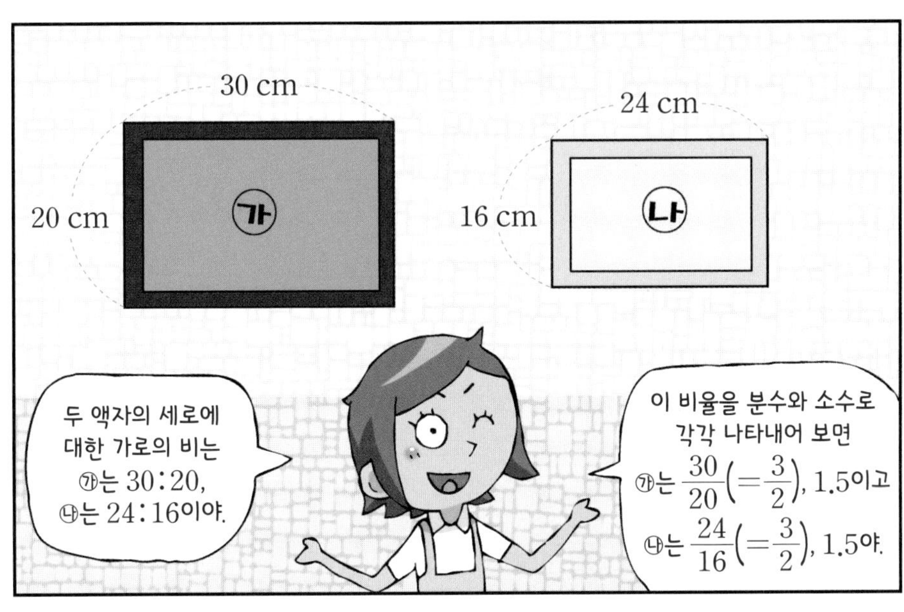
30 cm
20 cm
㉮
24 cm
16 cm
㉯
두 액자의 세로에
대한 가로의 비는
㉮는 30 : 20,
㉯는 24 : 16이야.
이 비율을 분수와 소수로
각각 나타내어 보면
㉮는 $\frac{30}{20}\left(=\frac{3}{2}\right)$, 1.5이고
㉯는 $\frac{24}{16}\left(=\frac{3}{2}\right)$, 1.5야.

두 액자의
세로에 대한
가로의 비율이
같네.
맞아!

액자에
넣으니까
예술 작품
같아.

여기
예술 작품이
또 있지.

나는 얼굴이
예술이거든~
윽!

이번 주에는 무엇을 공부할까? ②

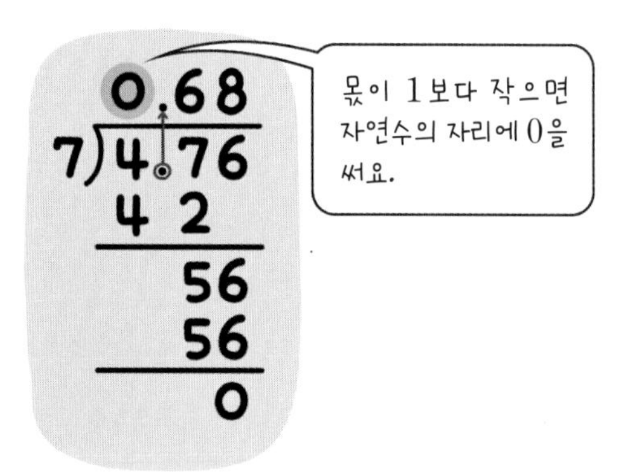

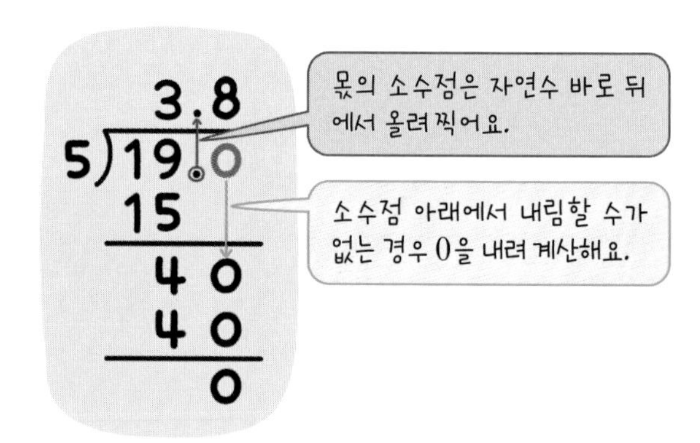

확인 문제

1-1 자연수의 나눗셈을 이용하여 소수의 나눗셈을 계산해 보세요.

$272 \div 4 = 68$

$\frac{1}{100}$배 ↓ $\frac{1}{100}$배

$2.72 \div 4 = \square$

한번 더

1-2 자연수의 나눗셈을 이용하여 소수의 나눗셈을 계산해 보세요.

(1) $186 \div 3 = \square$ ➜ $18.6 \div 3 = \square$

(2) $752 \div 8 = \square$ ➜ $75.2 \div 8 = \square$

2-1 계산해 보세요.

(1) $7 \overline{)2.45}$

(2) $6 \overline{)3.3}$

(3) $2 \overline{)7}$

(4) $5 \overline{)19}$

2-2 계산해 보세요.

(1) $3 \overline{)1.41}$

(2) $12 \overline{)9.6}$

(3) $4 \overline{)10}$

(4) $15 \overline{)6}$

교과 내용 확인하기

▶정답 및 풀이 18쪽

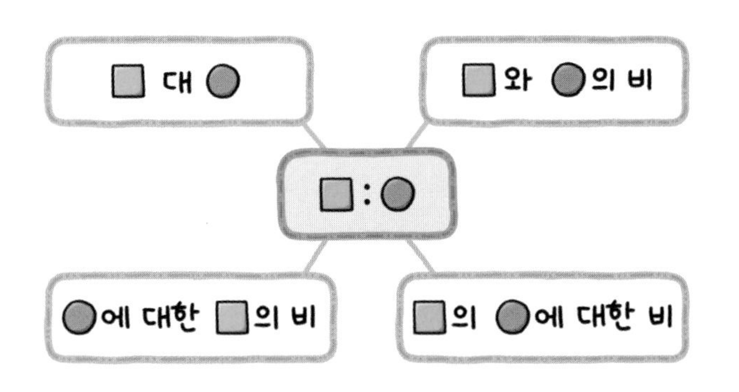

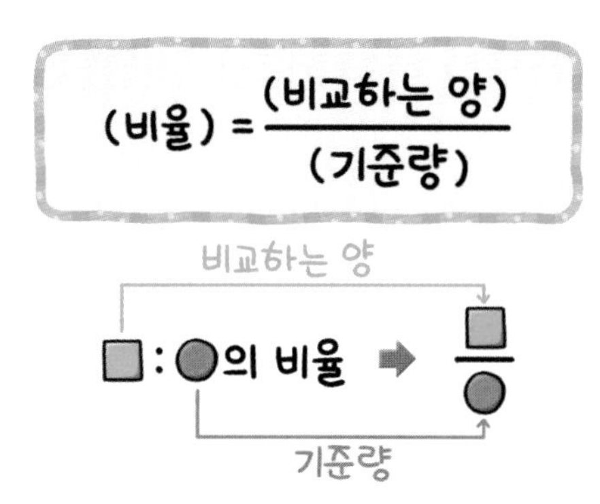

확인 문제

3-1 그림을 보고 알맞은 비를 써 보세요.

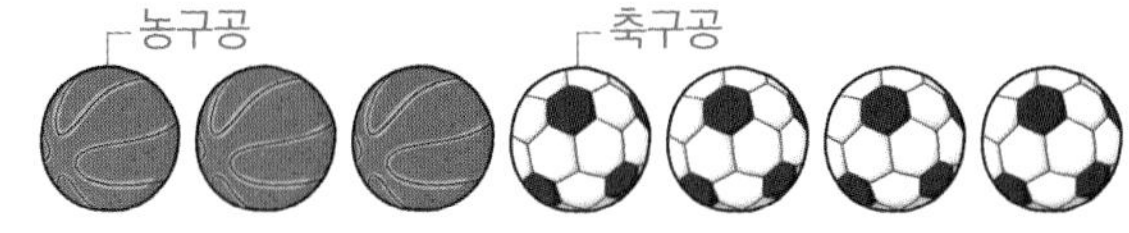

(1) 농구공 수와 축구공 수의 비

( )

(2) 농구공 수에 대한 축구공 수의 비

( )

한번 더

3-2 그림을 보고 알맞은 비를 써 보세요.

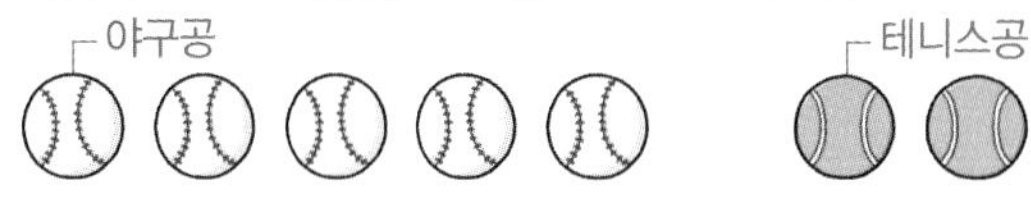

(1) 야구공 수와 테니스공 수의 비

( )

(2) 테니스공 수의 야구공 수에 대한 비

( )

4-1 비교하는 양과 기준량을 찾아 써 보세요.

비	비교하는 양	기준량
4 : 15		

4-2 비교하는 양과 기준량을 찾아 써 보세요.

비	비교하는 양	기준량
20에 대한 7의 비		

5-1 다음 비의 비율을 분수와 소수로 나타내어 보세요.

3 : 5

분수 ( )

소수 ( )

5-2 다음 비의 비율을 분수와 소수로 나타내어 보세요.

9의 10에 대한 비

분수 ( )

소수 ( )

1 일 개념·원리 길잡이 단위량 구하는 문제

1 단위량 구하기 (1)

활동 문제 벽 15 m^2를 칠하는 데 페인트 20 L가 필요합니다. 알맞은 연을 찾아 이어 보세요.

▶정답 및 해설 18쪽

2 단위량 구하기 (2)

벽 ■ m^2를 칠하는 데 ●시간이 걸립니다.

(1시간 동안 칠할 수 있는 벽의 넓이)

(벽 1 m^2를 칠하는 데 걸리는 시간)

활동 문제 다음을 읽고 알맞은 식을 찾아 표시해 보세요.

- 일정한 빠르기로 벽 24 m^2를 칠하는 데 30분이 걸립니다.
- 1분 동안 칠할 수 있는 벽의 넓이를 구하는 식에 ○표 하세요.
- 벽 1 m^2를 칠하는 데 걸리는 시간을 구하는 식에 △표 하세요.
- 44분 동안 칠할 수 있는 벽의 넓이를 구하는 식에 ☆표 하세요.

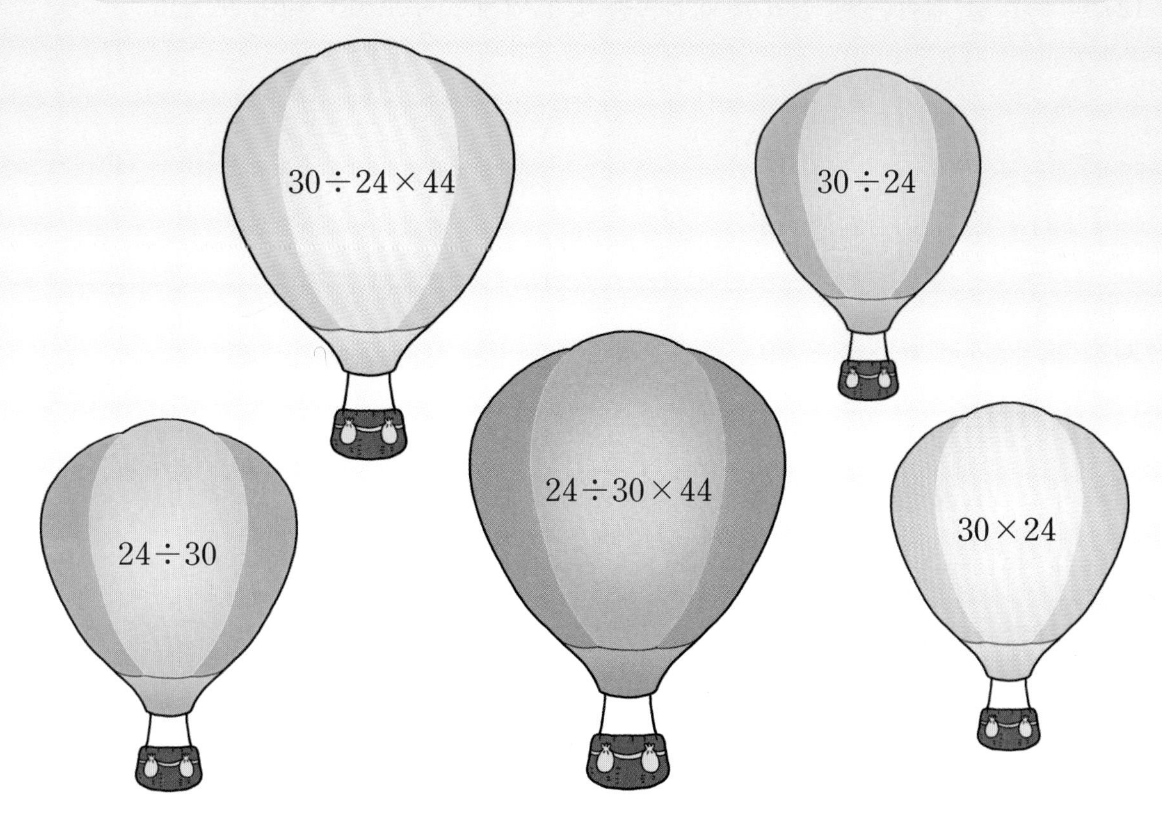

1일 서술형 길잡이

1-1 담 $5\,m^2$를 칠하는 데 페인트 $2\,L$가 필요합니다. 물음에 답하세요.

(1) 페인트 $1\,L$로 칠할 수 있는 담의 넓이는 몇 m^2인지 소수로 나타내어 보세요.

( )

(2) 담 $1\,m^2$를 칠하는 데 필요한 페인트는 몇 L인지 소수로 나타내어 보세요.

( )

- (페인트 $1\,L$로 칠할 수 있는 담의 넓이)=(칠한 담의 넓이)÷(사용한 페인트의 양)
- (담 $1\,m^2$를 칠하는 데 필요한 페인트의 양)=(사용한 페인트의 양)÷(칠한 담의 넓이)

1-2 벽 $30\,m^2$를 칠하는 데 페인트 $24\,L$가 필요합니다. 물음에 답하세요.

(1) 페인트 $1\,L$로 칠할 수 있는 벽의 넓이는 몇 m^2인지 소수로 나타내어 보세요.

식 ______________ 답 ______________

(2) 벽 $1\,m^2$를 칠하는 데 필요한 페인트는 몇 L인지 소수로 나타내어 보세요.

식 ______________ 답 ______________

1-3 사과 28 kg으로 사과 주스 70 L를 만들 수 있습니다. 사과 주스 15 L를 만드는 데 필요한 사과는 몇 kg인지 구해 보세요.

사과 주스 1 L를 만드는 데 필요한 사과는 (□÷□) kg입니다.

따라서 사과 주스 15 L를 만드는 데 필요한 사과는

□÷□×□=□(kg)입니다.

▶정답 및 해설 19쪽

2-1 상현이가 일정한 빠르기로 벽에 페인트칠을 하고 있습니다. 벽 18 m^2를 칠하는 데 45분이 걸린다고 할 때, 1분 동안 칠할 수 있는 벽의 넓이는 몇 m^2인지 소수로 나타내어 보세요. 또, 벽 1 m^2를 칠하는 데 걸리는 시간은 몇 분인지 소수로 나타내어 보세요.

1분 동안 칠할 수 있는 벽의 넓이 (　　　　　　　　)

벽 1 m^2를 칠하는 데 걸리는 시간 (　　　　　　　　)

- 구하려는 것: 1분 동안 칠할 수 있는 벽의 넓이와 벽 1 m^2를 칠하는 데 걸리는 시간
- 주어진 조건: 벽 18 m^2를 칠하는 데 45분이 걸림
- 해결 전략: (1분 동안 칠할 수 있는 벽의 넓이)=(칠한 벽의 넓이)÷(걸린 시간)
  (벽 1 m^2를 칠하는 데 걸리는 시간)=(걸린 시간)÷(칠한 벽의 넓이)

✎ 구하려는 것(〰〰)과 주어진 조건(——)에 표시해 봅니다.

2-2 일정한 빠르기로 벽 25 m^2를 칠하는 데 40분이 걸립니다. 1분 동안 칠할 수 있는 벽의 넓이는 몇 m^2인지 소수로 나타내어 보세요. 또, 벽 1 m^2를 칠하는 데 걸리는 시간은 몇 분인지 소수로 나타내어 보세요.

해결 전략

벽의 넓이를 시간으로 나눌 것인지 시간을 벽의 넓이로 나눌 것인지 바르게 식을 세워 계산합니다.

1분 동안 칠할 수 있는 벽의 넓이 (　　　　　　　　)

벽 1 m^2를 칠하는 데 걸리는 시간 (　　　　　　　　)

2-3 호영이가 일정한 빠르기로 2 km를 걷는 데 13분이 걸립니다. 호영이가 같은 빠르기로 30 km를 걷는 데 걸리는 시간은 몇 분인지 구해 보세요.

(1) 호영이가 1 km를 걷는 데 걸리는 시간은 몇 분인지 소수로 나타내어 보세요.

(　　　　　　　　)

(2) 호영이가 같은 빠르기로 30 km를 걷는 데 걸리는 시간은 몇 분인지 구해 보세요.

(　　　　　　　　)

1 문제 해결

매실 28 kg으로 매실 원액 49 L를 만들 수 있습니다. 매실 1 kg으로 만들 수 있는 매실 원액은 몇 L인지 소수로 나타내어 보세요.

(　　　　　　　　)

2 문제 해결

휘발유 43 L로 860 km를 달리는 자동차가 있습니다. 이 자동차로 1 km를 달리는 데 필요한 휘발유는 몇 L인지 소수로 나타내어 보세요.

(　　　　　　　　)

3 문제 해결

가로 6 m, 세로 5 m인 직사각형 모양의 벽을 칠하는 데 페인트 48 L가 필요합니다. 벽 1 m^2를 칠하는 데 필요한 페인트는 몇 L인지 소수로 나타내어 보세요.

(　　　　　　　　)

▶정답 및 해설 19쪽

4 추론

길이가 104 m인 기차가 일정한 빠르기로 길이가 745 m인 터널을 완전히 통과하는 데 30초가 걸렸습니다. 이 기차는 1초에 몇 m를 달린 것인지 소수로 나타내어 보세요.

기차가 터널을
완전히 통과한다는 것은
기차의 맨 뒤까지
터널을 빠져나와야
한다는 거야.

(   )

5 문제 해결

가로가 3.75 km이고 세로가 2.25 km인 직사각형 모양 공원의 둘레를 자전거를 타고 일정한 빠르기로 한 바퀴 도는 데 30분이 걸렸습니다. 자전거를 타고 같은 빠르기로 갈 때 17분 동안 갈 수 있는 거리는 몇 km인지 소수로 나타내어 보세요.

(   )

같은 방향, 반대 방향

1 직선 도로에서 A, B 사이의 거리

• 같은 방향으로 출발했을 때

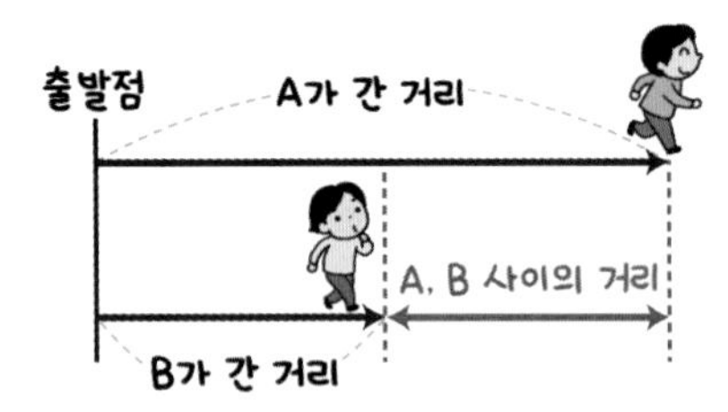

➔ A가 간 거리와 B가 간 거리의 차와 같습니다.

• 반대 방향으로 출발했을 때

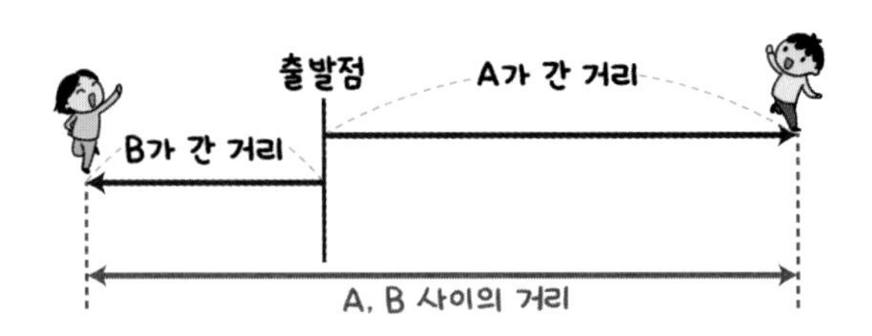

➔ A가 간 거리와 B가 간 거리의 합과 같습니다.

활동 문제 15분 동안 정훈이는 2.25 km를 걷고 호영이는 1.8 km를 걷습니다. 정훈이와 호영이가 직선 도로의 같은 곳에서 동시에 출발했을 때 22분 후 두 사람 사이의 거리를 알아보세요. (단, 정훈이와 호영이는 각각 일정한 빠르기로 걷습니다.)

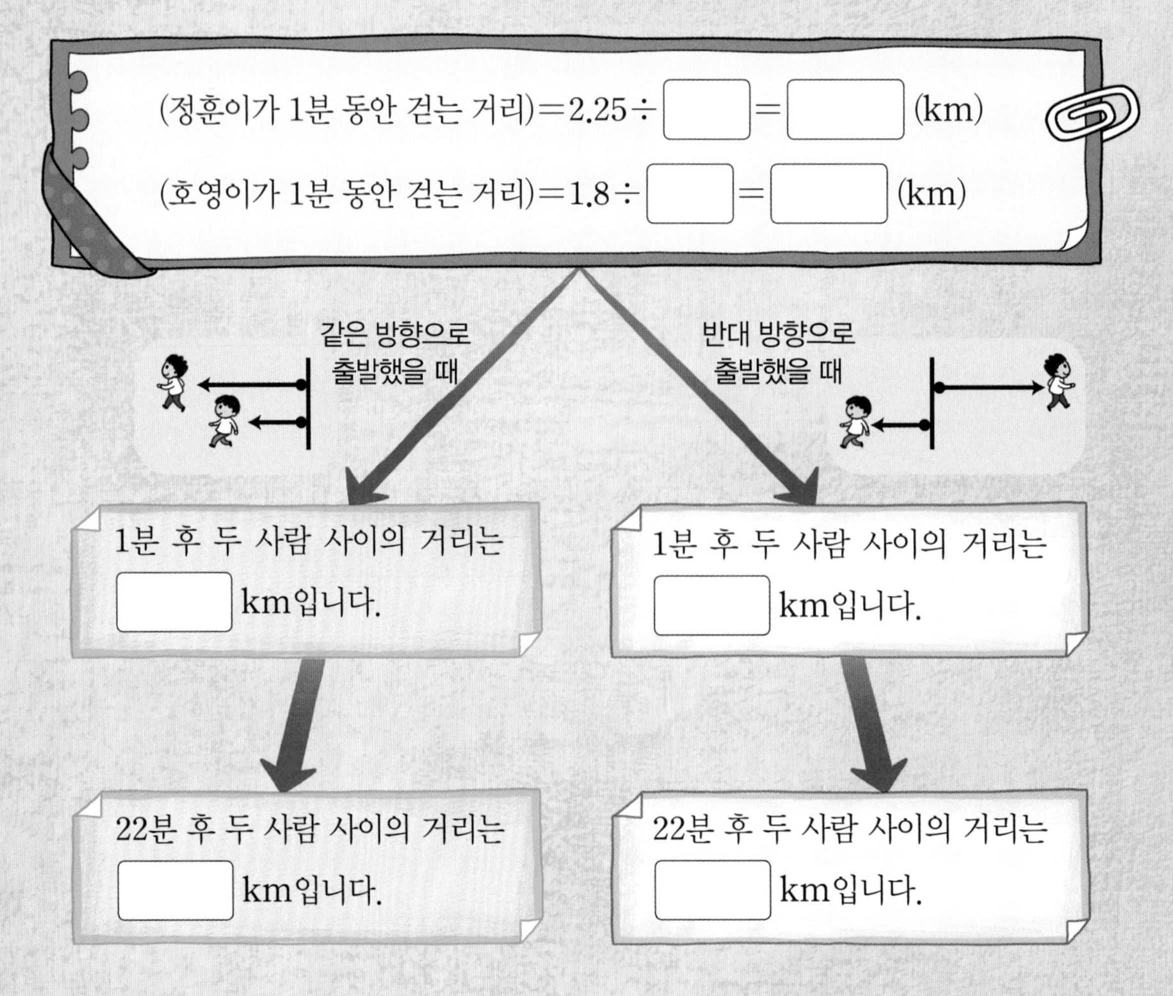

▶정답 및 해설 19쪽

2 둥근 트랙에서 A와 B가 처음으로 만나는 경우

• 같은 방향으로 출발했을 때

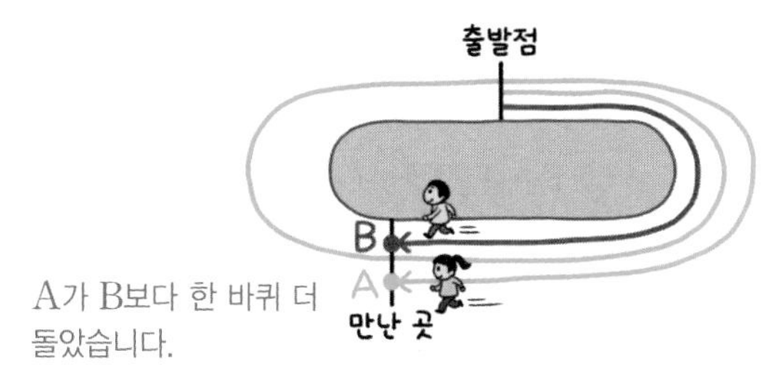

➔ A가 간 거리와 B가 간 거리의 차는 트랙 한 바퀴입니다.

• 반대 방향으로 출발했을 때

➔ A가 간 거리와 B가 간 거리의 합은 트랙 한 바퀴입니다.

활동 문제 1시간 동안 민준이는 6 km를 달리고 세영이는 4 km를 달립니다. 민준이와 세영이가 둘레가 0.42 km인 둥근 트랙의 같은 곳에서 출발했을 때 몇 시간 후에 처음으로 다시 만나는지 알아보세요. (단, 민준이와 세영이는 각각 일정한 빠르기로 달립니다.)

1 같은 방향으로 출발했을 때

1시간 동안 두 사람이 달린 거리의 차는 $6-4=$ □ (km)입니다.

두 사람이 달린 거리의 차가 트랙 한 바퀴가 되는 데 걸리는 시간은 $0.42\div$ □ $=$ □ (시간)입니다.

두 사람은 출발한 지 □ 시간 후에 처음으로 다시 만납니다.

2 반대 방향으로 출발했을 때

1시간 동안 두 사람이 달린 거리의 합은 $6+4=$ □ (km)입니다.

두 사람이 달린 거리의 합이 트랙 한 바퀴가 되는 데 걸리는 시간은 $0.42\div$ □ $=$ □ (시간)입니다.

두 사람은 출발한 지 □ 시간 후에 처음으로 다시 만납니다.

3주 2일

1-1 자동차 A, B가 직선 도로의 같은 곳에서 같은 방향으로 동시에 출발했다면 16분 후 두 자동차 사이의 거리는 몇 km인지 구해 보세요. (단, 자동차 A와 B는 각각 일정한 빠르기로 갑니다.)

( )

❶ 1분 동안 자동차 A, B가 가는 거리를 각각 구합니다. (1분 동안 가는 거리)=(간 거리)÷(걸린 시간)
❷ 1분 후 자동차 A, B 사이의 거리를 구합니다. ➔ 1분 동안 두 자동차가 가는 거리의 차를 구합니다.
❸ 16분 후 자동차 A, B 사이의 거리를 구합니다. ➔ (1분 후 두 자동차 사이의 거리)×16

1-2 택시 A는 3분 동안 4.5 km를 가고 택시 B는 8분 동안 14.4 km를 갑니다. 택시 A, B가 직선 도로의 같은 곳에서 같은 방향으로 동시에 출발했다면 15분 후 두 택시 사이의 거리는 몇 km인지 구해 보세요. (단, 택시 A와 B는 각각 일정한 빠르기로 갑니다.)

(1) 1분 동안 택시 A, B가 가는 거리는 몇 km인지 각각 구해 보세요.

A ( ), B ( )

(2) 1분 후 택시 A, B 사이의 거리는 몇 km인지 구해 보세요.

( )

(3) 15분 후 택시 A, B 사이의 거리는 몇 km인지 구해 보세요.

( )

1-3 10분 동안 은우는 1.4 km를 달리고 산하는 1.8 km를 달립니다. 은우와 산하가 직선 도로의 같은 곳에서 반대 방향으로 동시에 출발했다면 25분 후 두 사람 사이의 거리는 몇 km가 되는지 구해 보세요. (단, 은우와 산하는 각각 일정한 빠르기로 달립니다.)

1분 동안 은우는 $1.4 \div 10 = \square$(km)를 달리고 산하는 $1.8 \div 10 = \square$(km)를 달리므로 1분 후 두 사람 사이의 거리는 $\square + \square = \square$(km)입니다.

따라서 25분 후 두 사람 사이의 거리는 $\square \times 25 = \square$(km)입니다.

2-1 1시간 동안 효정이는 8 km를 달리고 민석이는 6 km를 달립니다. 효정이와 민석이가 둘레가 0.48 km인 둥근 트랙의 같은 곳에서 같은 방향으로 동시에 출발했다면 몇 시간 후에 처음으로 다시 만나는지 구해 보세요. (단, 효정이와 민석이는 각각 일정한 빠르기로 달립니다.)

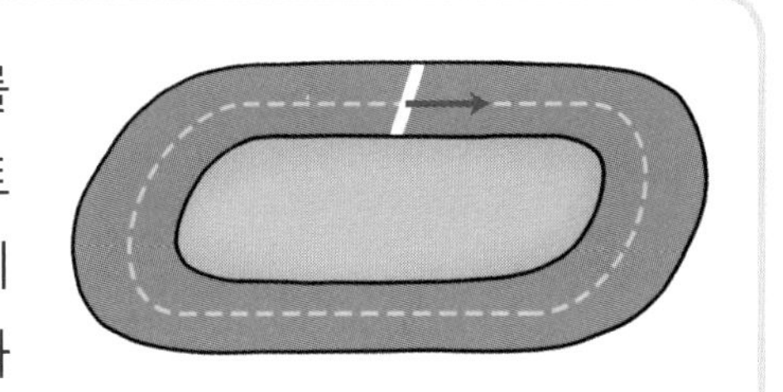

(　　　　　　　　)

- 구하려는 것: 처음으로 다시 만나는 데 걸리는 시간
- 주어진 조건: 1시간 동안 효정이와 민석이가 달리는 거리,
  둘레가 0.48 km인 둥근 트랙에서 같은 방향으로 출발함
- 해결 전략: 두 사람이 처음으로 다시 만날 때까지 달린 거리의 차는 트랙 한 바퀴와 같습니다.
  ➜ (처음으로 다시 만나는 데 걸리는 시간)=(트랙 한 바퀴)÷(1시간 동안 두 사람이 달린 거리의 차)

3주 2일

✎ 구하려는 것(～～)과 주어진 조건(——)에 표시해 봅니다.

2-2 자전거를 타고 1시간 동안 재석이는 16 km를 달리고 윤아는 13 km를 달립니다. 재석이와 윤아가 둘레가 7.2 km인 공원의 같은 곳에서 같은 방향으로 동시에 출발했다면 몇 시간 후에 처음으로 다시 만나는지 구해 보세요. (단, 재석이와 윤아는 각각 일정한 빠르기로 달립니다.)

해결 전략

❶ 1시간 동안 두 사람이 달린 거리의 차 구하기

❷ 공원의 둘레를 1시간 동안 두 사람이 달린 거리의 차로 나누어 처음으로 다시 만나는 데 걸리는 시간 구하기

(　　　　　　　　)

2-3 1시간 동안 종훈이는 4 km를 걷고 민재는 5 km를 걷습니다. 종훈이와 민재가 둘레가 4.05 km인 호수의 같은 곳에서 반대 방향으로 동시에 출발했다면 몇 시간 후에 처음으로 다시 만나는지 구해 보세요. (단, 종훈이와 민재는 각각 일정한 빠르기로 걷습니다.)

(　　　　　　　　)

2일 사고력 · 코딩

오토바이 A, B가 직선 도로의 같은 곳에서 같은 방향으로 동시에 출발했다면 12분 후 두 오토바이 사이의 거리는 몇 km인지 구해 보세요. (단, 오토바이 A와 B는 각각 일정한 빠르기로 갑니다.)

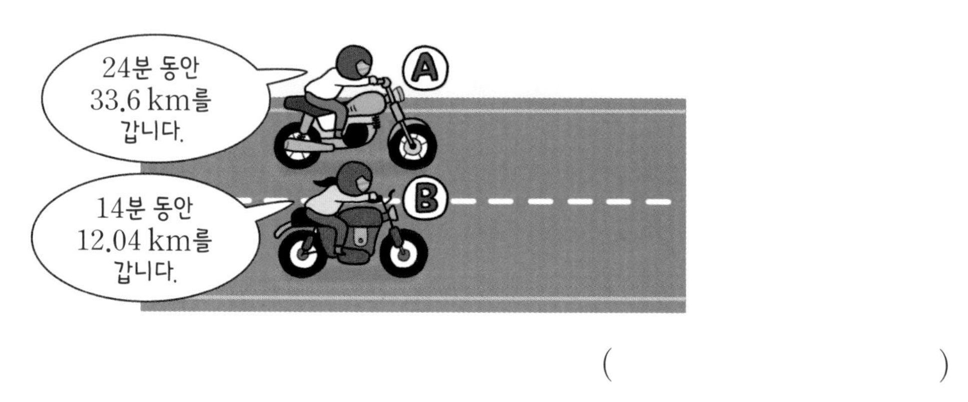

(　　　　　　　　)

5분 동안 민혁이는 0.7 km를 달리고 은산이는 0.8 km를 달립니다. 민혁이와 은산이가 직선 도로의 같은 곳에서 반대 방향으로 동시에 출발했다면 18분 후 두 사람 사이의 거리는 몇 km인지 구해 보세요. (단, 민혁이와 은산이는 각각 일정한 빠르기로 달립니다.)

(　　　　　　　　)

▶ 정답 및 해설 20쪽

3 추론

공원의 둘레를 2분 동안 준우는 0.44 km를 달리고 수아는 0.56 km를 달립니다. 준우와 수아가 같은 곳에서 반대 방향으로 동시에 출발하여 처음으로 다시 만나는 데 26분 걸렸다면 공원의 둘레는 몇 km인지 구해 보세요. (단, 준우와 수아는 각각 일정한 빠르기로 달립니다.)

(　　　　　　　　　　)

자전거로 한 시간 동안 보람이는 16.4 km를 달리고 윤후는 12.4 km를 달립니다. 윤후가 출발한 지 30분 후에 보람이가 윤후를 따라간다면 두 사람은 보람이가 출발한 지 몇 시간 후에 만나게 되는지 구해 보세요. (단, 보람이와 윤후는 각각 일정한 빠르기로 달립니다.)

(　　　　　　　　　　)

1 속력, 타율, 축척

- 속력: 걸린 시간에 대한 간 거리의 비율

$$(\text{속력})=\frac{(\text{간 거리})}{(\text{걸린 시간})}$$

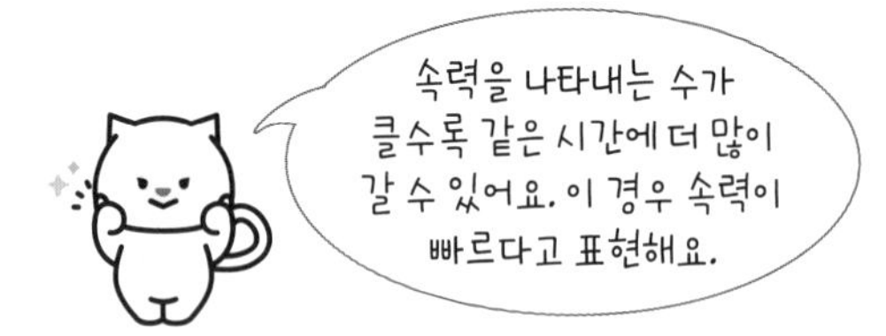

- 타율: 전체 타수에 대한 안타 수의 비율

$$(\text{타율})=\frac{(\text{안타 수})}{(\text{전체 타수})}$$

- 축척: 실제 거리에 대한 지도에서의 거리의 비율

$$(\text{축척})=\frac{(\text{지도에서의 거리})}{(\text{실제 거리})}$$

활동 문제 **A, B, C** 자동차가 움직인 거리와 걸린 시간이 다음과 같을 때 속력을 알아보세요.

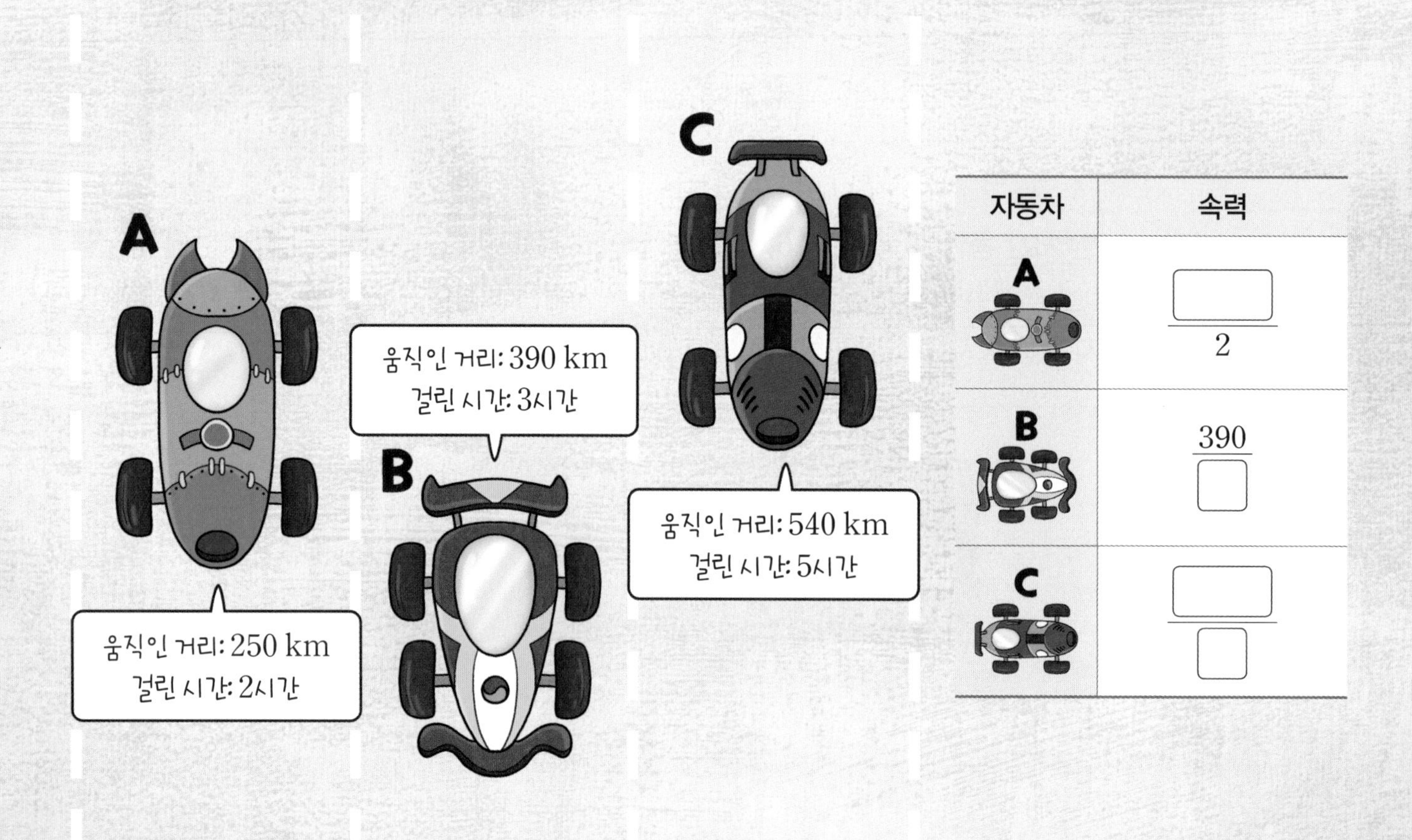

자동차	속력
A	$\frac{\square}{2}$
B	$\frac{390}{\square}$
C	$\frac{\square}{\square}$

▶정답 및 해설 21쪽

2 연비, 확률, 인구 밀도

- 연비: 사용한 연료의 양에 대한 간 거리의 비율

$$(\text{연비})=\frac{(\text{간 거리})}{(\text{사용한 연료의 양})}$$

- 확률: 모든 경우의 수에 대한 어떤 사건이 일어날 경우의 수의 비율

$$(\text{확률})=\frac{(\text{어떤 사건이 일어날 경우의 수})}{(\text{모든 경우의 수})}$$

- 인구 밀도: 넓이에 대한 인구의 비율

$$(\text{인구 밀도})=\frac{(\text{인구})}{(\text{넓이})}$$

활동 문제 A, B, C 자동차가 움직인 거리와 사용한 연료가 다음과 같을 때 연비를 알아보세요.

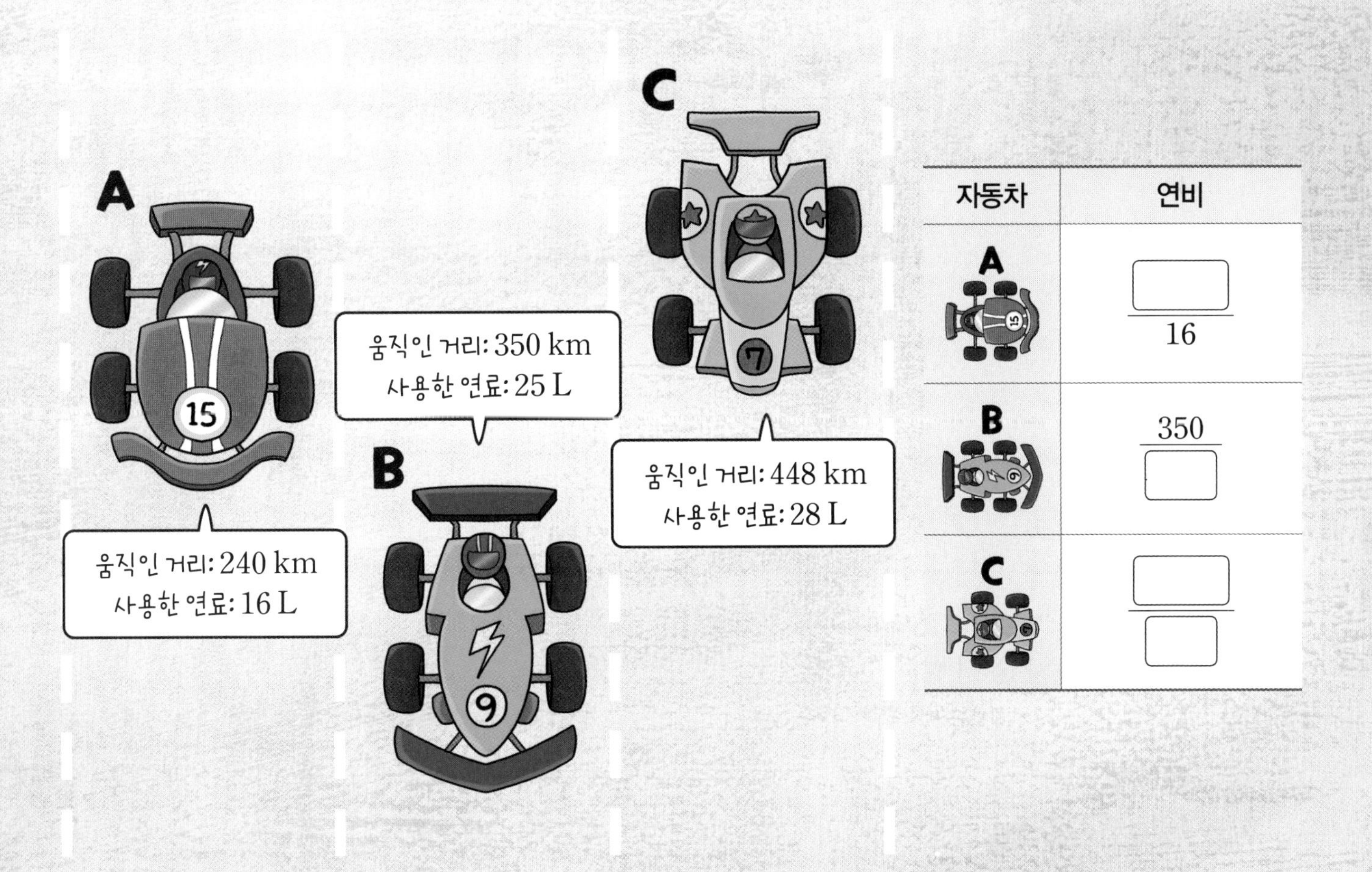

자동차	연비
A	$\frac{\square}{16}$
B	$\frac{350}{\square}$
C	$\frac{\square}{\square}$

1-1 다음은 종혁이와 지은이가 자전거를 타고 간 거리와 걸린 시간을 나타낸 것입니다. 표의 빈칸을 채우고, 종혁이와 지은이 중 누가 더 빠른지 구해 보세요.

	간 거리	걸린 시간	속력
종혁	18 km	2시간	
지은	24 km	3시간	

더 빠른 사람 ( )

$(\text{속력})=\frac{(\text{간 거리})}{(\text{걸린 시간})}$이고, 속력을 나타내는 수가 클수록 빠릅니다.

1-2 다음을 보고 세인이와 민준이 중 누가 더 빠른지 구해 보세요.

(1) 세인이와 민준이의 속력을 각각 구해 보세요.

세인 ( ), 민준 ( )

(2) 세인이와 민준이 중 누가 더 빠른지 써 보세요.

( )

1-3 자동차는 220 km를 가는 데 2시간이 걸렸고, 기차는 360 km를 가는 데 3시간이 걸렸습니다. 자동차와 기차 중 더 빠른 것은 무엇인지 구해 보세요.

자동차의 속력은 $\frac{\square}{\square}=\square$이고 기차의 속력은 $\frac{\square}{\square}=\square$입니다.

따라서 자동차와 기차 중 더 빠른 것은 $\square$입니다.

▶ 정답 및 해설 21쪽

2-1 사랑 마을은 넓이가 $4\,\text{km}^2$, 인구가 6000명이고 금빛 마을은 넓이가 $5\,\text{km}^2$, 인구가 7250명입니다. 사랑 마을과 금빛 마을 중 인구가 더 밀집한 곳은 어디인지 구해 보세요.

(   )

- 구하려는 것: 인구가 더 밀집한 곳
- 주어진 조건: 사랑 마을과 금빛 마을의 넓이와 인구
- 해결 전략: ❶ 두 마을의 인구 밀도 구하기 ➔ $(\text{인구 밀도})=\frac{(\text{인구})}{(\text{넓이})}$

  ❷ 인구가 더 밀집한 곳 찾기 ➔ 인구 밀도를 나타내는 수가 클수록 밀집합니다.

✎ 구하려는 것(~~~)과 주어진 조건(——)에 표시해 봅니다.

2-2 세형이가 사는 도시는 넓이가 $500\,\text{km}^2$, 인구가 150만 명이고 유주가 사는 도시는 넓이가 $380\,\text{km}^2$, 인구가 133만 명입니다. 세형이와 유주 중 누가 사는 도시의 인구가 더 밀집한지 구해 보세요.

해결 전략

❶ 세형이와 유주가 사는 도시의 인구 밀도 구하기

❷ 인구 밀도를 비교하여 더 밀집한 곳 찾기

(   )

2-3 부산광역시, 대전광역시, 대구광역시의 넓이와 인구를 보고 인구가 가장 밀집한 곳을 구해 보세요.

넓이: 약 $770\,\text{km}^2$
인구: 약 340만 명

넓이: 약 $540\,\text{km}^2$
인구: 약 147만 명

넓이: 약 $884\,\text{km}^2$
인구: 약 242만 명

(   )

3일 사고력 · 코딩

소영이네 자동차는 휘발유 24 L로 330 km를 달립니다. 다음을 보고 소영이네 자동차의 에너지 소비효율 등급은 몇 등급인지 구해 보세요.

에너지 소비효율 등급	1 에너지소비효율등급 16.0 이상	2 에너지소비효율등급 13.8 이상 16.0 미만	3 에너지소비효율등급 11.6 이상 13.8 미만	4 에너지소비효율등급 9.4 이상 11.6 미만	5 에너지소비효율등급 9.4 미만
연비	16.0 이상	13.8 이상 16.0 미만	11.6 이상 13.8 미만	9.4 이상 11.6 미만	9.4 미만

( )

야구 선수 3명의 전체 타수와 안타 수를 보고 타율이 높은 선수부터 차례로 이름을 써 보세요.

( )

▶정답 및 해설 21쪽

3 추론

축척이 $\frac{1}{200000}$인 지도에서 서울시청에서 고양시청까지의 거리는 8 cm입니다. 서울시청에서 고양시청까지의 실제 거리는 몇 km인지 구해 보세요.

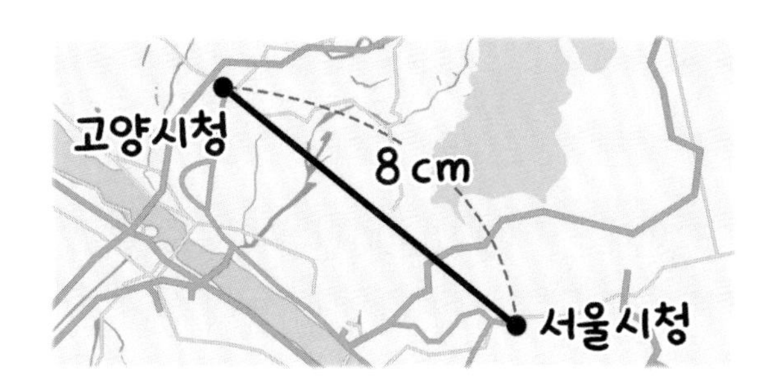

축척이 $\frac{1}{200000}$이니까 지도에서의 거리 1 cm는 실제 거리가 200000 cm야.

( )

4 문제 해결

형석이와 민주가 가위바위보를 하고 있습니다. 두 사람이 가위바위보를 한 번 했을 때 다음 확률을 구해 보세요.

(1) 형석이가 이길 확률을 기약분수로 나타내어 보세요.

( )

(2) 민주가 이길 확률을 기약분수로 나타내어 보세요.

( )

(3) 두 사람이 비길 확률을 기약분수로 나타내어 보세요.

( )

할인율, 승률, 득표율

1 할인율

$$(\text{할인율})=\frac{(\text{할인 금액})}{(\text{원래 가격})}\times 100\ (\%)$$

예 원래 가격이 10000원인 물건을 할인해서 8000원에 팔 때 할인율 구하기

$$(\text{할인율})=\frac{10000-8000}{10000}\times 100\ (\%)$$

백분율로 나타냅니다.

$$(\text{할인 금액})=(\text{원래 가격})\times(\text{할인율})$$

예 10000원짜리 물건을 20 % 할인하여 팔 때 할인 금액 구하기

$$(\text{할인 금액})=10000\times\frac{20}{100}$$

또는 $(\text{할인 금액})=10000\times 0.2$

할인율을 분수 또는 소수로 나타냅니다.

활동 문제 휴대 전화 판매점 A, B, C에서 할인 행사를 하고 있습니다. 각 판매점의 할인율을 알아보세요.

(B의 할인율)

$=\frac{\square-\square}{100\text{만}}\times 100$

$=\square\ (\%)$

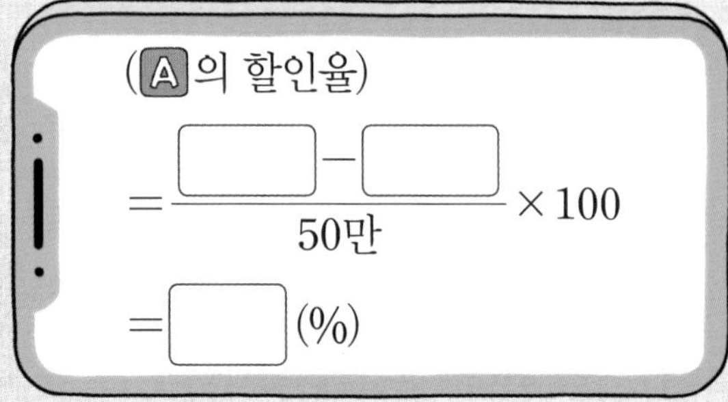

(A의 할인율)

$=\frac{\square-\square}{50\text{만}}\times 100$

$=\square\ (\%)$

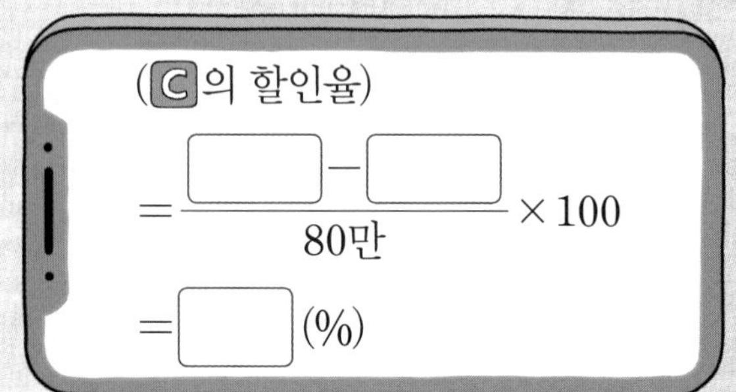

(C의 할인율)

$=\frac{\square-\square}{80\text{만}}\times 100$

$=\square\ (\%)$

▶정답 및 해설 22쪽

2 승률, 득표율

$$(\text{승률})=\frac{(\text{이긴 경기 수})}{(\text{전체 경기 수})}\times 100\ (\%)$$

성공률

(이긴 경기 수)=(전체 경기 수)×(승률)

예 가위바위보를 25번 하여 14번 이겼을 때 승률 구하기

$$(\text{승률})=\frac{14}{25}\times 100\ (\%)$$

예 가위바위보를 25번 하여 승률이 56 %일 때 이긴 횟수 구하기

$$(\text{이긴 횟수})=25\times\frac{56}{100}$$

승률을 분수 또는 소수로 나타냅니다.

$$(\text{득표율})=\frac{(\text{득표수})}{(\text{전체 투표수})}\times 100\ (\%)$$

(득표수)=(전체 투표수)×(득표율)

예 200명이 투표에 참여해서 70표를 얻었을 때 득표율 구하기

$$(\text{득표율})=\frac{70}{200}\times 100\ (\%)$$

예 200명이 참여한 투표에서 득표율이 35 %일 때 득표수 구하기

$$(\text{득표수})=200\times 0.35$$

득표율을 분수 또는 소수로 나타냅니다.

활동 문제 농구 선수의 2점 슛 성공률과 3점 슛 성공률을 보고 공이 들어가는 횟수를 알아보세요.

(공이 들어가는 횟수)

$$=150\times\frac{\square}{\square}=\square\ (\text{번})$$

(공이 들어가는 횟수)

$$=150\times\frac{\square}{\square}=\square\ (\text{번})$$

1-1 같은 종류의 슬리퍼를 시장과 백화점에서 살 때의 정가와 할인율이 다음과 같습니다. 시장과 백화점 중 어디에서 사는 것이 더 저렴한지 구해 보세요.

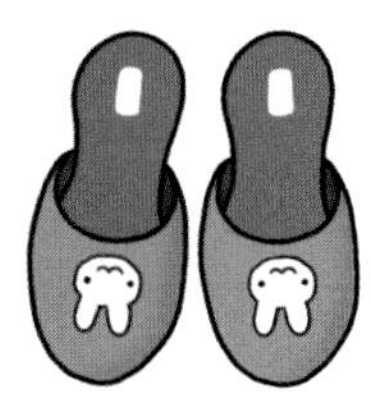

	정가	할인율
시장	6000원	10 %
백화점	8000원	25 %

( )

❶ 시장과 백화점에서의 할인 금액을 각각 구합니다. ➔ (할인 금액)=(원래 가격)×(할인율)
❷ 시장과 백화점에서 살 수 있는 금액을 비교하여 더 저렴한 곳을 알아봅니다.

1-2 같은 종류의 고기를 마트와 정육점에서 살 때의 정가와 할인율이 다음과 같습니다. 마트와 정육점 중 어디에서 사는 것이 더 저렴한지 구해 보세요.

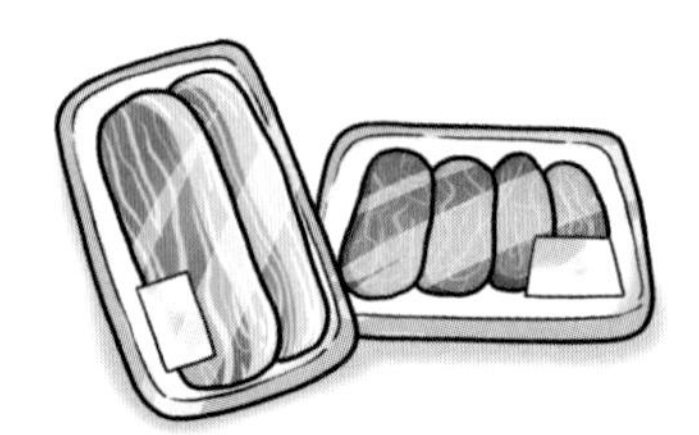

	정가	할인율
마트	20000원	30 %
정육점	16000원	15 %

(1) 마트와 정육점에서의 할인 금액을 구하는 식을 만들고 계산해 보세요.

마트 ______________, 정육점 ______________

(2) 마트와 정육점 중 어디에서 사는 것이 더 저렴한지 써 보세요.

( )

1-3 어느 과일 가게에서는 과일 값을 5 % 올려서 팔려고 합니다. 14000원짜리 수박의 판매 금액은 얼마인지 구해 보세요.

14000원짜리 수박 값의 올리는 금액은 $14000\times\frac{\square}{100}=\square$(원)입니다.

따라서 14000원짜리 수박의 판매 금액은 $14000+\square=\square$(원)입니다.

▶정답 및 해설 22쪽

2-1 A 학교와 B 학교에서 학생 회장 선거가 있었습니다. A 학교 회장은 400표 중 260표를 받았고 B 학교 회장은 350표 중 210표를 받아서 당선되었습니다. A 학교 회장과 B 학교 회장 중 누구의 득표율이 더 높은지 구해 보세요.

( )

- 구하려는 것: 득표율이 더 높은 학교 회장
- 주어진 조건: A 학교 회장은 400표 중 260표를 받았고 B 학교 회장은 350표 중 210표를 받았음
- 해결 전략: $(\text{득표율})=\frac{(\text{득표수})}{(\text{전체 투표수})}\times 100\ (\%)$를 이용하여 득표율을 구한 후 득표율을 비교합니다.

구하려는 것(〰)과 주어진 조건(——)에 표시해 봅니다.

2-2 지역별 시장 선거가 있었습니다. A시의 시장은 80만 표 중 36만 표를 받았고 B시의 시장은 50만 표 중 26만 표를 받아서 당선되었습니다. A시 시장과 B시 시장 중 누구의 득표율이 더 높은지 구해 보세요.

해결 전략

❶ A시 시장의 득표율과 B시 시장의 득표율 구하기
❷ 득표율을 비교하여 득표율이 더 높은 시장 알아보기

( )

2-3 윤영이네 반에서 반장 선거가 있었습니다. 윤영이네 반 학생 25명이 반장 후보 A, B에게 투표를 하였는데 A의 득표율은 60 %, B의 득표율은 40 %였습니다. A가 받은 표는 B가 받은 표보다 몇 표 더 많은지 구해 보세요.

( )

정희와 명수는 투호 놀이를 하였습니다. 정희는 화살을 25개 던져서 16개를 넣었고, 명수는 화살을 30개 던져서 18개를 넣었습니다. 누구의 성공률이 더 높은지 구해 보세요.

(　　　　　　　　)

다음을 보고 정가가 2만 원인 옷을 A 쇼핑몰과 B 쇼핑몰 중 어느 쇼핑몰에서 사는 것이 얼마나 더 싼지 차례로 써 보세요.

(　　　　　　　　), (　　　　　　　　)

▶정답 및 해설 23쪽

3 코딩

다음을 보고 키 158 cm, 몸무게 60 kg인 재현이가 비만인지, 비만이 아닌지 판단해 보세요.

- 표준 몸무게(kg): (키(cm) − 100) × 0.9
- 비만 몸무게(kg): 표준 몸무게의 120 % 이상

(　　　　　　　　　　)

4 문제 해결

똑같은 당근이 작년에는 6개에 3000원이었는데 올해에는 5개에 3000원입니다. 이 당근은 작년에 비해 몇 % 올랐는지 구해 보세요.

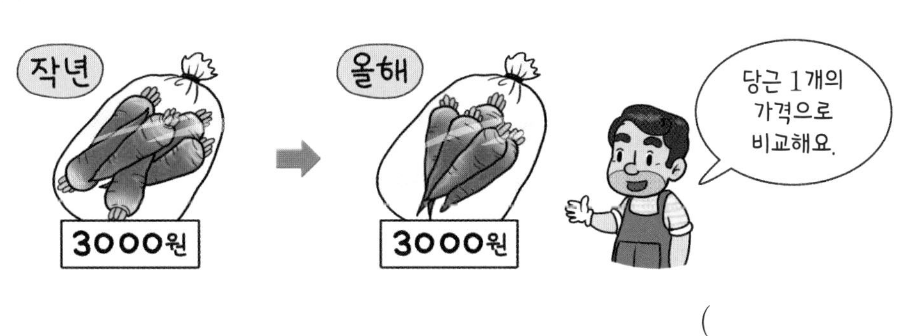

(　　　　　　　　　　)

1 이자율: 원금에 대한 이자의 비율

$$(\text{이자율}) = \frac{(\text{이자})}{(\text{원금})} \times 100\ (\%)$$

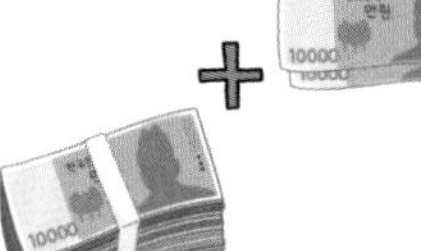

원금 100만 원

$$(\text{이자율}) = \frac{2\text{만}}{100\text{만}} \times 100$$

$$(\text{이자}) = (\text{원금}) \times (\text{이자율})$$

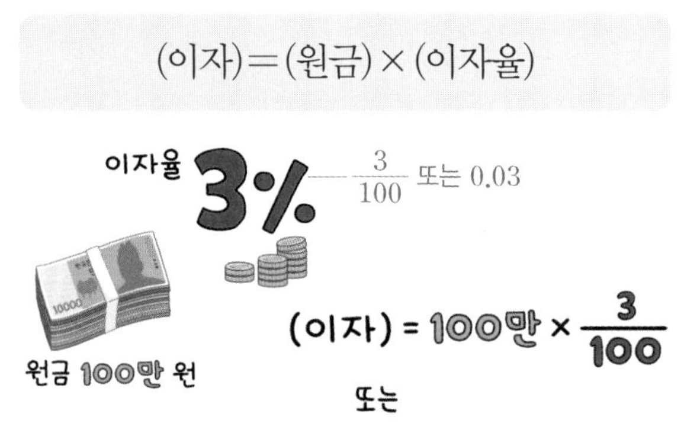

$$(\text{이자}) = 100\text{만} \times \frac{3}{100}$$

또는

$$(\text{이자}) = 100\text{만} \times 0.03$$

활동 문제 세 통장에 예금한 금액과 1년 후의 이자를 보고 연 이자율을 구하여 알맞은 통장을 찾아 이어 보세요.

(연 이자율: 1년 동안의 이자율)

(2020년 11월 15일 → 20-11-15, 2021년 11월 15일 → 21-11-15)

거래날짜	입금액	이자	잔액
20-11-15	500000		
21-11-15		5000	505000

거래날짜	입금액	이자	잔액
20-05-22	1000000		
21-05-22		30000	1030000

거래날짜	입금액	이자	잔액
20-07-30	400000		
21-07-30		8000	408000

희망통장 연 이자율 2%

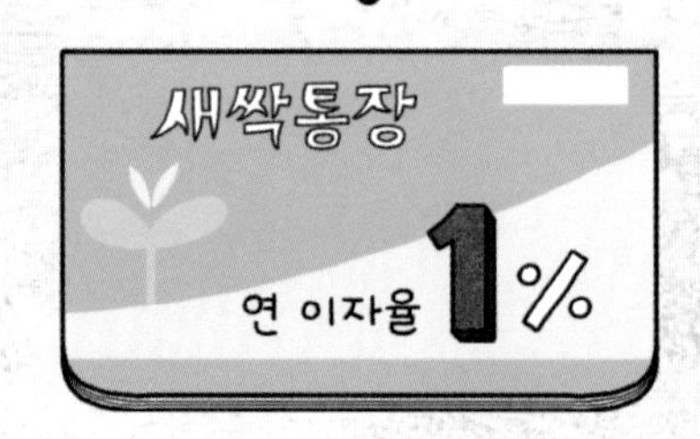

모바일통장 연 이자율 3%

▶정답 및 해설 23쪽

2 용액의 진하기: 용액의 양에 대한 용질의 양의 비율

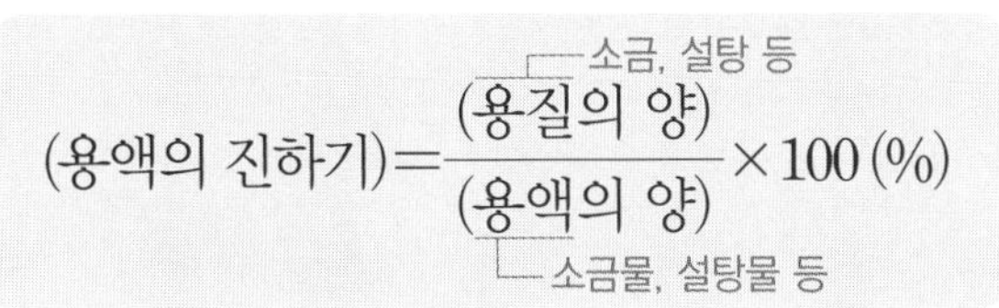

$$(\text{용액의 진하기})=\frac{(\text{용질의 양})}{(\text{용액의 양})}\times 100\,(\%)$$

$$(\text{소금물의 진하기})=\frac{(\text{소금의 양})}{(\text{소금물의 양})}\times 100=\frac{40}{160+40}\times 100$$

$$(\text{용질의 양})=(\text{용액의 양})\times(\text{용액의 진하기})$$

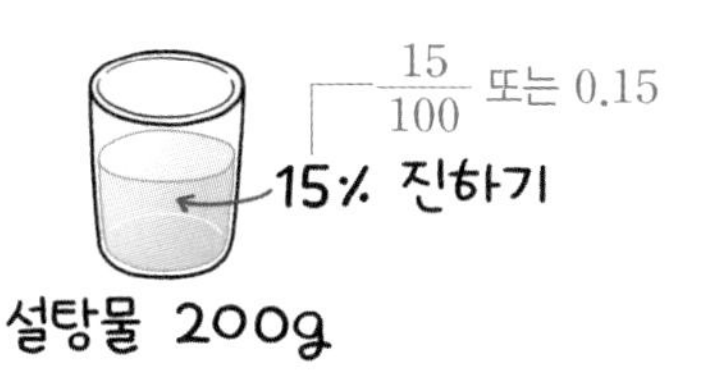

$$(\text{설탕의 양})=(\text{설탕물의 양})\times(\text{설탕물의 진하기})=200\times\frac{15}{100}\ \text{또는}\ 200\times 0.15$$

활동 문제 실험을 하기 위해서 진하기를 달리 한 소금물을 만들었습니다. 소금물의 진하기를 바르게 구한 식을 찾아 ○표 하세요.

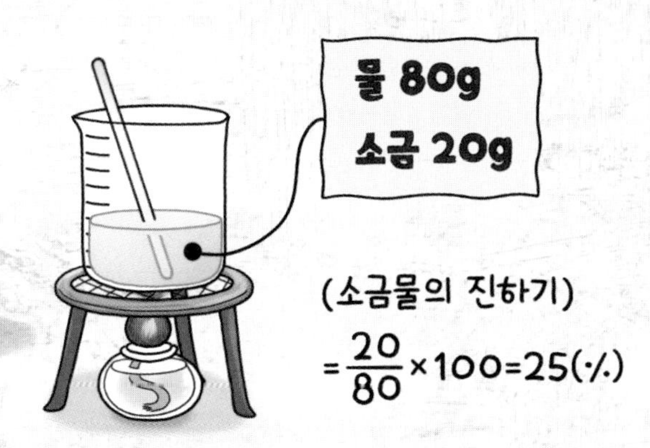

$$(\text{소금물의 진하기})=\frac{20}{80}\times 100=25(\%)$$

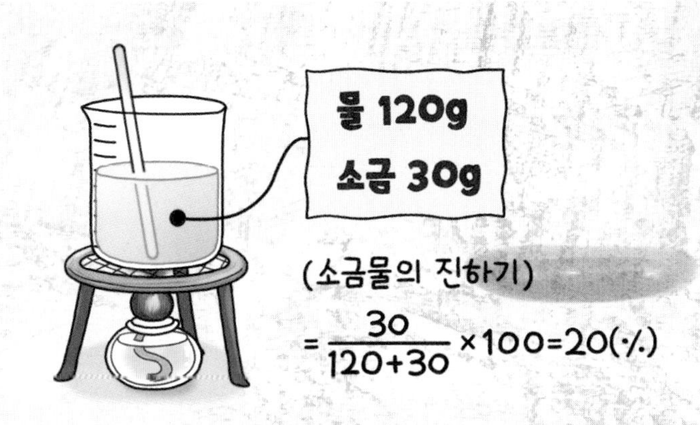

$$(\text{소금물의 진하기})=\frac{30}{120+30}\times 100=20(\%)$$

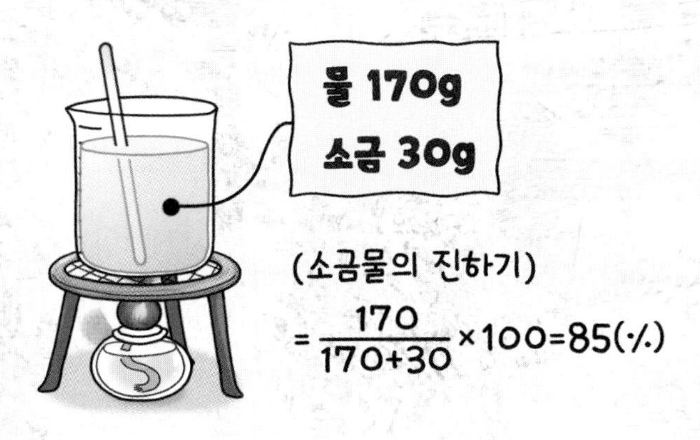

$$(\text{소금물의 진하기})=\frac{170}{170+30}\times 100=85(\%)$$

$$(\text{소금물의 진하기})=\frac{160-40}{160+40}\times 100=60(\%)$$

1-1 천재 은행의 연 이자율은 3.5 %입니다. 천재 은행에 80만 원을 예금하면 1년 후에 모두 얼마를 찾을 수 있는지 구해 보세요.

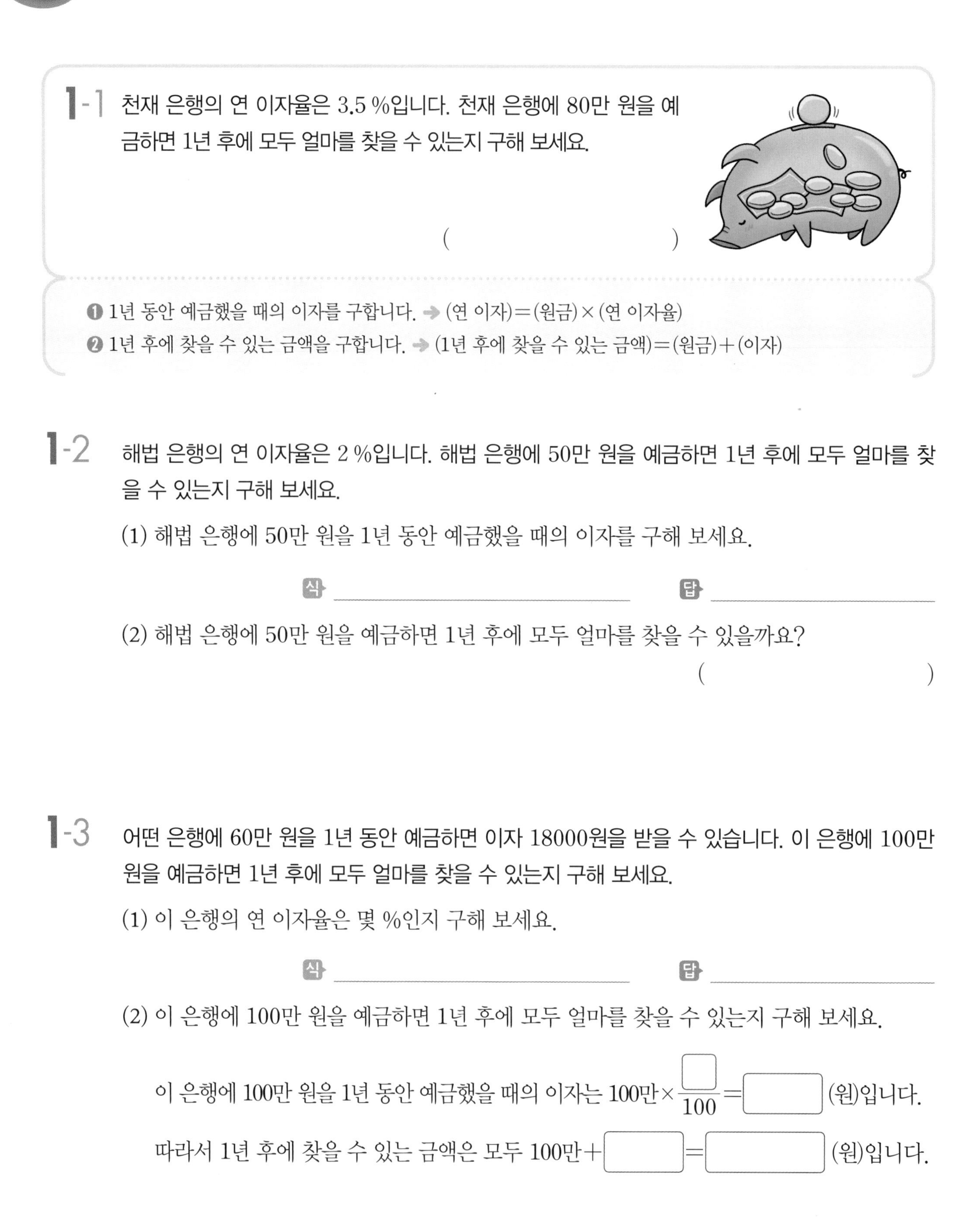

(　　　　　　　　　　)

❶ 1년 동안 예금했을 때의 이자를 구합니다. ➔ (연 이자)=(원금)×(연 이자율)
❷ 1년 후에 찾을 수 있는 금액을 구합니다. ➔ (1년 후에 찾을 수 있는 금액)=(원금)+(이자)

1-2 해법 은행의 연 이자율은 2 %입니다. 해법 은행에 50만 원을 예금하면 1년 후에 모두 얼마를 찾을 수 있는지 구해 보세요.

(1) 해법 은행에 50만 원을 1년 동안 예금했을 때의 이자를 구해 보세요.

식 ____________________ 답 ____________________

(2) 해법 은행에 50만 원을 예금하면 1년 후에 모두 얼마를 찾을 수 있을까요?

(　　　　　　　　　　)

1-3 어떤 은행에 60만 원을 1년 동안 예금하면 이자 18000원을 받을 수 있습니다. 이 은행에 100만 원을 예금하면 1년 후에 모두 얼마를 찾을 수 있는지 구해 보세요.

(1) 이 은행의 연 이자율은 몇 %인지 구해 보세요.

식 ____________________ 답 ____________________

(2) 이 은행에 100만 원을 예금하면 1년 후에 모두 얼마를 찾을 수 있는지 구해 보세요.

이 은행에 100만 원을 1년 동안 예금했을 때의 이자는 100만$\times\frac{\square}{100}=\square$(원)입니다.

따라서 1년 후에 찾을 수 있는 금액은 모두 100만$+\square=\square$(원)입니다.

▶정답 및 해설 23쪽

2-1 연준이가 용액의 진하기 실험을 하고 있습니다. 연준이는 진하기가 20 %인 소금물 150 g에 물 50 g을 더 넣었습니다. 새로 만든 소금물의 진하기는 몇 %인지 구해 보세요.

(　　　　　　　　)

- 구하려는 것: 새로 만든 소금물의 진하기
- 주어진 조건: 진하기가 20 %인 소금물 150 g에 물 50 g을 더 넣음
- 해결 전략: ❶ 진하기가 20 %인 소금물 150 g에 녹아 있는 소금의 양 구하기
  ➜ (소금의 양)=(소금물의 양)×(소금물의 진하기)
  ❷ 새로 만든 소금물의 진하기 구하기
  ➜ $(\text{새로 만든 소금물의 진하기})=\frac{(\text{소금의 양})}{(\text{전체 소금물의 양})}\times 100\ (\%)$

✎ 구하려는 것(～～)과 주어진 조건(——)에 표시해 봅니다.

2-2 준희가 용액의 진하기 실험을 하고 있습니다. 준희는 진하기가 30 %인 소금물 100 g에 물 100 g을 더 넣었습니다. 새로 만든 소금물의 진하기는 몇 %인지 구해 보세요.

해결 전략

❶ 진하기가 30 %인 소금물 100 g에 녹아 있는 소금의 양 구하기

❷ 전체 소금물의 양과 녹아 있는 소금의 양을 이용하여 새로 만든 소금물의 진하기 구하기

(　　　　　　　　)

2-3 은빈이가 용액의 진하기 실험을 하고 있습니다. 은빈이는 진하기가 10 %인 설탕물 200 g에 설탕 40 g을 더 넣었습니다. 새로 만든 설탕물의 진하기는 몇 %인지 구해 보세요.

(　　　　　　　　)

5일 사고력 · 코딩

1 추론

진하기가 18 %인 소금물 500 g을 만들려고 합니다. 필요한 소금과 물은 각각 몇 g인지 구해 보세요.

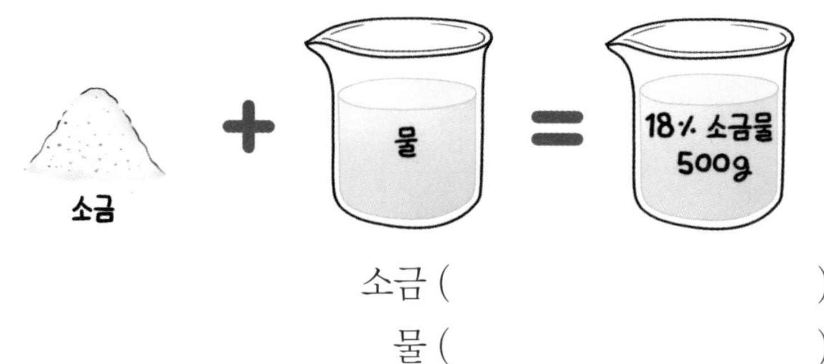

소금 (　　　　　　　　)

물 (　　　　　　　　)

2 코딩

다음은 세율 적용 방법을 나타낸 것입니다. 소득이 6000만 원이라면 내야 할 세금은 얼마인지 구해 보세요.

세율 적용 방법: (소득)×(세율)−(누진공제액)

예 소득이 2000만 원일 때 내야 할 세금

소득이 1200만 원 초과 4600만 원 이하에 해당하므로 세율은 15 %이고 누진공제액은 108만 원입니다.

→ (내야 할 세금)=2000만×0.15−108만=192만 (원)

소득	세율 (%)	누진공제액
1200만 원 이하	6	없음
1200만 원 초과 4600만 원 이하	15	108만 원
4600만 원 초과 8800만 원 이하	24	522만 원
8800만 원 초과	35	1490만 원

(　　　　　　　　)

▶정답 및 해설 24쪽

3 문제 해결

진하기가 16 %인 설탕물 300 g과 진하기가 11 %인 설탕물 200 g을 섞었습니다. 새로 만든 설탕물의 진하기는 몇 %인지 구해 보세요.

새로 만든 설탕물의 전체 양과 들어 있는 설탕의 양을 각각 알아보고 진하기를 구해요.

(   )

다음은 A, B 기업의 지난 1년간 주가 변동을 나타낸 표입니다. 물음에 답하세요. (단, ▲는 상승을 나타내고 ▼는 하락을 나타냅니다.)

(주가: 주식이나 주권의 가격 / 상승: 낮은 데서 위로 올라감 / 하락: 값이나 등급 따위가 떨어짐)

주가 변동표

기업	처음 가격	1년 후 변화 가격
A	35000원	▲ 7000원
B	40000원	▼ 10000원

(1) A 기업의 주가 상승률과 B 기업의 주가 하락률은 각각 몇 %인지 구해 보세요.

(주가 상승률: 처음 가격에 대한 상승한 금액의 비율 / 주가 하락률: 처음 가격에 대한 하락한 금액의 비율)

A 기업의 주가 상승률 (   )

B 기업의 주가 하락률 (   )

(2) 1년 전에 A 기업에 70만 원, B 기업에 20만 원을 투자했습니다. 지금 돈을 찾으면 전체 이익금은 얼마인지 구해 보세요.

(   )

3주 5일

창의 · 융합 · 코딩

1 도서관에서 친구들이 나눗셈의 몫이 써 있는 책을 찾고 있습니다. 친구들이 찾는 책이 무엇인지 알맞은 책 이름을 써 보세요. 창의 · 융합

은영 ( ), 민우 ( ),
수진 ( ), 정훈 ( )

2 시골에 놀러온 민지가 할머니 댁으로 가는 길을 잃었습니다. 각 갈림길에서 알맞은 답을 찾아 할머니 댁까지 가는 길을 찾아보세요. 창의 · 융합

[3~5] 민희는 아침 식사로 우유 $500\,\mathrm{mL}$에 시리얼 3컵을 넣어 동생과 함께 똑같이 나누어 먹었습니다. 민희가 먹은 탄수화물의 양은 모두 몇 g인지 구해 보세요. 문제 해결

영양성분표

시리얼 1컵 제공량당 영양성분		우유 100mL당 영양성분	
탄수화물(g)	21	탄수화물(g)	5
단백질(g)	2	단백질(g)	3
지방(g)	3.9	지방(g)	4

3 민희가 먹은 시리얼 속 탄수화물의 양은 몇 g인지 소수로 나타내어 보세요.

(　　　　　　　　　　)

4 민희가 먹은 우유 속 탄수화물의 양은 몇 g인지 소수로 나타내어 보세요.

(　　　　　　　　　　)

5 민희가 먹은 탄수화물의 양은 모두 몇 g인지 구해 보세요.

(　　　　　　　　　　)

[6~8] 호영이네 학교에서 전교 어린이 회장 선거를 앞두고 어떤 공약이 가장 마음에 드는지 설문 조사를 했습니다. 'CCTV 설치'에 답한 학생의 비율이 31.4 %일 때 물음에 답하세요.

문제 해결

가장 마음에 드는 공약

공약	CCTV 설치	숙제 없는 학교	잔디 운동장	무응답	합계
학생 수(명)			273	66	1000

6 전체 학생 수에 대한 설문 조사에 응답하지 않은 학생 수의 비율은 몇 %인지 구해 보세요.

( )

7 'CCTV 설치'에 답한 학생은 몇 명인지 구해 보세요.

( )

8 전체 학생 수에 대한 '숙제 없는 학교'에 답한 학생 수의 비율은 몇 %인지 구해 보세요.

( )

9 일정한 규칙에 따라 수가 변하고 있습니다. 규칙에 맞게 ☐ 안에 알맞은 수를 써넣으세요. 추론

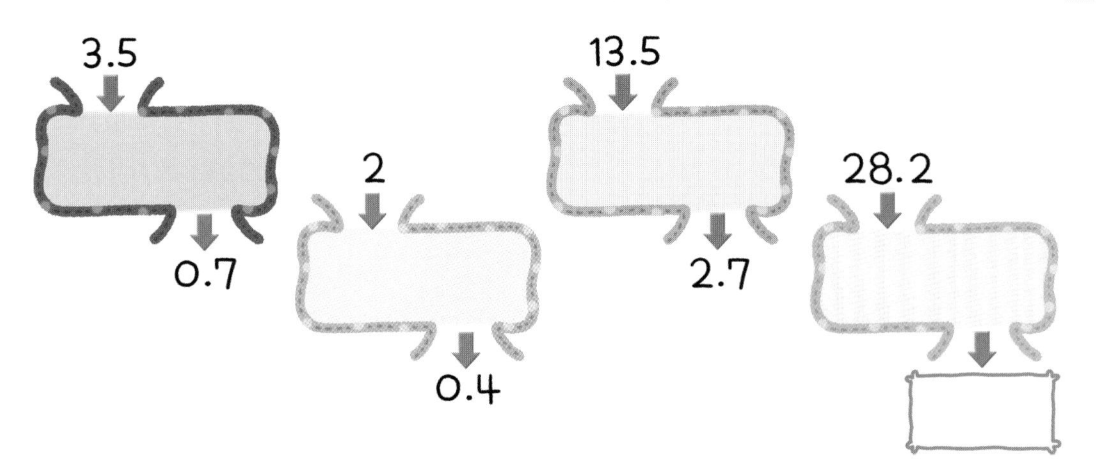

10 가로가 35.6 m, 세로가 24.8 m인 직사각형 모양의 강당 바닥을 한 변의 길이가 2 m인 정사각형 모양의 장판으로 겹치지 않게 덮으려고 합니다. 필요한 장판은 적어도 몇 장인지 구해 보세요.
(단, 잘라 내고 남은 장판은 사용하지 않습니다.) 문제 해결

1 가로 한 줄에 필요한 장판은 몇 장일까요?
( )

2 세로 한 줄에 필요한 장판은 몇 장일까요?
( )

3 바닥 전체를 덮으려면 필요한 장판은 적어도 몇 장일까요?
( )

11 우석이의 아버지께서는 ㉮, ㉯, ㉰ 중 연비가 가장 높은 자동차를 사려고 합니다. ㉮, ㉯, ㉰ 중 어떤 자동차를 사면 될까요? 문제 해결

자동차	㉮ 	㉯ 	㉰ 
사용한 연료(L)	24	36	43
달린 거리(km)	360	648	731

(   )

12 건축 설계사가 집의 도면을 그리려고 합니다. 다음과 같이 집 전체를 똑같이 40칸으로 나누었을 때, 건축 설계사의 계획대로 집을 만들 수 있도록 도면을 완성해 보세요. 코딩

-건축 설계사의 계획-

거실 : 전체 넓이의 20%

주방 : 거실 넓이의 75%

큰방 : 전체 넓이의 30%

작은방 : 큰방 넓이의 50%

현관 : 거실 넓이의 25%

화장실 : 전체 넓이의 10%

베란다 : 전체 넓이의 5%

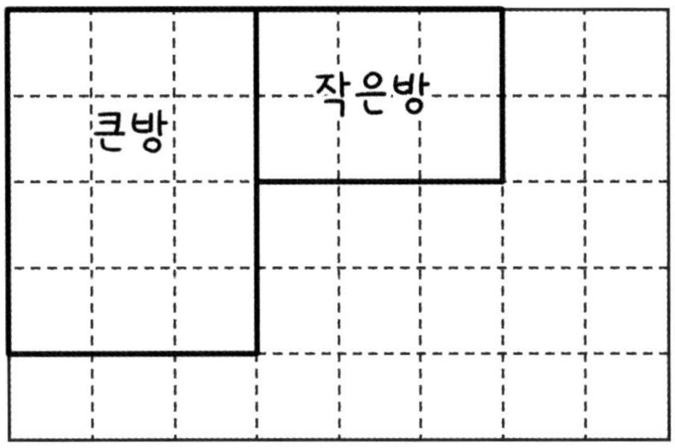

큰방

작은방

맞은 개수 /9개

[1~2] 벽 $25\,m^2$를 칠하는 데 페인트 4 L가 필요합니다. 물음에 답하세요.

1 페인트 1 L로 칠할 수 있는 벽의 넓이는 몇 m^2인지 소수로 나타내어 보세요.

( )

2 벽 $1\,m^2$를 칠하는 데 필요한 페인트는 몇 L인지 소수로 나타내어 보세요.

( )

[3~4] 자동차 A는 4분 동안 6.4 km를 가고 자동차 B는 10분 동안 14 km를 갑니다. 물음에 답하세요. (단, 자동차 A와 B는 각각 일정한 빠르기로 갑니다.)

A  B 

3 자동차 A, B가 1분 동안 가는 거리는 각각 몇 km인지 구해 보세요.

자동차 A가 1분 동안 가는 거리 ( )
자동차 B가 1분 동안 가는 거리 ( )

4 자동차 A, B가 직선 도로의 같은 곳에서 반대 방향으로 동시에 출발했다면 25분 후 두 자동차 사이의 거리는 몇 km인지 구해 보세요.

( )

[5~6] 오른쪽은 효진이와 수찬이가 달린 거리와 걸린 시간을 나타낸 것입니다. 물음에 답하세요.

	달린 거리	걸린 시간
효진	50 m	8초
수찬	100 m	20초

5 효진이와 수찬이의 속력을 각각 구해 보세요.

효진 (   ), 수찬 (   )

6 효진이와 수찬이 중 누가 더 빨리 달렸을까요?

(   )

7 15000원짜리 신발을 3000원 할인해서 팔고 있습니다. 이 신발의 할인율은 몇 %인지 구해 보세요.

(   )

8 주현이는 축구 연습을 했습니다. 주현이의 골 성공률이 50 %일 때, 공을 20번 차면 골대에 몇 번 넣는지 구해 보세요.

(   )

9 혜정이는 소금 20 g을 녹여 소금물 200 g을 만들었습니다. 혜정이가 만든 소금물의 진하기는 몇 %인지 구해 보세요.

(   )

4주 이번 주에는 무엇을 공부할까? ①

빌린 책의 종류별 권수

종류	과학	문학	역사	기타	합계
권수(권)	16	10	8	6	40
백분율(%)	40	25	20	15	100

전체 권수에 대한 종류별 권수의 비율을 한눈에 비교하려면 어떻게 해야 하지?

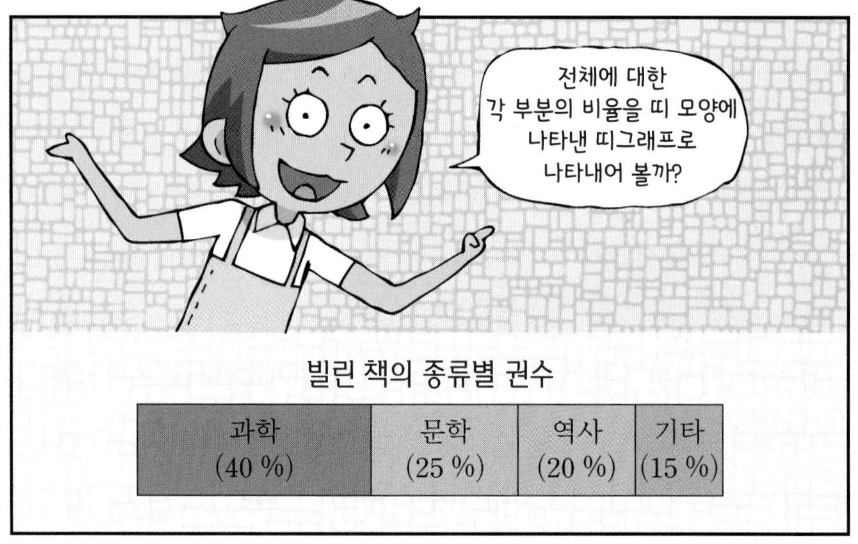

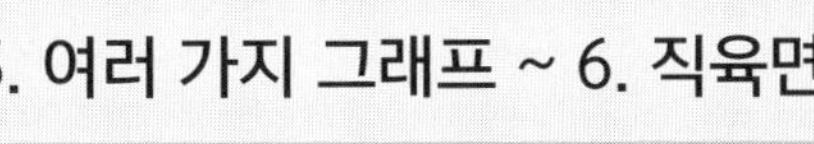
5. 여러 가지 그래프 ~ 6. 직육면체의 부피와 겉넓이

아까 급식을 많이 먹어서 배가 너무 불러~

이 정육면체 모양 풍선껌을 씹으면 소화가 잘 될 거야.

이제 소화가 다 됐어.
벌써?

한 모서리의 길이가 5 cm인 정육면체의 부피를 아니?

껌 씹을 줄은 알지.
크~

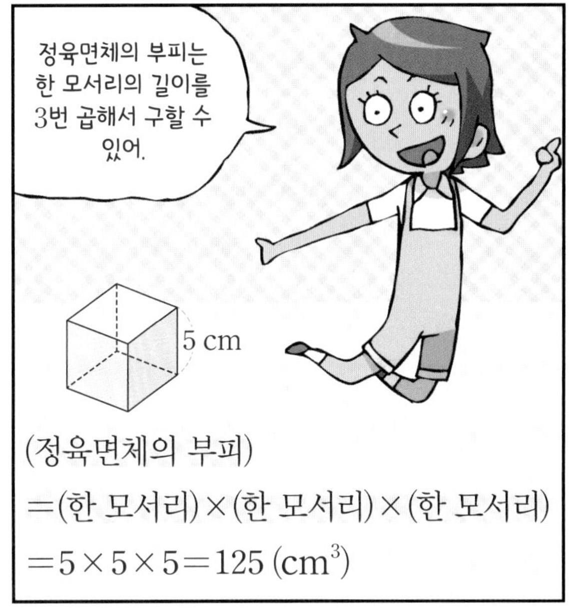
정육면체의 부피는 한 모서리의 길이를 3번 곱해서 구할 수 있어.
5 cm
(정육면체의 부피)
=(한 모서리)×(한 모서리)×(한 모서리)
$=5\times5\times5=125\ (cm^3)$

대신 난 풍선껌을 아주 크게 불 수 있다구.
정말?

어때?
우와~ 정말 크다.

펑!
윽~
크크큭~

4주 이번 주에는 무엇을 공부할까? ②

확인 문제

1-1 표를 완성하고 띠그래프로 나타내어 보세요.

학생들의 혈액형

혈액형	A형	B형	O형	AB형	합계
학생 수(명)	75	75	50	50	250
백분율(%)					

학생들의 혈액형

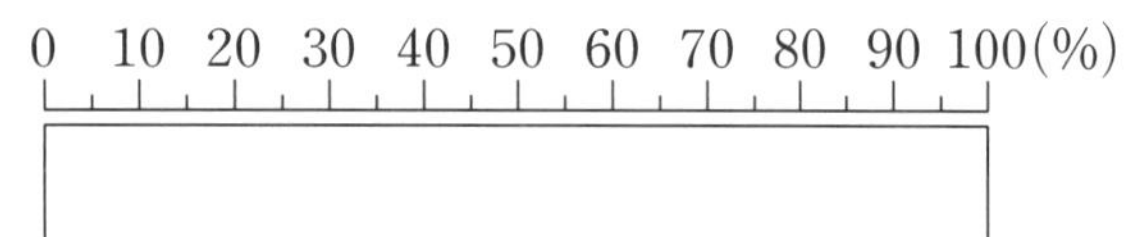

한번 더

1-2 표를 완성하고 띠그래프로 나타내어 보세요.

학생들이 살고 있는 마을

마을	가	나	다	라	합계
학생 수(명)	120	75	60	45	300
백분율(%)					

학생들이 살고 있는 마을

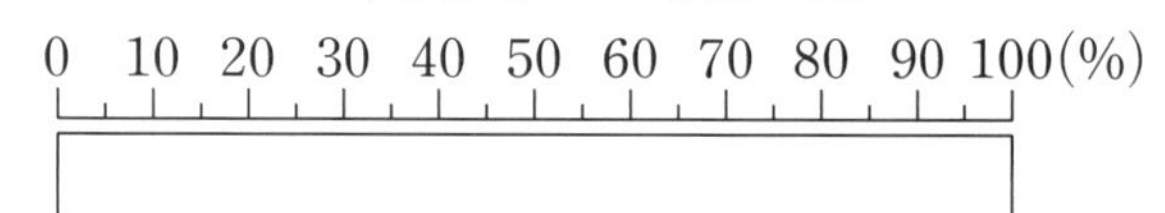

2-1 정우네 집에 있는 전체 책 수에 대한 과학책 수의 백분율은 몇 %인지 구해 보세요.

정우네 집에 있는 책

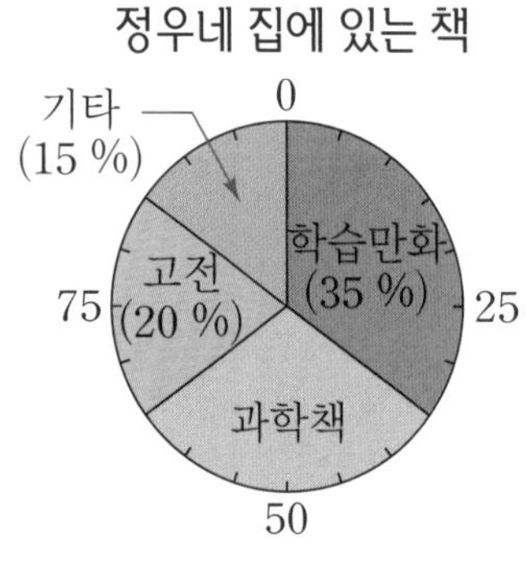

(　　　　　　　　　)

2-2 효선이의 용돈 전체에 대한 도서 구입비의 백분율은 몇 %인지 구해 보세요.

효선이 용돈의 지출 항목

기타 (15 %), 0, 간식 (40 %), 25, 도서 구입, 75, 학용품 (25 %), 50

(　　　　　　　　　)

▶정답 및 풀이 26쪽

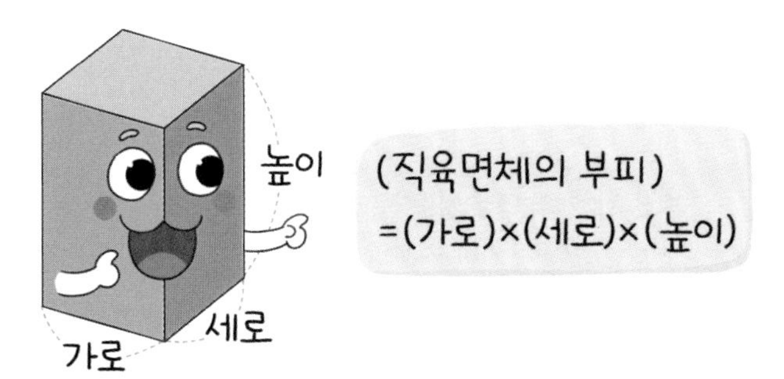

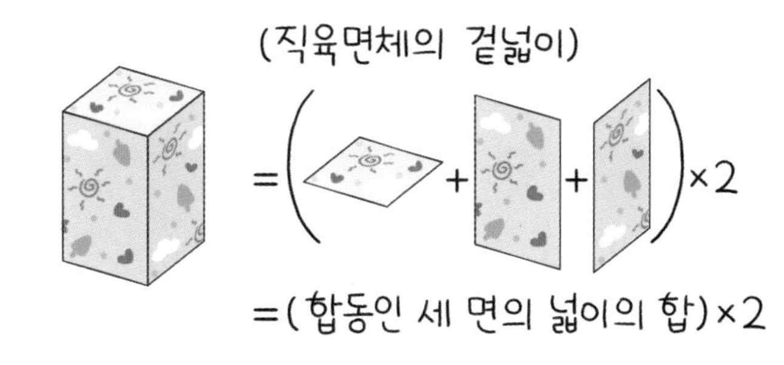

확인 문제

3-1 다음 직육면체의 부피는 몇 cm^3인지 구해 보세요.

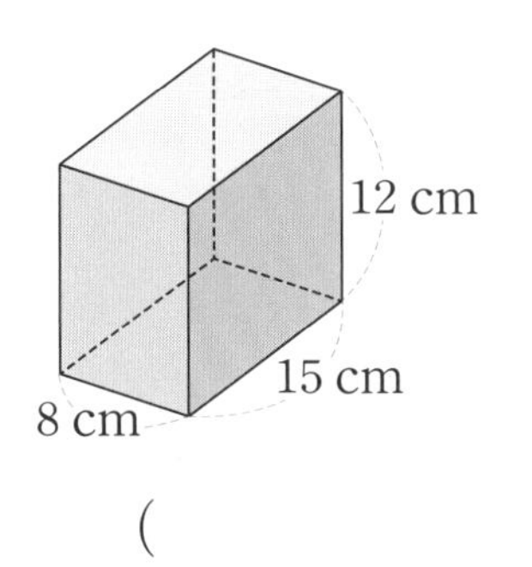

(　　　　　　　　)

한번 더

3-2 다음 직육면체의 부피는 몇 cm^3인지 구해 보세요.

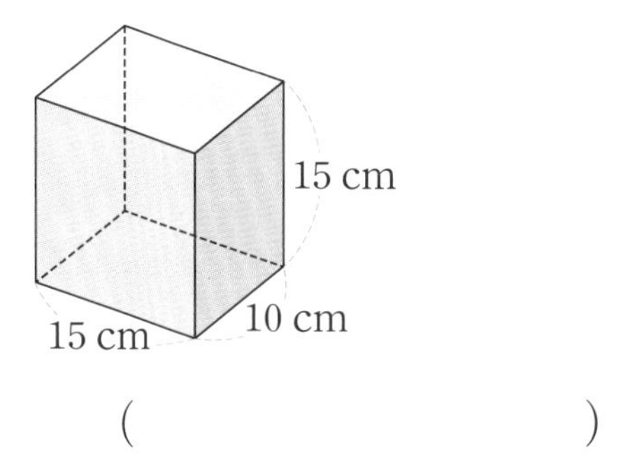

(　　　　　　　　)

4-1 다음 직육면체의 겉넓이는 몇 cm^2인지 구해 보세요.

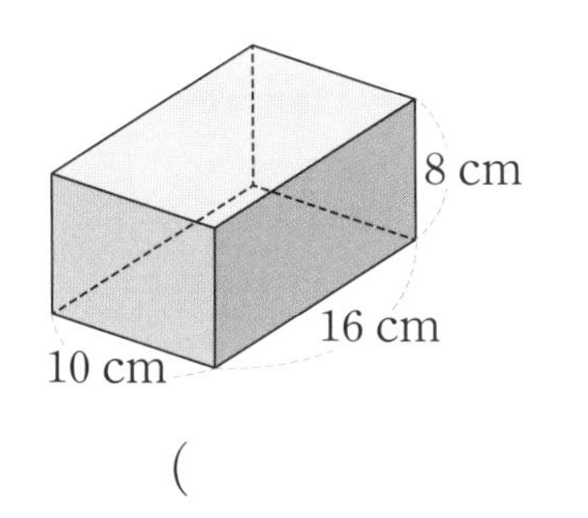

(　　　　　　　　)

4-2 다음 직육면체의 겉넓이는 몇 cm^2인지 구해 보세요.

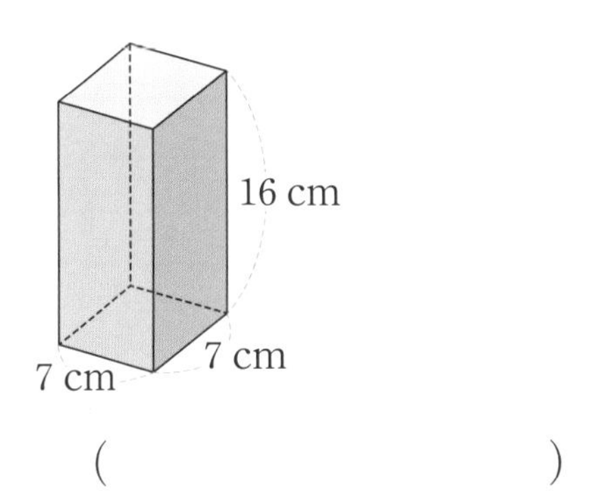

(　　　　　　　　)

1 각 항목의 양 구하기

(항목의 양)
=(전체 자료의 양)×(비율)

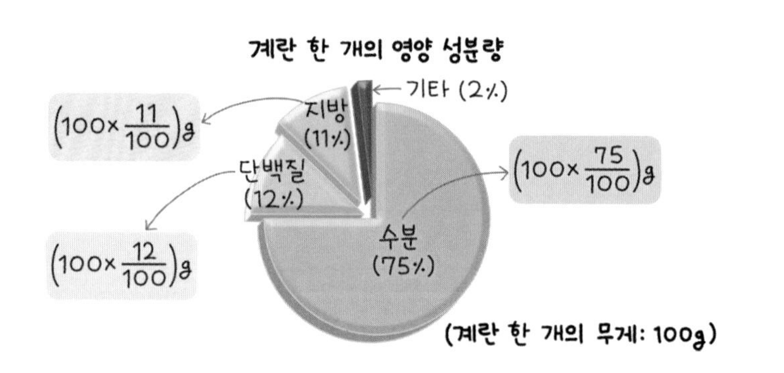

활동 문제 민현이네 학교와 소희네 학교 학생들이 아시아에서 가고 싶은 나라를 조사하여 나타낸 원그래프입니다. 중국과 대만에 가고 싶어 하는 학생 수를 각각 알아보세요.

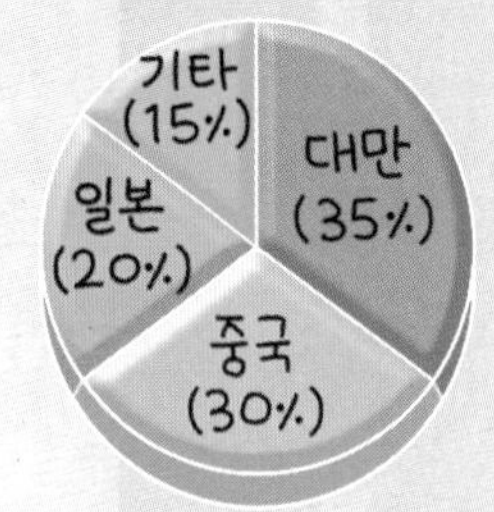

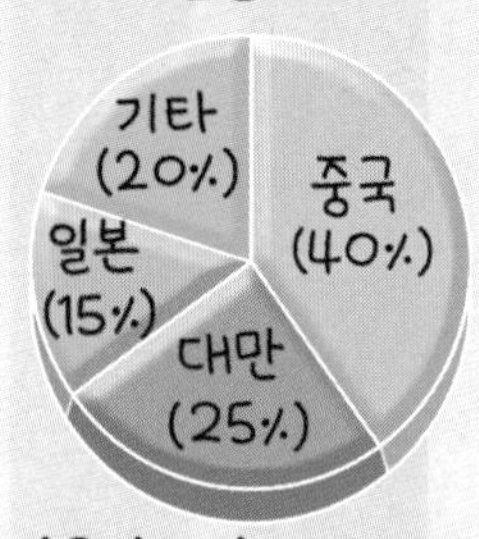

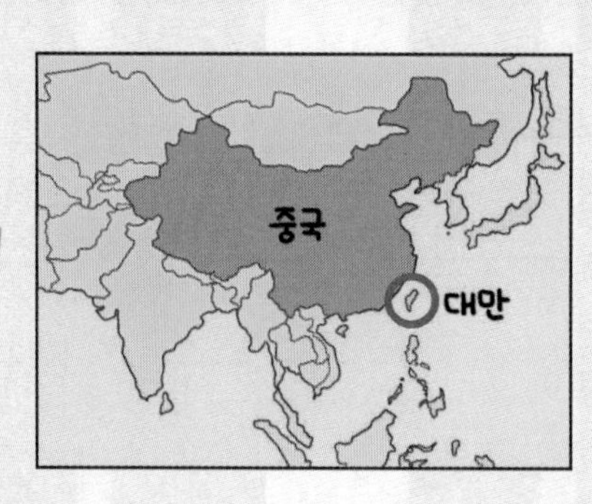

민현이네 학교

중국에 가고 싶어 하는 학생 수: $440\times\frac{\square}{100}=\square$(명)

대만에 가고 싶어 하는 학생 수: $440\times\frac{\square}{100}=\square$(명)

소희네 학교

중국에 가고 싶어 하는 학생 수: $360\times\frac{\square}{100}=\square$(명)

대만에 가고 싶어 하는 학생 수: $360\times\frac{\square}{100}=\square$(명)

▶정답 및 해설 26쪽

2 항목 하나가 전체가 되는 그래프

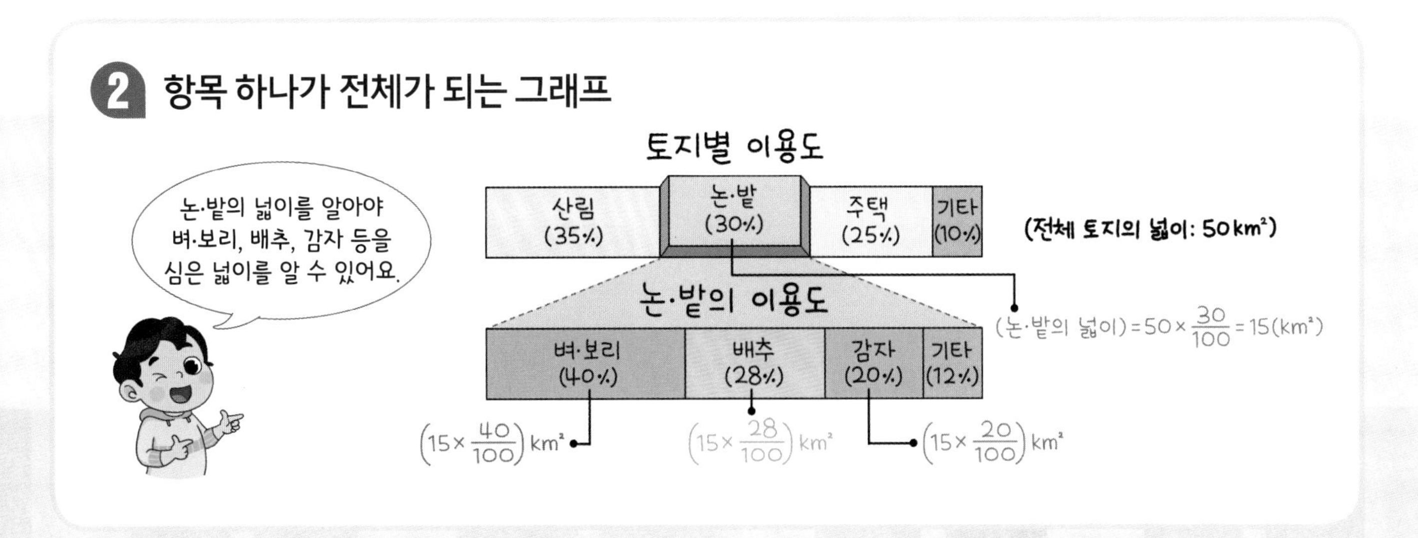

활동 문제 선호네 학교 학생 400명의 장래 희망과 장래 희망이 선생님인 학생들이 희망하는 선생님의 종류를 조사하여 나타낸 띠그래프입니다. 선생님의 종류별 희망하는 학생 수를 각각 알아보세요.

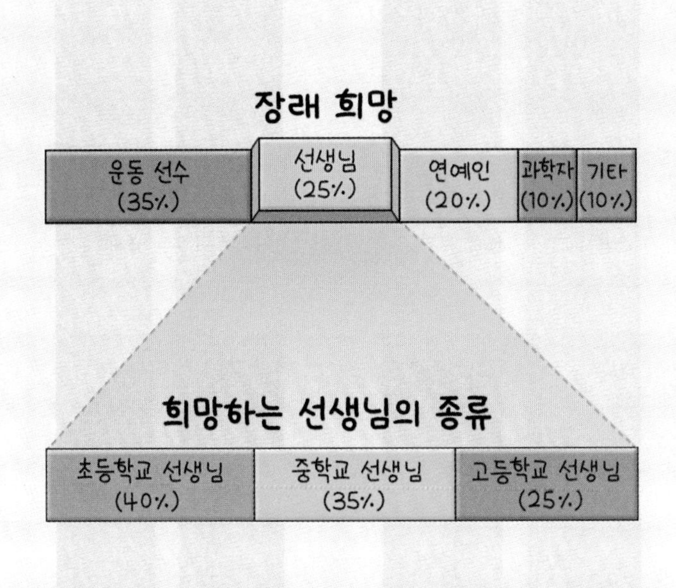

장래 희망이 선생님인 학생은

$400 \times \frac{\square}{\square} = \square$ (명)입니다.

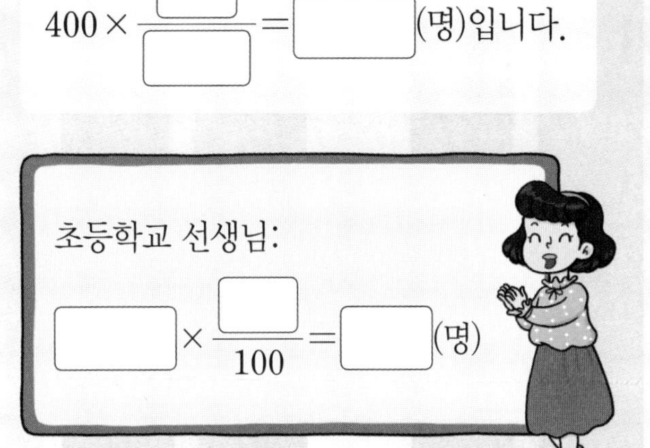

초등학교 선생님:

$\square \times \frac{\square}{100} = \square$ (명)

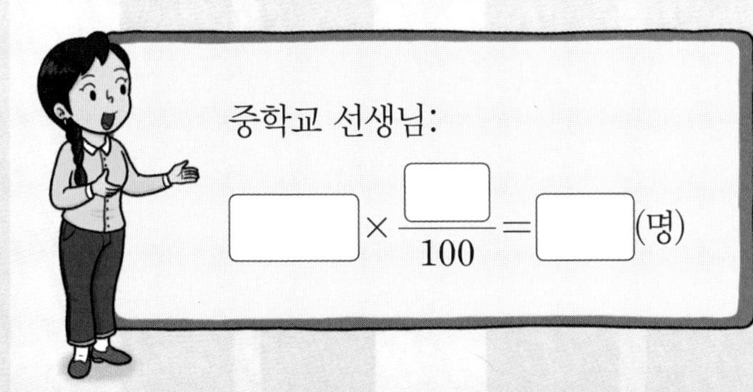

중학교 선생님:

$\square \times \frac{\square}{100} = \square$ (명)

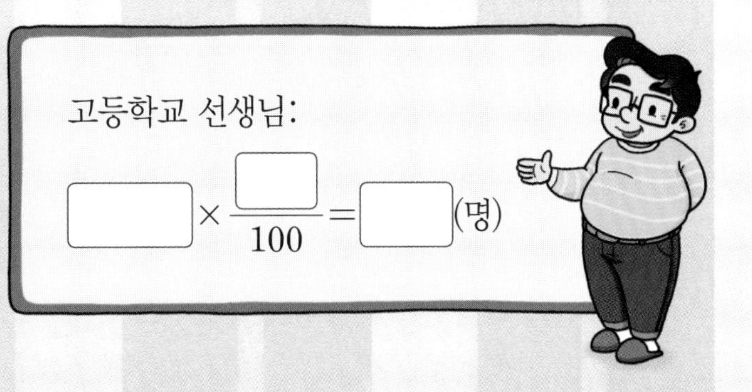

고등학교 선생님:

$\square \times \frac{\square}{100} = \square$ (명)

1-1 다음은 민영이네 학교와 종석이네 학교 학생들의 혈액형을 조사하여 나타낸 띠그래프입니다. 두 학교에서 혈액형이 A형인 학생은 모두 몇 명인지 구해 보세요.

민영이네 학교 학생들의 혈액형

A형 (35 %)	B형 (30 %)	O형 (20 %)	AB형 (15 %)

(전체 학생 수: 500명)

종석이네 학교 학생들의 혈액형

A형 (24 %)	B형 (26 %)	O형 (30 %)	AB형 (20 %)

(전체 학생 수: 450명)

(1) 민영이네 학교와 종석이네 학교에서 혈액형이 A형인 학생 수를 각각 구해 보세요.

민영이네 학교 ( ), 종석이네 학교 ( )

(2) 두 학교에서 혈액형이 A형인 학생은 모두 몇 명일까요?

( )

(민영이네 학교에서 혈액형이 A형인 학생 수)=(민영이네 학교 전체 학생 수)×(A형의 비율)
(종석이네 학교에서 혈액형이 A형인 학생 수)=(종석이네 학교 전체 학생 수)×(A형의 비율)

1-2 은성이네 학교에서 학생 회장 후보 4명에 대한 남학생과 여학생의 지지율을 조사하여 나타낸 띠그래프입니다. 은성이네 학교에서 혁주를 지지하는 학생은 모두 몇 명인지 구해 보세요.

남학생의 지지율

혁주 (35 %)	은호 (30 %)	준영 (25 %)	영철 (10 %)

(남학생 수: 280명)

여학생의 지지율

혁주 (40 %)	은호 (35 %)	준영 (15 %)	영철 (10 %)

(여학생 수: 220명)

혁주를 지지하는 남학생은 $280 \times \frac{\square}{\square} = \square$(명)이고

혁주를 지지하는 여학생은 $220 \times \frac{\square}{\square} = \square$(명)이므로

혁주를 지지하는 학생은 모두 $\square$명입니다.

▶정답 및 해설 26쪽

2-1 어느 도시에서 지하철 이용자 1000명을 대상으로 지하철 이용 만족도를 조사하여 나타낸 원그래프입니다. 요금이 저렴해서 만족스럽다고 대답한 사람은 몇 명인지 구해 보세요.

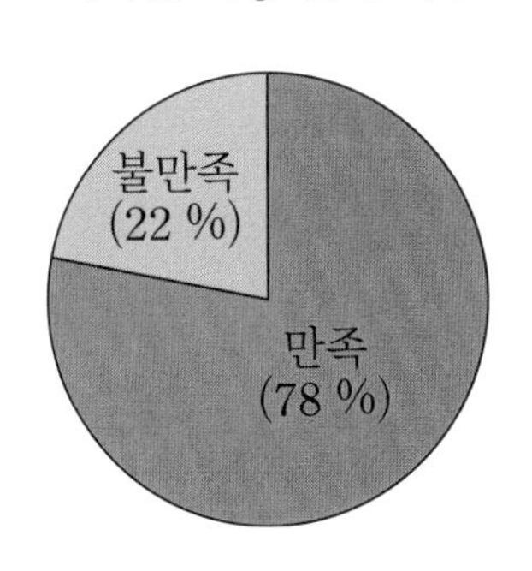

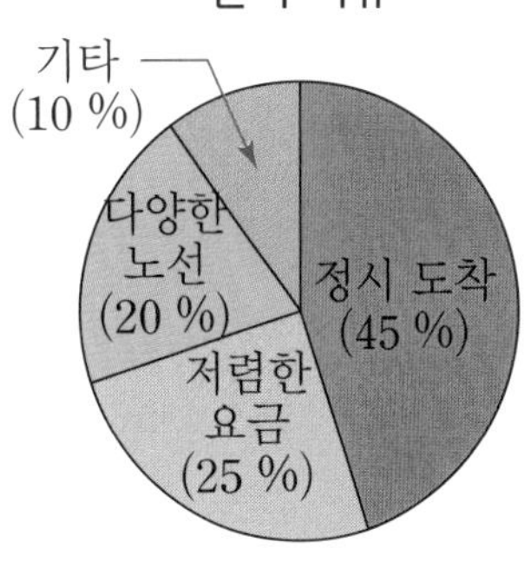

(　　　　　　　　)

- 구하려는 것: 요금이 저렴해서 만족스럽다고 대답한 사람 수
- 주어진 조건: 지하철 이용자 1000명의 지하철 이용 만족 여부와 만족 이유를 나타낸 원그래프
- 해결 전략: ❶ 지하철 이용자 1000명 중 지하철이 만족스럽다고 대답한 사람 수 구하기
  ❷ 지하철이 만족스럽다고 대답한 사람 중 요금이 저렴해서 만족스럽다고 대답한 사람 수 구하기

✎ 구하려는 것(〰)과 주어진 조건(——)에 표시해 봅니다.

2-2 재민이네 학교 6학년 학생 100명을 대상으로 현장 학습 참가에 대한 의견을 조사하여 나타낸 원그래프입니다. 아파서 불참하는 학생 수와 다른 계획이 있어서 불참하는 학생 수는 각각 몇 명인지 구해 보세요.

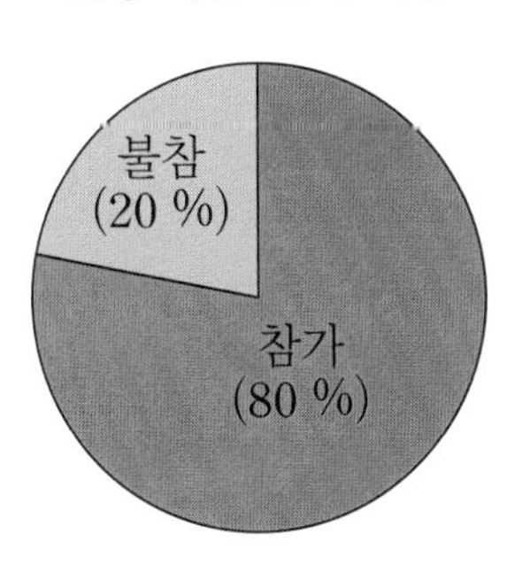

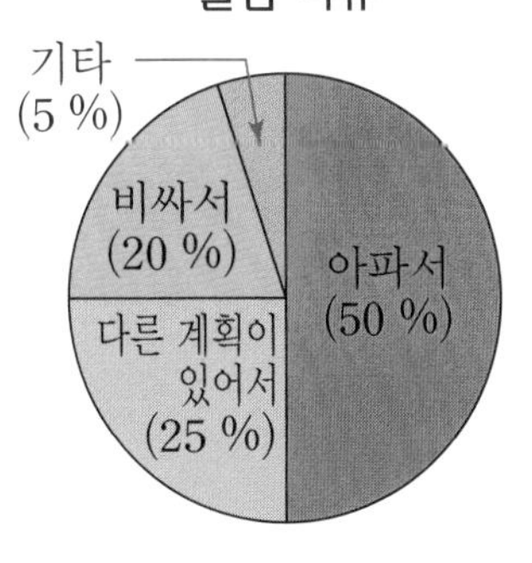

해결 전략
❶ 학생 100명 중 현장 학습에 불참하는 학생 수 구하기
❷ 현장 학습에 불참하는 학생 중 아파서 불참하는 학생 수와 다른 계획이 있어서 불참하는 학생 수 구하기

아파서 불참하는 학생 수 (　　　　　　　　)
다른 계획이 있어서 불참하는 학생 수 (　　　　　　　　)

1일 사고력 · 코딩

성우와 도현이의 한 달 용돈의 쓰임을 조사하여 나타낸 원그래프입니다. 한 달 용돈이 성우는 30000원, 도현이는 20000원일 때 군것질로 사용한 돈은 누가 얼마나 더 많은지 차례로 써 보세요.

성우의 한 달 용돈의 쓰임

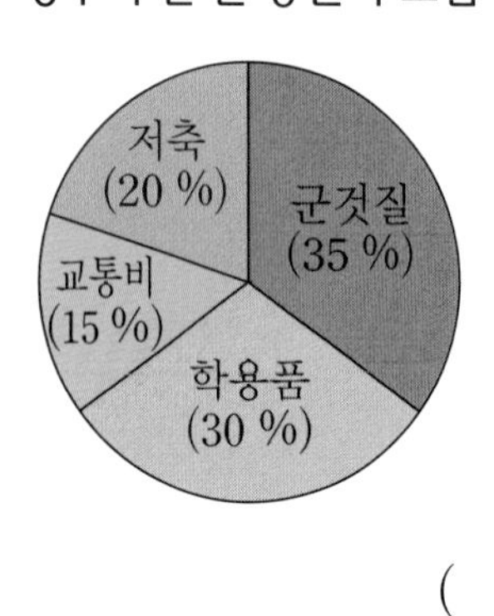

도현이의 한 달 용돈의 쓰임

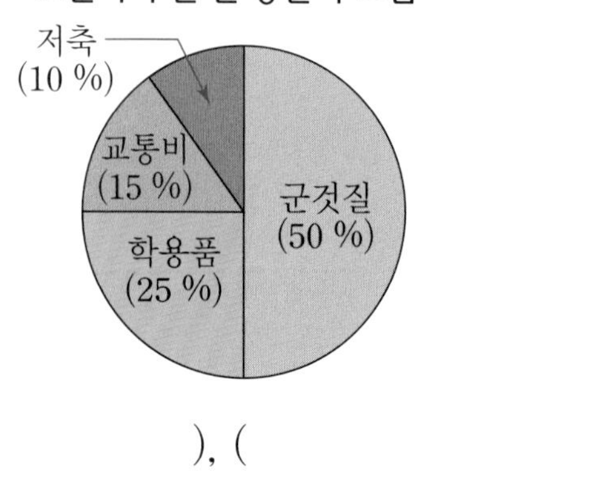

(　　　　　　　　　　　), (　　　　　　　　　　　)

민수네 학교 학생 800명을 대상으로 좋아하는 간식을 조사하여 나타낸 띠그래프와 원그래프입니다. 햄버거를 좋아하는 남학생은 몇 명인지 구해 보세요.

좋아하는 간식

떡볶이 (40 %)	피자 (25 %)	햄버거 (20 %)	기타 (15 %)

햄버거를 좋아하는 남녀 비율

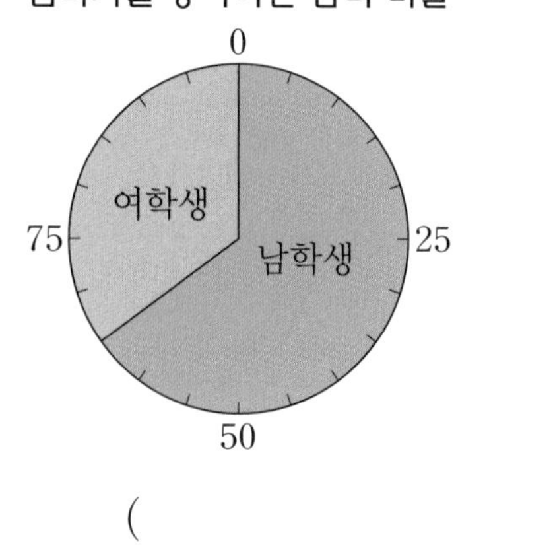

(　　　　　　　　　　　)

▶정답 및 해설 27쪽

2016년부터 2020년까지 2년 간격으로 어느 회사의 제품별 판매량을 나타낸 띠그래프입니다. C 제품의 2020년 판매량은 2016년 판매량보다 몇 개 더 많은지 구해 보세요.

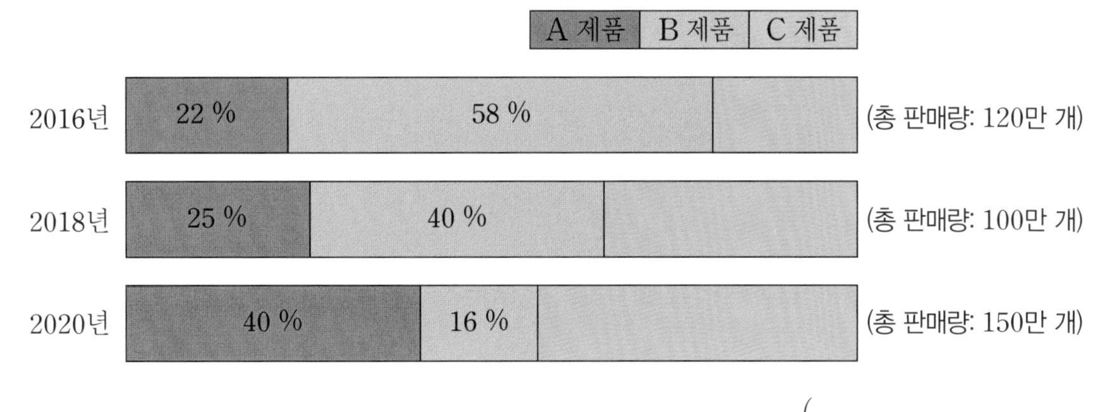

( )

우리나라 인구를 조사하여 나타낸 원그래프입니다. 우리나라 인구가 4800만 명이라면 인천광역시의 인구는 몇 명인지 구해 보세요.

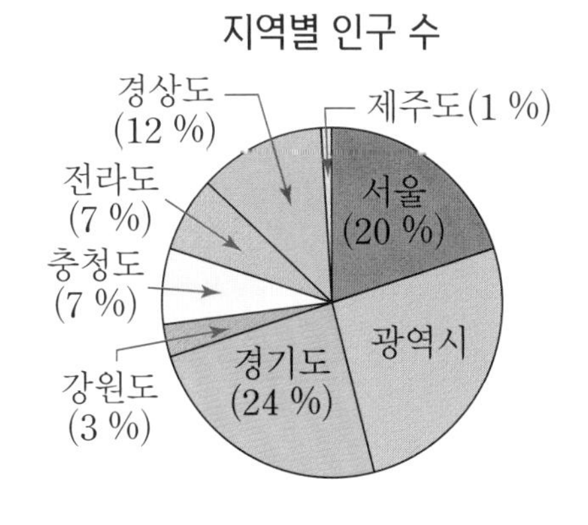

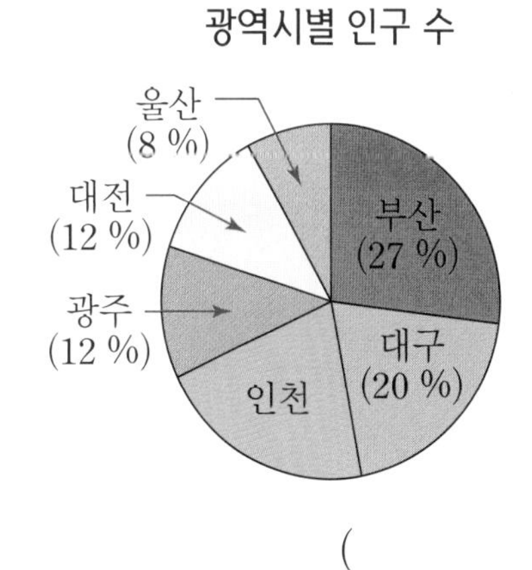

( )

항목 수, 전체 수 구하기

1 항목 수 구하기

예 성묘객 부주의로 인한 산불이 6건일 때 입산자 부주의로 인한 산불 건수 구하기

산불의 원인

입산자 부주의 (30 %)	논 · 밭 소각 (25 %)	쓰레기 소각 (25 %)	성묘객 부주의 (15 %)	기타 (5 %)

입산자 부주의로 인한 산불(30 %)은 성묘객 부주의로 인한 산불(15 %)의 2배입니다.
└ $30 \div 15 = 2$(배)

→ (입산자 부주의로 인한 산불 건수)=(성묘객 부주의로 인한 산불 건수)$\times 2$

$= 6 \times 2 = 12$(건)

활동 문제 쓰레기 발생량과 수질 오염 발생 원인을 조사하여 원그래프로 나타내었습니다. □ 안에 알맞은 수를 써넣으세요.

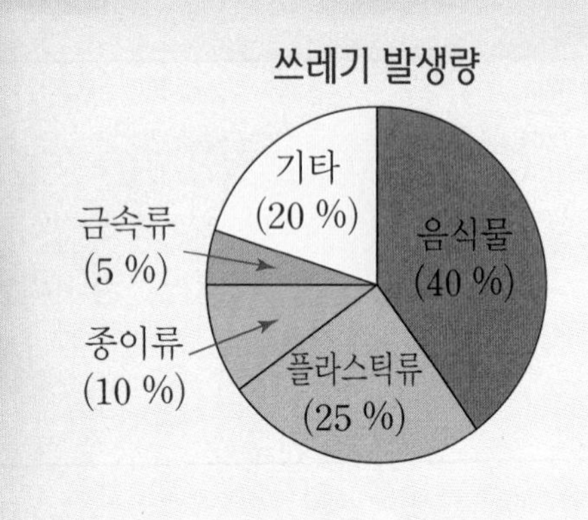

• 쓰레기 발생량은 음식물 쓰레기가 종이류 쓰레기의 □배입니다.

• 종이류 쓰레기가 10 kg이라면 음식물 쓰레기는 □kg입니다.

수질 오염 발생 원인

기타(5 %)
축산 폐수 (20 %)
생활 하수 (45 %)
산업 폐수 (30 %)

• 수질 오염 발생 원인으로 산업 폐수는 축산 폐수의 □배입니다.

• 축산 폐수가 100 L라면 산업 폐수는 □L입니다.

▶정답 및 해설 27쪽

2 전체 수 구하기

예 봄을 좋아하는 학생이 120명일 때 전체 학생 수 구하기

혜리네 학교 학생들이 좋아하는 계절

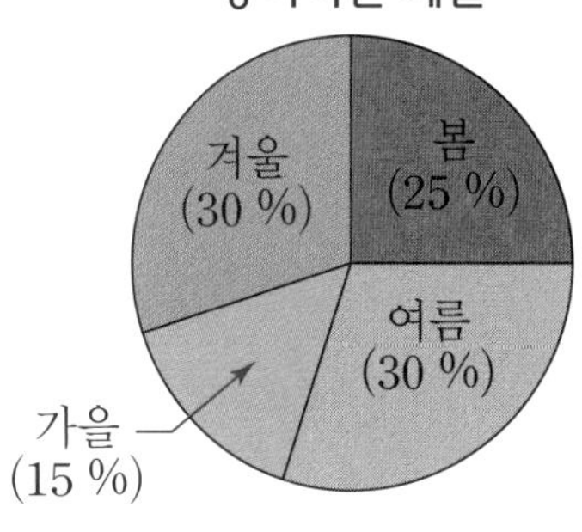

① 봄을 좋아하는 학생의 비율 25 %를 분수로 나타냅니다.

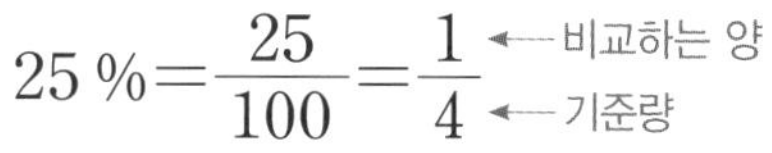

$$25\,\% = \frac{25}{100} = \frac{1}{4}$$ ← 비교하는 양 / ← 기준량

② 분수로 나타낸 비율에서 비교하는 양이 120일 때 기준량을 구합니다. $\frac{1}{4} = \frac{1 \times 120}{4 \times 120} = \frac{120}{480}$ ← 비교하는 양(봄을 좋아하는 학생 수) / ← 기준량(전체 학생 수)

➔ 전체 학생 수는 480명입니다.

활동 문제 수빈이네 학교 남학생과 여학생이 좋아하는 영화 장르를 조사하여 띠그래프로 나타내었습니다. 코미디를 좋아하는 남학생이 50명이고, 코미디를 좋아하는 여학생이 30명일 때 □ 안에 알맞은 수를 써넣으세요.

남학생이 좋아하는 영화 장르

액션 (40 %)	코미디 (20 %)	애니메이션 (15 %)	공포 (15 %)	드라마 (10 %)

코미디를 좋아하는 남학생의 비율을 분수로 나타내면 $20\,\% = \frac{1}{\square}$입니다. 이 비율의 비교하는 양을 50으로 나타내면 $\frac{50}{\square}$이므로 전체 남학생 수는 □명입니다.

여학생이 좋아하는 영화 장르

애니메이션 (30 %)	드라마 (25 %)	액션 (25 %)	코미디 (10 %)	공포 (10 %)

코미디를 좋아하는 여학생의 비율을 분수로 나타내면 $10\,\% = \frac{1}{\square}$입니다. 이 비율의 비교하는 양을 30으로 나타내면 $\frac{30}{\square}$이므로 전체 여학생 수는 □명입니다.

1-1 현우네 학교 학생들이 좋아하는 우유 맛을 조사하여 원그래프로 나타내었습니다. 커피 맛 우유를 좋아하는 학생이 12명이라면 초코 맛 우유를 좋아하는 학생은 몇 명인지 구해 보세요.

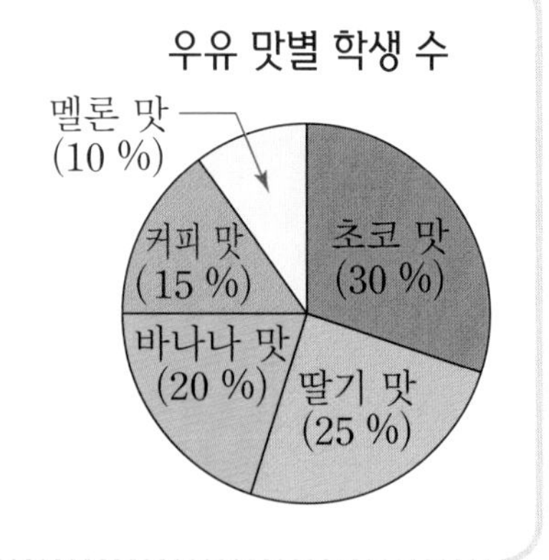

(　　　　　　　　)

초코 맛 우유를 좋아하는 학생(30 %)은 커피 맛 우유를 좋아하는 학생(15 %)의 ($30 \div 15$)배입니다.

1-2 보람이네 집에서 올해 수확한 곡물을 조사하여 원그래프로 나타내었습니다. 수수를 3 t 수확하였다면 쌀은 몇 t 수확하였는지 구해 보세요.

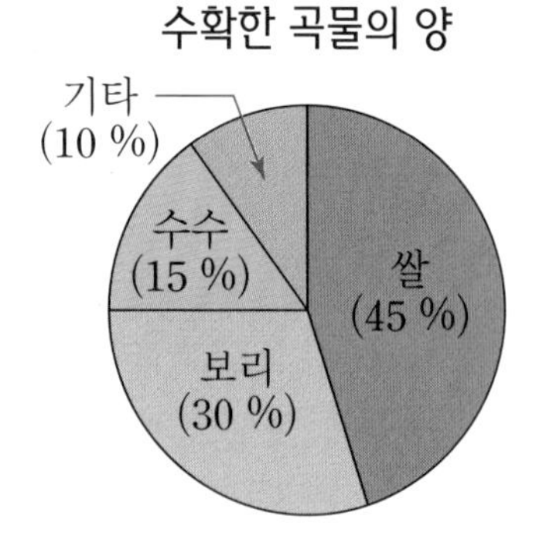

(1) 쌀 수확량은 수수 수확량의 몇 배일까요?

(　　　　　　　　)

(2) 쌀 수확량은 몇 t인지 구해 보세요.

(　　　　　　　　)

1-3 소영이가 하루 동안 섭취한 음식물의 영양소를 조사하여 띠그래프로 나타내었습니다. 탄수화물을 200 g 섭취하였다면 지방은 몇 g 섭취하였는지 구해 보세요.

섭취한 영양소

탄수화물 (40 %)	단백질 (30 %)	지방 (20 %)	기타 (10 %)

소영이가 섭취한 지방은 탄수화물의 $\square \div \square = \square$(배)입니다.

따라서 소영이가 섭취한 지방은 $200 \times \square = \square$(g)입니다.

▶정답 및 해설 27쪽

2-1 소연이네 반 학생들이 가고 싶은 나라를 조사하여 나타낸 띠그래프입니다. 호주에 가고 싶은 학생이 4명이라면 소연이네 반 학생은 모두 몇 명인지 구해 보세요.

가고 싶은 나라

캐나다 (30 %)	호주 (20 %)	스위스 (15 %)	브라질 (10 %)	기타 (25 %)

( )

- 구하려는 것: 소연이네 반 학생 수
- 주어진 조건: 가고 싶은 나라를 나타낸 띠그래프, 호주에 가고 싶은 학생 수 4명
- 해결 전략: ❶ 호주에 가고 싶은 학생의 비율을 분수로 나타내기
  ❷ 분수로 나타낸 비율에서 호주에 가고 싶은 학생 수가 4명일 때 전체 학생 수 구하기

✎ 구하려는 것(～～)과 주어진 조건(——)에 표시해 봅니다.

2-2 어느 해 우리나라의 연령별 인구를 조사하여 나타낸 띠그래프입니다. 0~14세 인구가 1200만 명이라면 전체 인구는 몇 명인지 구해 보세요.

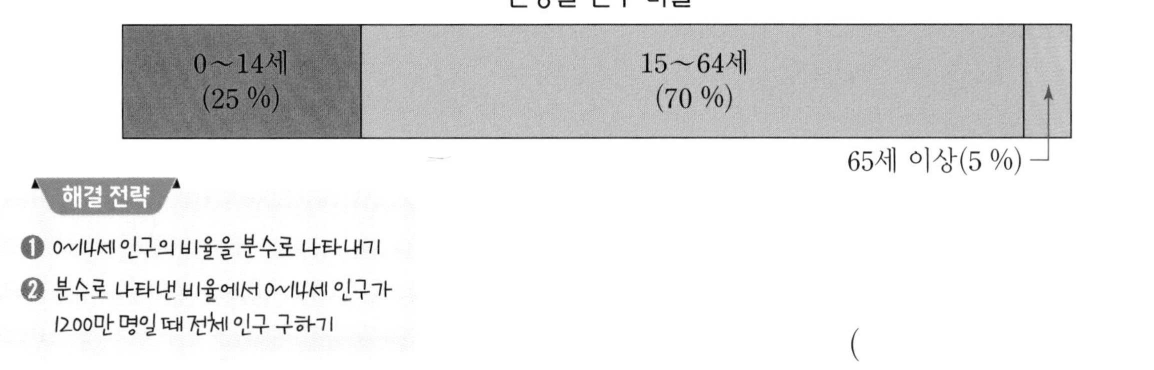

( )

2-3 현빈이네 집의 한 달 생활비를 조사하여 나타낸 원그래프입니다. 교육비가 85만 원일 때 전체 생활비는 얼마인지 구해 보세요.

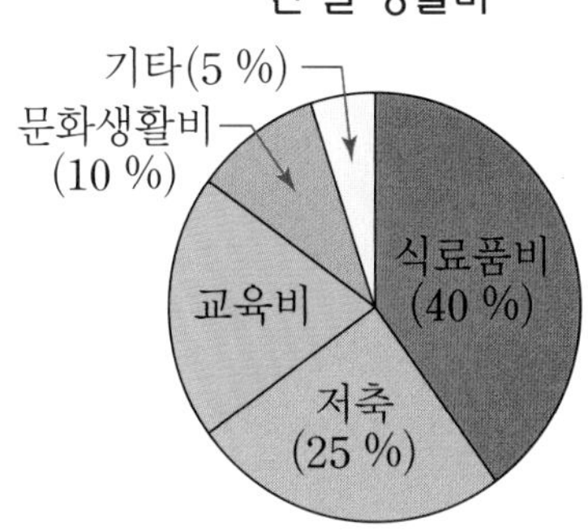

( )

2일 사고력 · 코딩

1 창의 · 융합

연령대별 남녀 고용률을 조사하여 나타낸 그래프입니다. 물음에 답하세요.

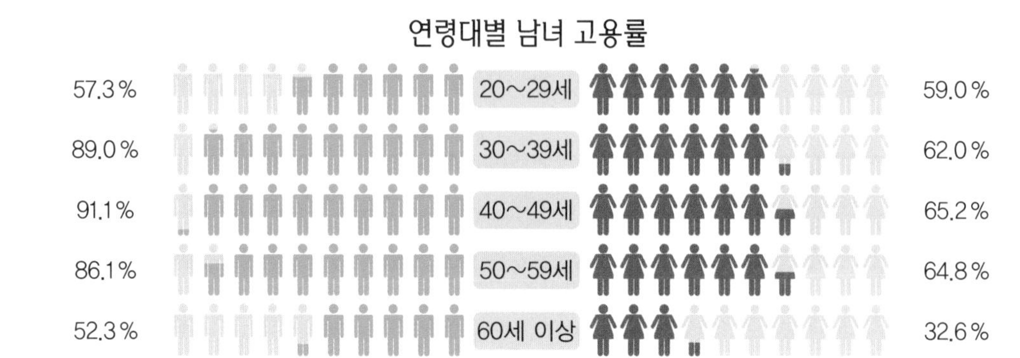

(1) 고용률이 가장 높은 남자 연령대를 찾아 써 보세요.

(　　　　　　　　)

(2) 고용률이 가장 낮은 여자 연령대를 찾아 써 보세요.

(　　　　　　　　)

우리나라 산업 구조의 변화를 나타낸 그래프입니다. 2000년 2차 산업 종사자가 400만 명이라면 2000년 3차 산업 종사자는 몇 명인지 구해 보세요.

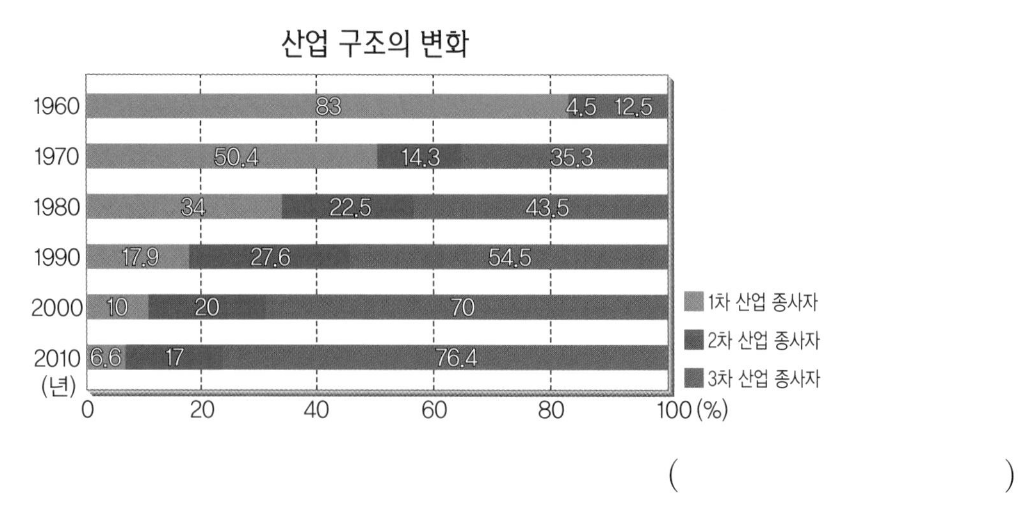

(　　　　　　　　)

▶정답 및 해설 28쪽

학령 인구는 초등학교부터 대학교까지의 취학 연령인 6세부터 21세까지의 인구를 의미합니다. 학령 인구를 나타낸 그래프를 보고 알 수 있는 점을 써 보세요.

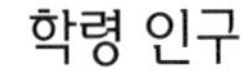

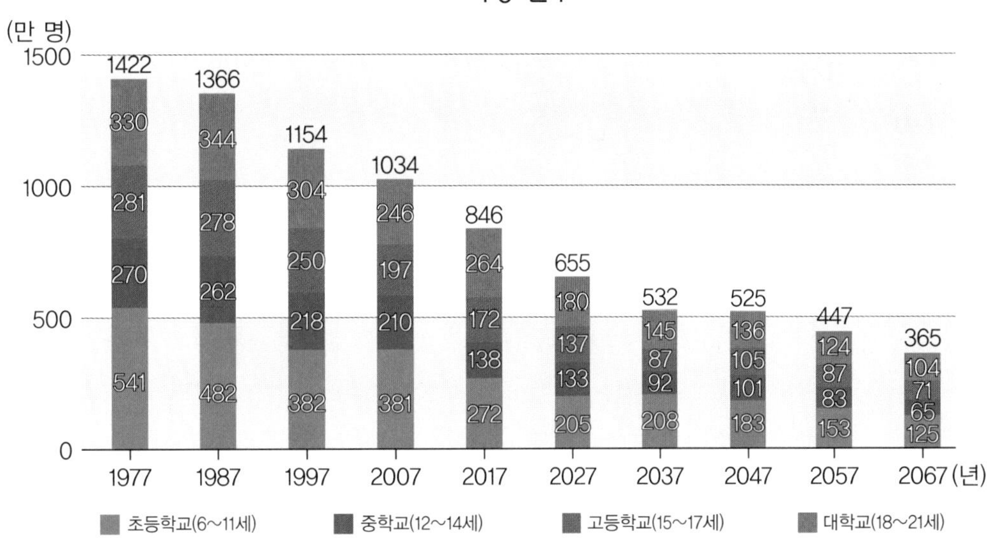

알 수 있는 점 ______________________________

____

오른쪽은 2017년 시도별 고령 인구 비율을 나타낸 그래프입니다. 2017년 광주광역시의 고령 인구가 18만 명이라면 2017년 광주광역시의 전체 인구는 몇 명인지 구해 보세요.

( )

2017년 시도별 고령 인구 비율

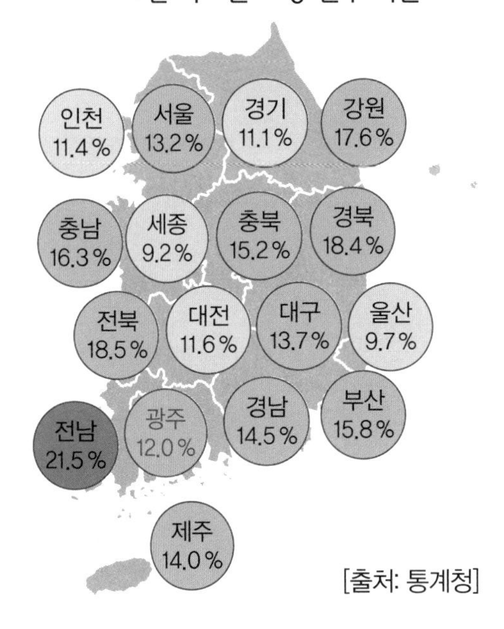

[출처: 통계청]

직육면체 완성하기

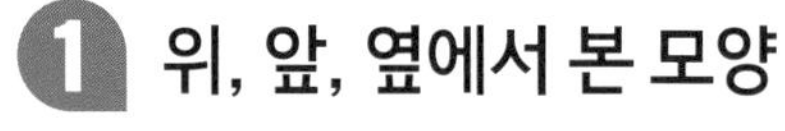

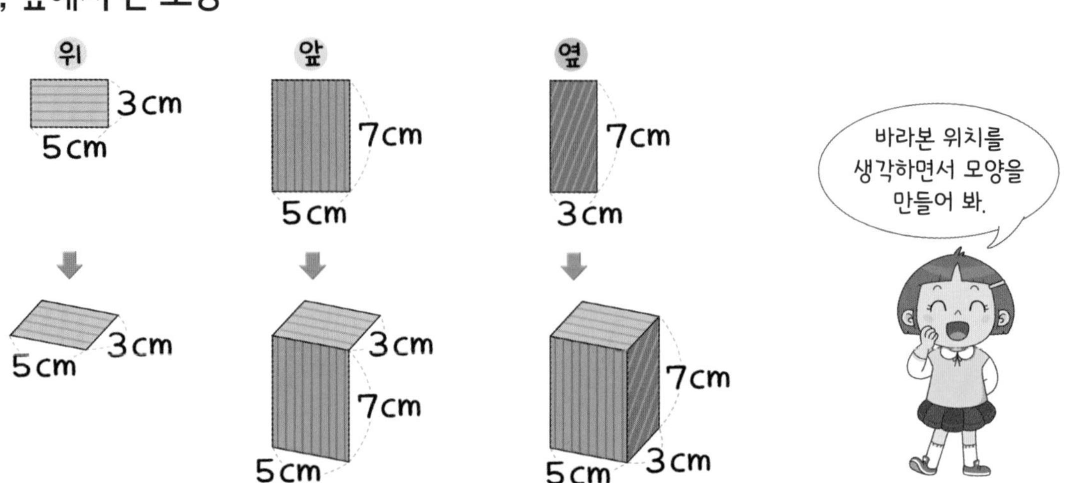

활동 문제 직육면체와 정육면체 모양 상자를 위, 앞, 옆에서 본 모양입니다. 겨냥도를 그려 보고 겉넓이를 구해 보세요.

위: 6cm, 4cm 앞: 6cm, 3cm 옆: 4cm, 3cm

(직육면체의 겉넓이)

$=(6\times4+6\times\square+4\times\square)\times2$

$=(24+\square+\square)\times2=\square$ (cm^2)

직육면체의 겨냥도 그리기

위: 5cm, 5cm 앞: 5cm, 5cm 옆: 5cm, 5cm

(정육면체의 겉넓이)

$=5\times5\times\square=\square$ (cm^2)

정육면체의 겨냥도 그리기

▶정답 및 해설 28쪽

2 가로, 세로, 높이를 변화시켰을 때의 부피

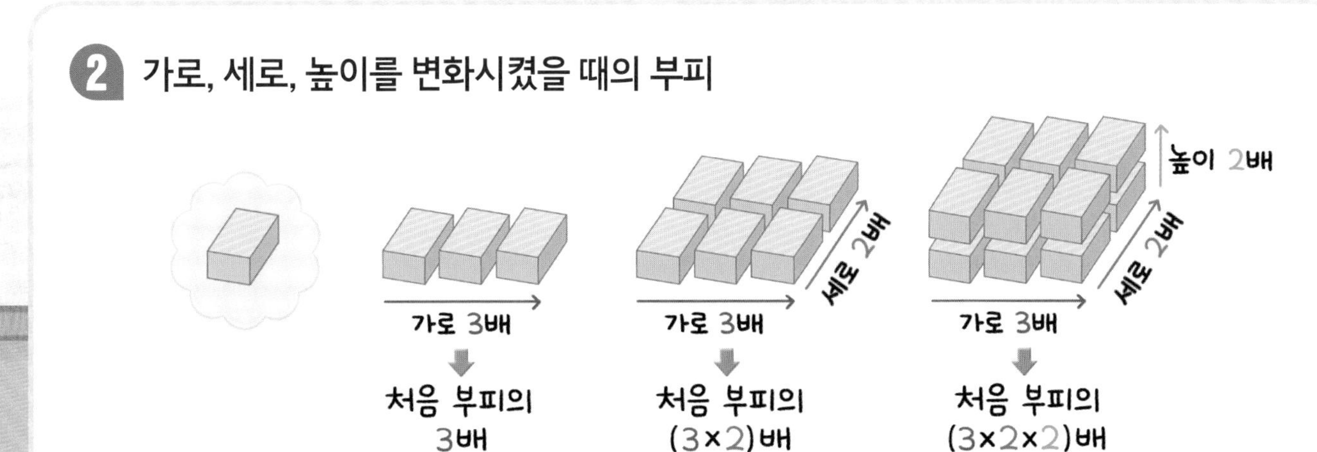

가로, 세로, 높이가 각각 ■배, ▲배, ●배가 되면 부피는 (■×▲×●)배가 됩니다.

활동 문제 직육면체 모양의 떡 케이크를 다음과 같이 크게 만들었습니다. 크게 만든 떡 케이크의 부피는 처음 부피의 몇 배인지 알아보세요.

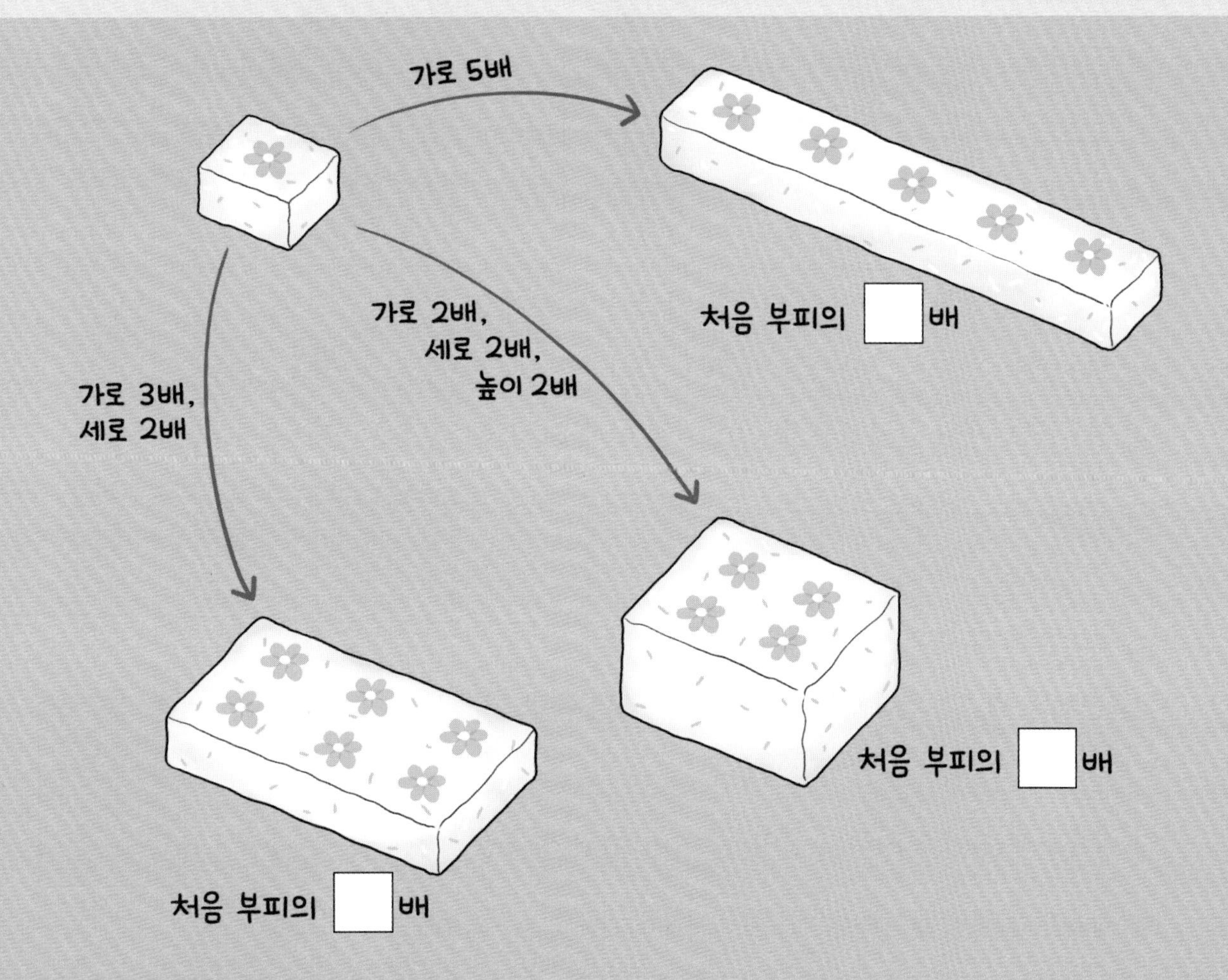

1-1 직육면체를 위, 앞, 옆에서 본 모양입니다. 이 직육면체의 겉넓이는 몇 cm^2인지 구해 보세요.

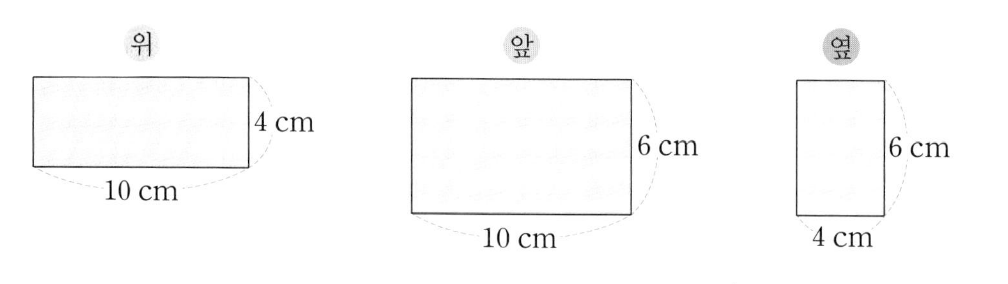

( )

주어진 면과 마주 보는 면이 1개씩 더 있으므로
(직육면체의 겉넓이)=(주어진 세 면의 넓이의 합)×2입니다.

1-2 직육면체를 위, 앞, 옆에서 본 모양입니다. 이 직육면체의 겉넓이는 몇 cm^2인지 구해 보세요.

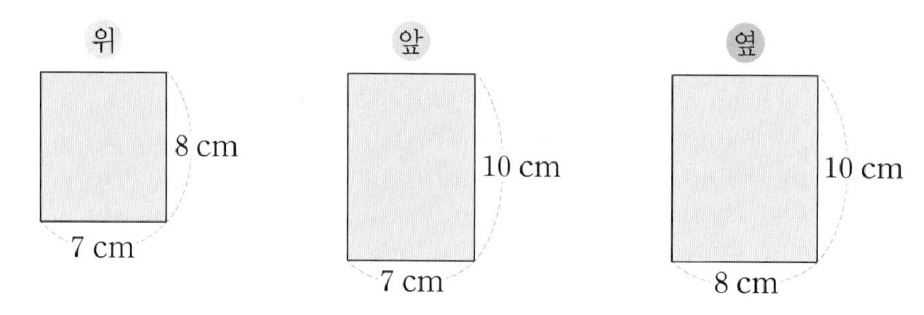

(1) 위, 앞, 옆에서 본 모양의 넓이를 각각 구해 보세요.

위 ( ), 앞 ( ), 옆 ( )

(2) 이 직육면체의 겉넓이는 몇 cm^2인지 구해 보세요.

( )

1-3 직육면체를 위, 앞, 옆에서 본 모양이 모두 오른쪽과 같을 때, 이 직육면체의 겉넓이는 몇 cm^2인지 구해 보세요.

8 cm

8 cm

이 직육면체는 한 모서리의 길이가 □ cm인 정육면체입니다.

➔ (정육면체의 겉넓이)=□×□×6=□(cm^2)

▶정답 및 해설 28쪽

2-1 다음 직육면체의 가로, 세로, 높이를 각각 3배로 늘였습니다. 새로 만든 직육면체의 부피는 몇 cm^3인지 구해 보세요.

(　　　　　　　　)

- 구하려는 것: 새로 만든 직육면체의 부피
- 주어진 조건: 가로 5 cm, 세로 4 cm, 높이 3 cm인 직육면체의 가로, 세로, 높이를 각각 3배로 늘임
- 해결 전략: 직육면체의 가로, 세로, 높이를 각각 3배로 늘이면 부피는 $(3\times3\times3)$배가 됩니다.

✎ 구하려는 것(〰)과 주어진 조건(——)에 표시해 봅니다.

2-2 다음 정육면체의 가로, 세로, 높이를 각각 2배로 늘였습니다. 새로 만든 정육면체의 부피는 몇 cm^3인지 구해 보세요.

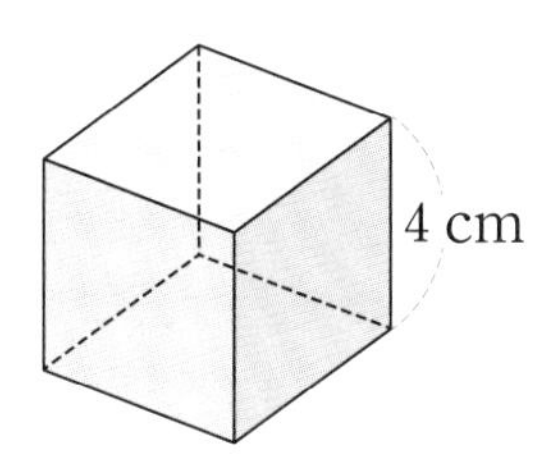

해결 전략

정육면체의 가로, 세로, 높이를 각각 2배로 늘이면 부피는 $(2\times2\times2)$배가 됩니다.

(　　　　　　　　)

2-3 부피가 160 cm^3인 직육면체의 가로를 2배, 세로를 3배, 높이를 4배로 늘였습니다. 새로 만든 직육면체의 부피는 몇 cm^3인지 구해 보세요.

(　　　　　　　　)

3일 사고력 · 코딩

정육면체 모양 소금 결정의 각 모서리의 길이를 다음과 같이 늘여서 소금 모형을 만들었습니다. 소금 모형의 부피는 원래 소금 결정의 부피의 몇 배인지 구해 보세요.

소금 ▶

(1)

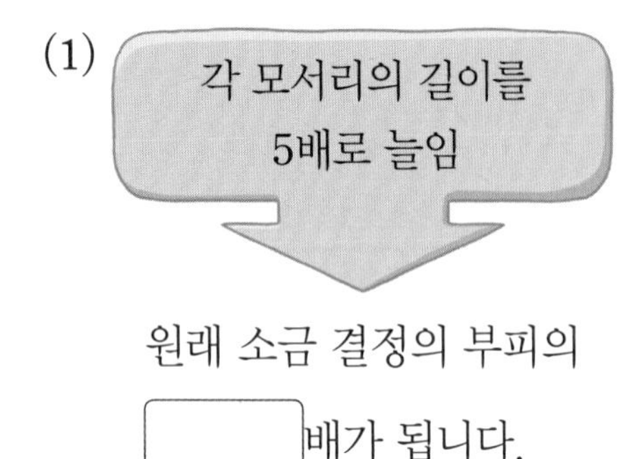

원래 소금 결정의 부피의

☐배가 됩니다.

(2)

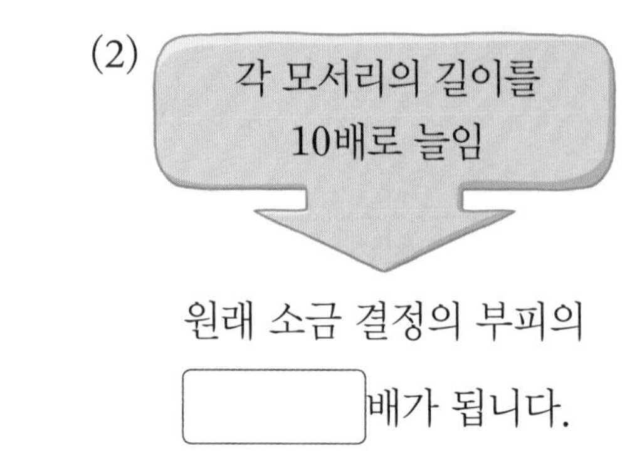

원래 소금 결정의 부피의

☐배가 됩니다.

2 문제 해결

직육면체를 위, 앞, 옆에서 본 모양입니다. 이 직육면체의 겉넓이는 몇 cm^2인지 구해 보세요.

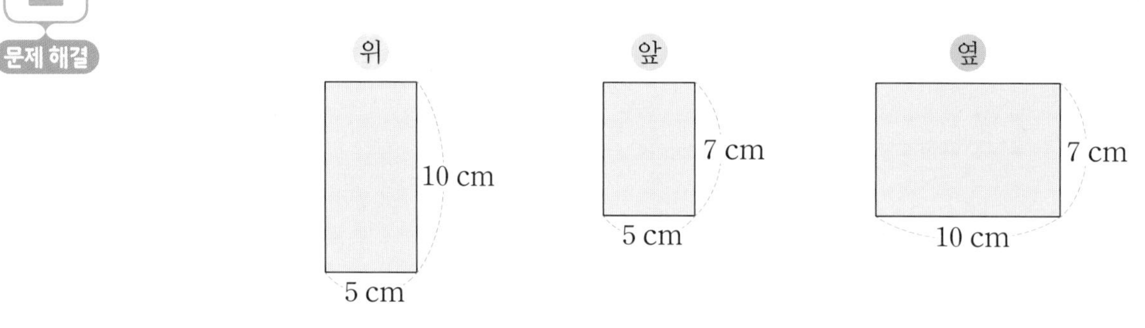

(   )

▶정답 및 해설 29쪽

3 직육면체를 위, 앞, 옆에서 본 모양입니다. 이 직육면체의 부피는 몇 cm^3인지 구해 보세요.

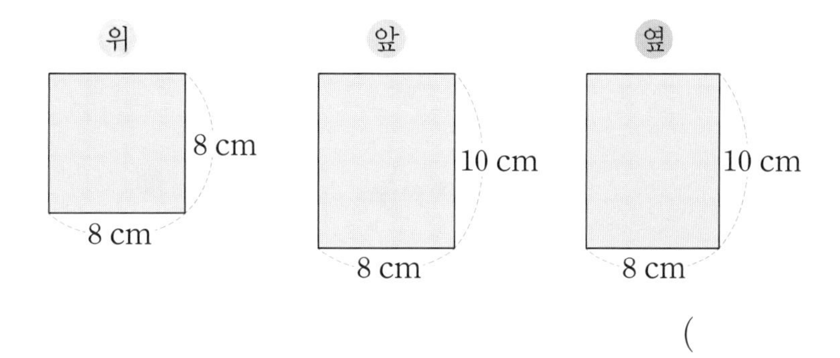

(　　　　　　　　)

4 부피가 1728 cm^3인 정육면체의 각 모서리의 길이를 반으로 줄여서 정육면체를 만들었습니다. 새로 만든 정육면체의 부피는 몇 cm^3인지 구해 보세요.

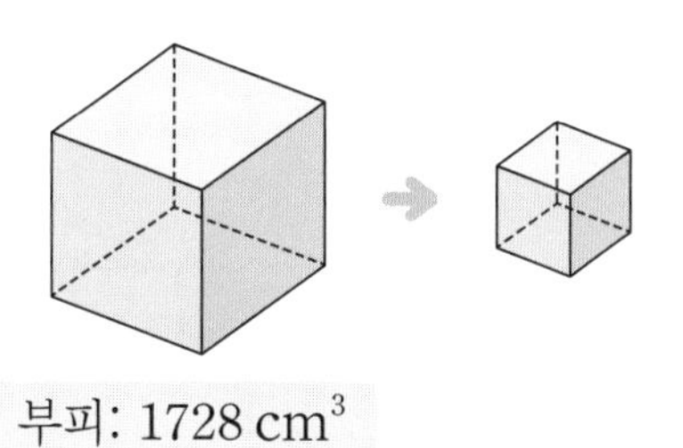

부피: 1728 cm^3

(1) 새로 만든 정육면체의 부피는 처음 부피의 몇 분의 몇일까요?

(　　　　　　　　)

(2) 새로 만든 정육면체의 부피는 몇 cm^3인지 구해 보세요.

(　　　　　　　　)

5 직육면체를 위, 앞, 옆에서 본 모양이 모두 오른쪽 그림과 같습니다. 이 직육면체의 각 모서리의 길이를 2배로 늘였을 때, 새로 만든 직육면체의 부피는 몇 cm^3인지 구해 보세요.

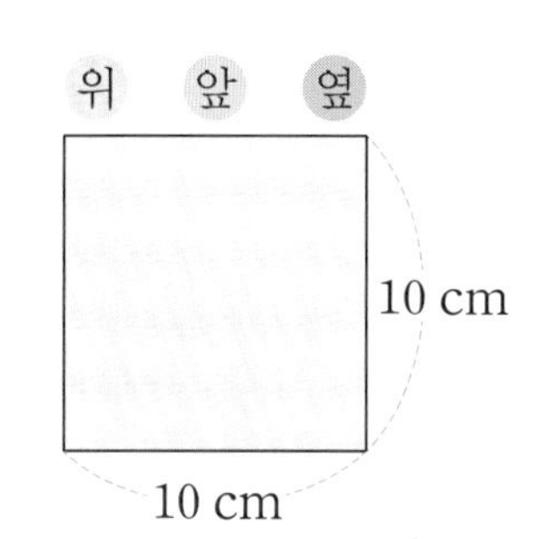

(　　　　　　　　)

직육면체 자르기

1 가장 큰 정육면체 만들기

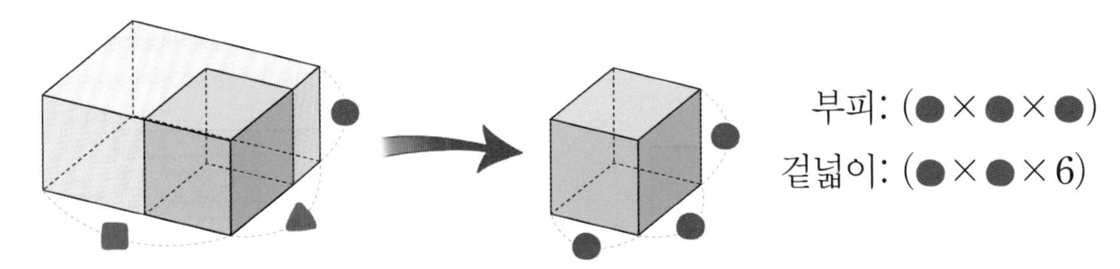

가로(■), 세로(▲), 높이(●) 중 가장 짧은 모서리가 정육면체의 한 모서리가 되게 자릅니다.

활동 문제 민현이는 여러 가지 직육면체 모양의 나무를 잘라서 가장 큰 정육면체를 1개 만들었습니다. 만든 정육면체의 부피와 겉넓이 구하는 식을 완성해 보세요.

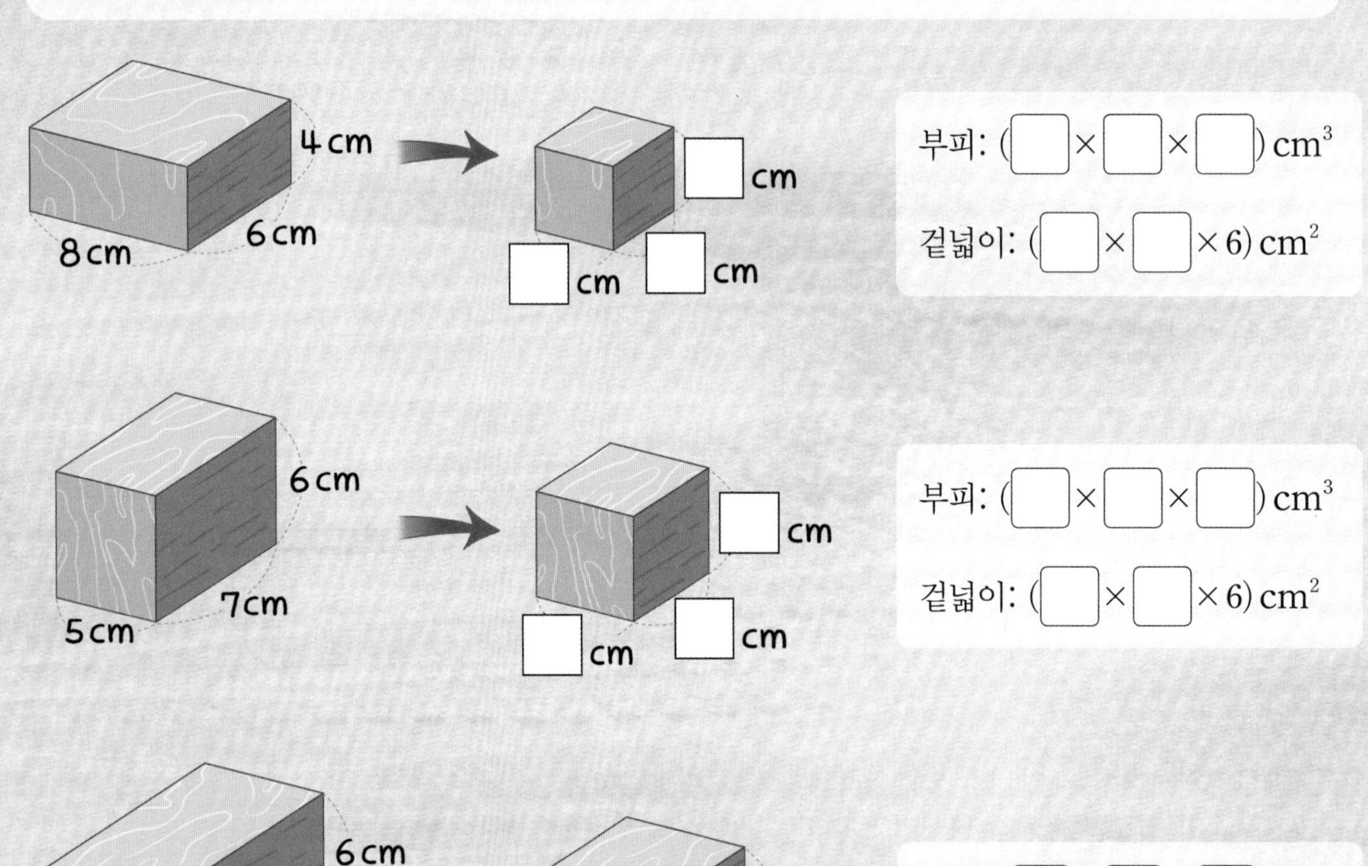

부피: (□×□×□) cm^3

겉넓이: (□×□×6) cm^2

부피: (□×□×□) cm^3

겉넓이: (□×□×6) cm^2

부피: (□×□×□) cm^3

겉넓이: (□×□×6) cm^2

▶정답 및 해설 29쪽

2 잘랐을 때 늘어나는 겉넓이

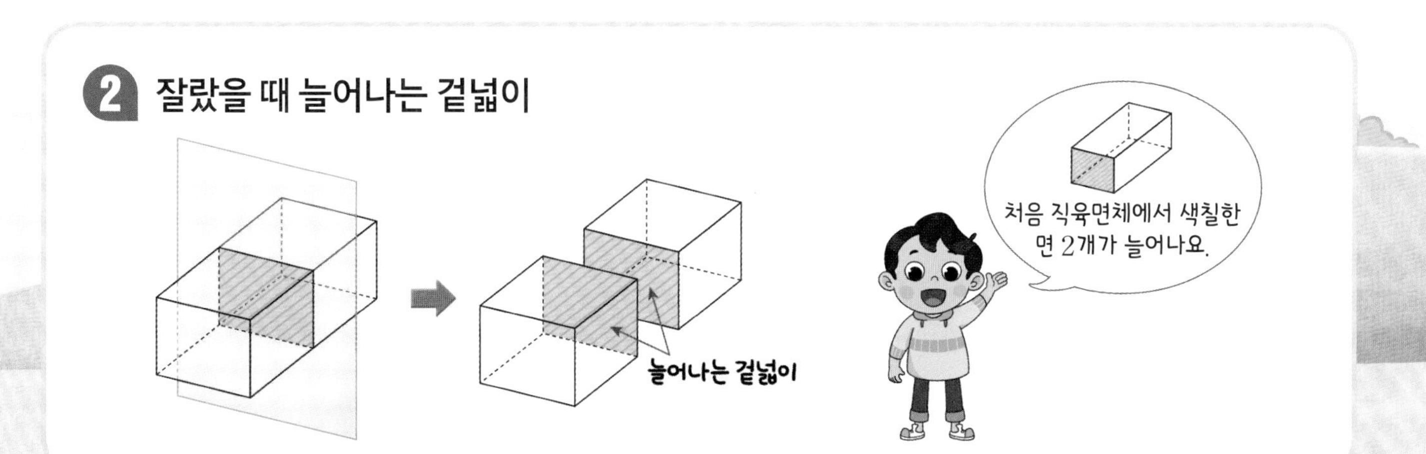

활동 문제 오른쪽 직육면체 모양 나무를 다음과 같이 직육면체 모양 조각으로 잘랐을 때 늘어나는 겉넓이를 찾아 이어 보세요.

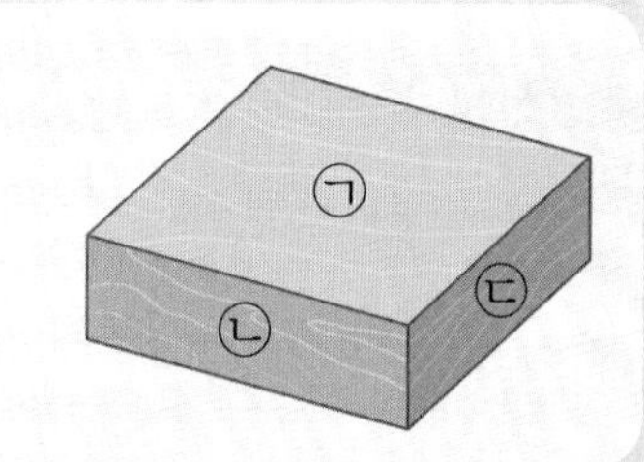

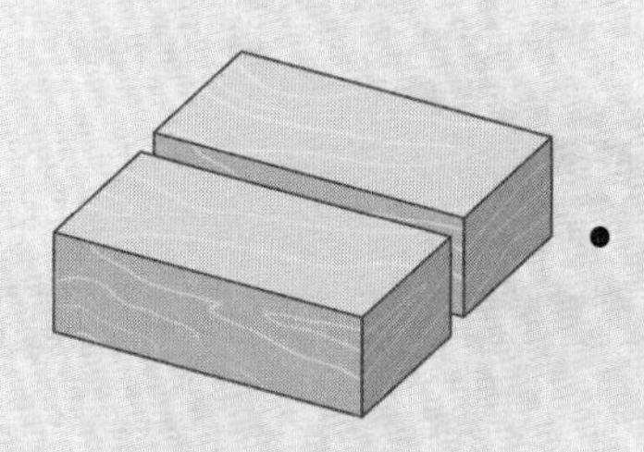 •

•  $\times 2$

 •

•  $\times 2$

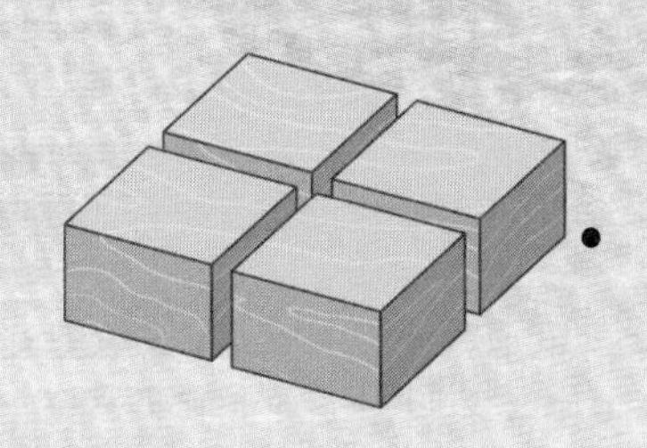 •

• ㉡ $\times 2+$ ㉢ $\times 2$

4일 서술형 길잡이

1-1 오른쪽 직육면체를 잘라서 가장 큰 정육면체를 1개 만들었습니다. 만든 정육면체의 부피는 몇 cm^3인지 구해 보세요.

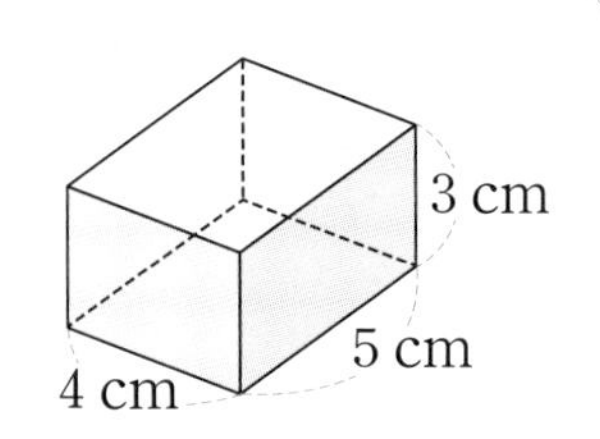

(　　　　　　　　　　)

가장 큰 정육면체를 만들려면 가로 4 cm, 세로 5 cm, 높이 3 cm 중 가장 짧은 모서리가 정육면체의 한 모서리가 되게 자릅니다.

1-2 오른쪽 직육면체를 잘라서 가장 큰 정육면체를 1개 만들었습니다. 만든 정육면체의 겉넓이는 몇 cm^2인지 구해 보세요.

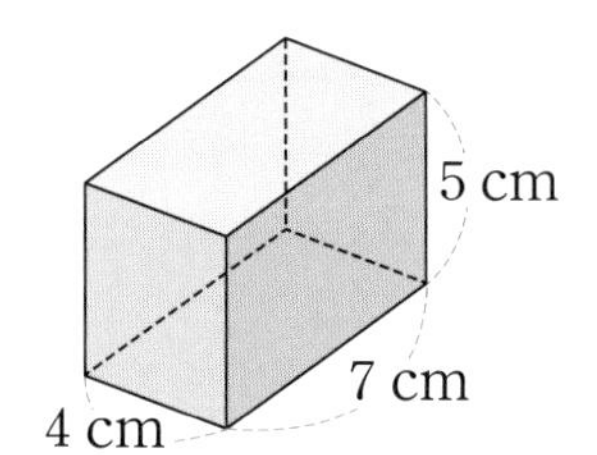

(1) 만든 정육면체의 한 모서리의 길이는 몇 cm일까요?

(　　　　　　　　　　)

(2) 만든 정육면체의 겉넓이는 몇 cm^2인지 구해 보세요.

(　　　　　　　　　　)

1-3 오른쪽 직육면체를 잘라서 가장 큰 정육면체를 1개 만들었습니다. 만든 정육면체의 부피와 겉넓이를 각각 구해 보세요.

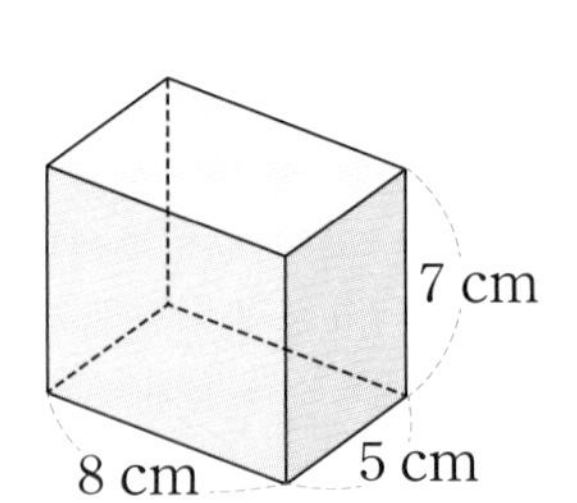

만든 정육면체의 한 모서리의 길이는 □cm입니다.

➔ (만든 정육면체의 부피)=□×□×□=□(cm^3)

(만든 정육면체의 겉넓이)=□×□×□=□(cm^2)

2-1 소영이는 가로 15 cm, 세로 20 cm, 높이 10 cm인 직육면체 모양 나무를 오른쪽과 같이 직육면체 모양 2조각으로 잘랐습니다. 자른 나무 2조각의 겉넓이의 합은 처음 나무의 겉넓이보다 몇 cm^2 늘어나는지 구해 보세요.

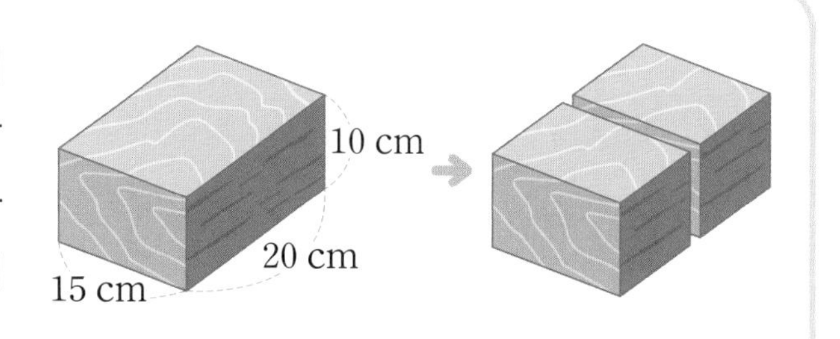

( )

- 구하려는 것: 2조각으로 잘랐을 때 늘어나는 겉넓이
- 주어진 조건: 가로 15 cm, 세로 20 cm, 높이 10 cm인 직육면체 모양 나무를 가로로 2조각으로 자름
- 해결 전략: 나무를 한 번 자를 때마다 똑같은 면이 2개씩 늘어납니다. 이때 늘어나는 면이 처음 나무의 어느 면과 같은지 알아봅니다.

✎ 구하려는 것(～～)과 주어진 조건(——)에 표시해 봅니다.

2-2 호준이는 가로 20 cm, 세로 20 cm, 높이 15 cm인 직육면체 모양 나무를 다음과 같이 직육면체 모양 3조각으로 잘랐습니다. 자른 나무 3조각의 겉넓이의 합은 처음 나무의 겉넓이보다 몇 cm^2 늘어나는지 구해 보세요.

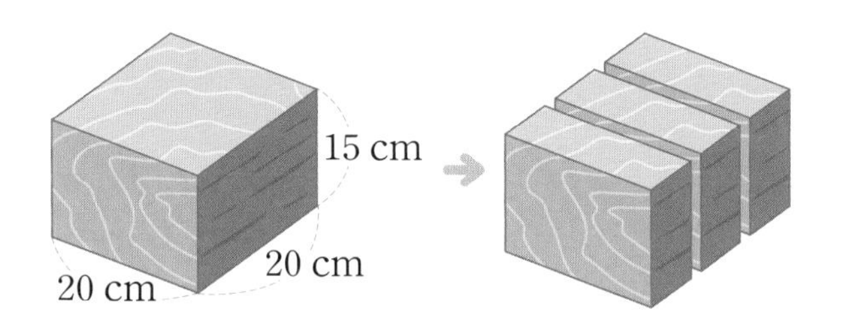

해결 전략

나무를 한 번 자를 때마다 똑같은 면이 2개씩 늘어납니다. 나무를 2번 잘랐으므로 늘어나는 면은 4개입니다.

( )

2-3 혜원이는 가로 20 cm, 세로 30 cm, 높이 10 cm인 직육면체 모양 나무를 다음과 같이 직육면체 모양 4조각으로 잘랐습니다. 자른 나무 4조각의 겉넓이의 합은 처음 나무의 겉넓이보다 몇 cm^2 늘어나는지 구해 보세요.

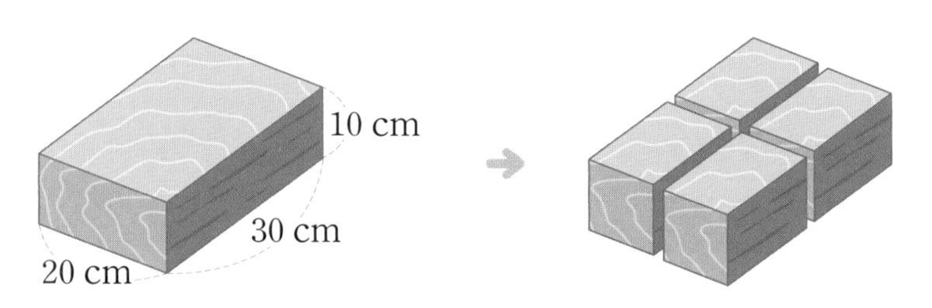

( )

4일 사고력 · 코딩

오른쪽 직육면체 모양의 나무를 잘라서 가장 큰 정육면체 모양 주사위를 1개 만들었습니다. 주사위를 만들고 남은 부분의 부피는 몇 cm^3인지 구해 보세요.

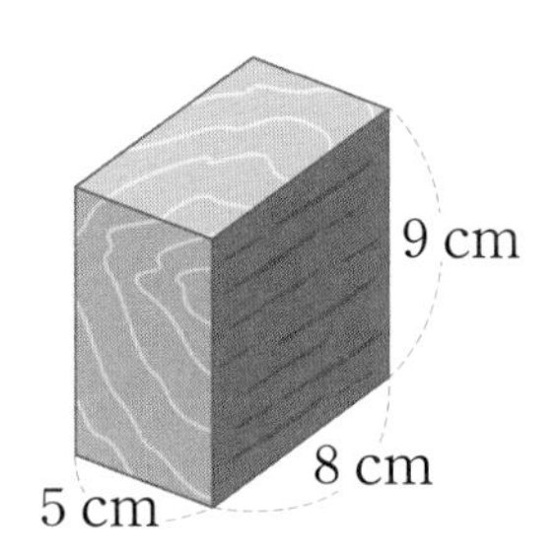

(1) 오른쪽 나무의 부피는 몇 cm^3인지 구해 보세요.

(　　　　　　　　　　)

(2) 만든 주사위의 부피는 몇 cm^3인지 구해 보세요.

(　　　　　　　　　　)

(3) 주사위를 만들고 남은 부분의 부피는 몇 cm^3인지 구해 보세요.

(　　　　　　　　　　)

다음과 같이 직육면체 모양 나무를 빨간색 선을 따라 잘랐습니다. 자른 직육면체 모양 나무 조각들의 겉넓이의 합은 처음 나무의 겉넓이보다 몇 cm^2 늘어나는지 구해 보세요.

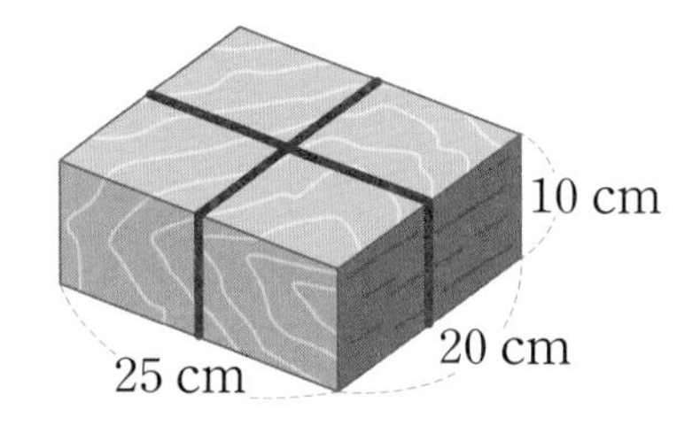

(　　　　　　　　　　)

▶정답 및 해설 30쪽

오른쪽 정육면체 모양 나무를 남김없이 잘라 똑같은 정육면체 모양을 27조각 만들었습니다. 자른 나무 1조각의 겉넓이는 몇 cm^2인지 구해 보세요.

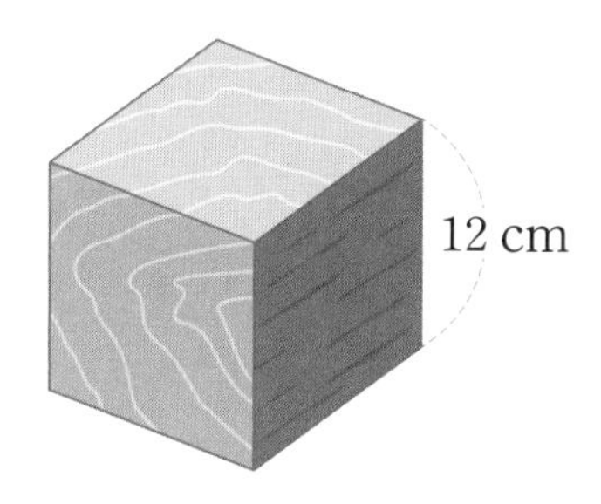

(1) 똑같은 정육면체 모양을 27조각 만들려면 처음 나무의 가로, 세로, 높이를 각각 몇 조각으로 잘라야 하는지 구해 보세요.

가로 ( ), 세로 ( ), 높이 ( )

(2) 자른 나무 조각의 한 모서리의 길이는 몇 cm인지 구해 보세요.

( )

(3) 자른 나무 1조각의 겉넓이는 몇 cm^2인지 구해 보세요.

( )

가로 40 cm, 세로 30 cm, 높이 20 cm인 직육면체 모양 나무를 다음과 같이 직육면체 모양 8조각으로 잘랐습니다. 자른 나무 8조각의 겉넓이의 합은 처음 나무의 겉넓이보다 몇 cm^2 늘어나는지 구해 보세요.

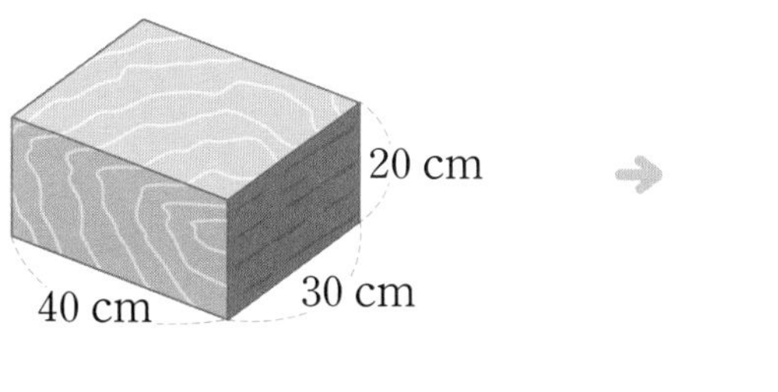

( )

4주 4일

돌의 부피

1 물 속에 넣은 돌의 부피

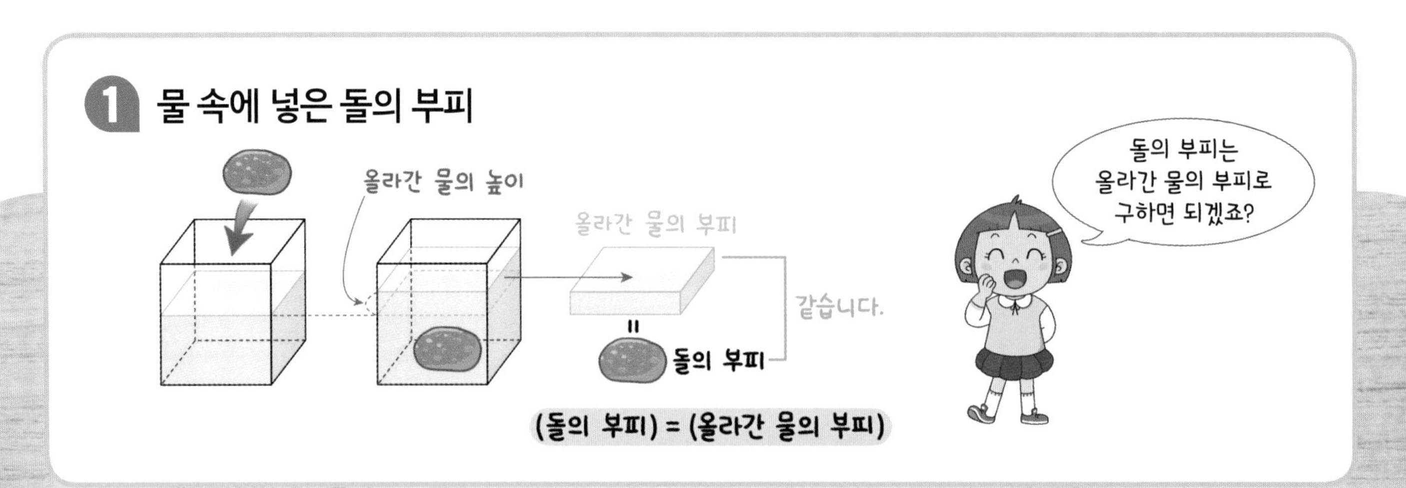

활동 문제 직육면체 모양의 수조에 돌을 완전히 잠기도록 넣었더니 물의 높이가 다음과 같았습니다. 돌의 부피를 구하는 식을 완성해 보세요. (단, 수조의 두께는 생각하지 않습니다.)

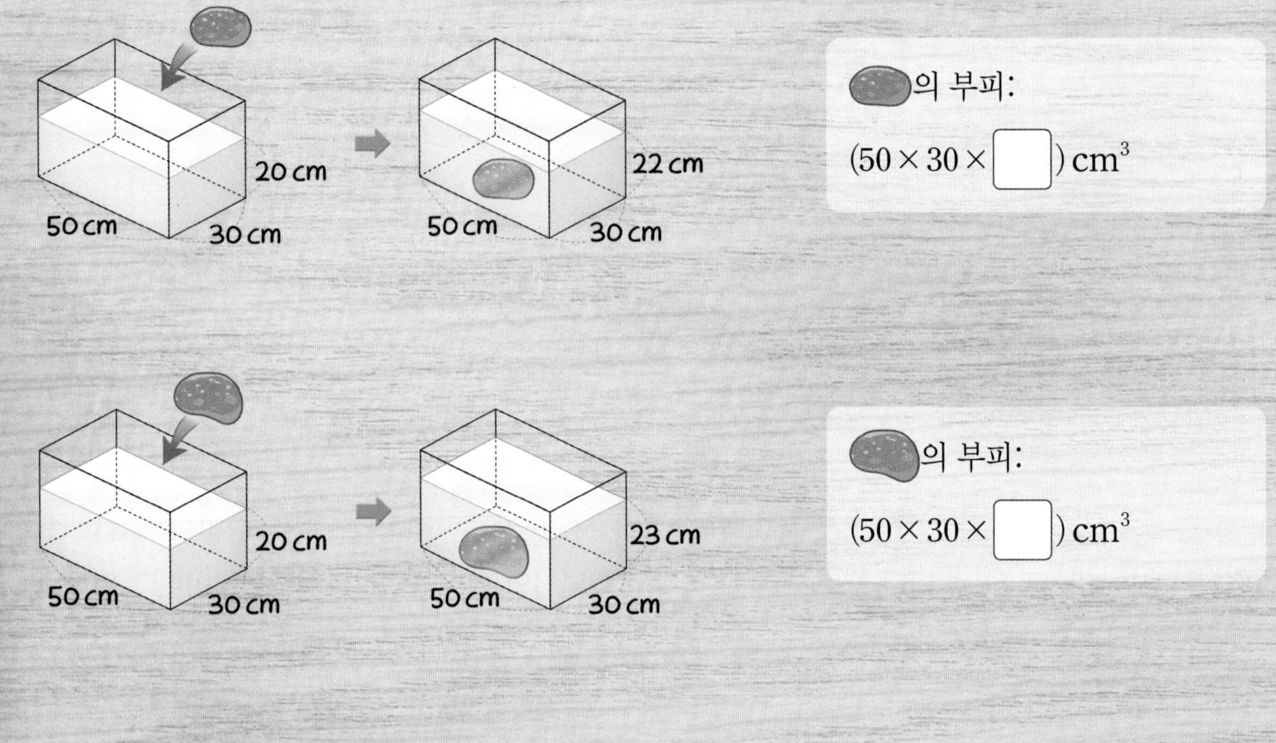

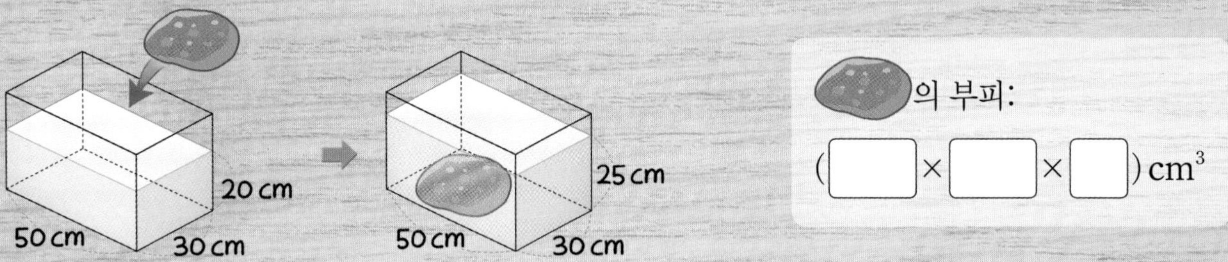

▶정답 및 해설 30쪽

2 물 속에서 꺼낸 돌의 부피

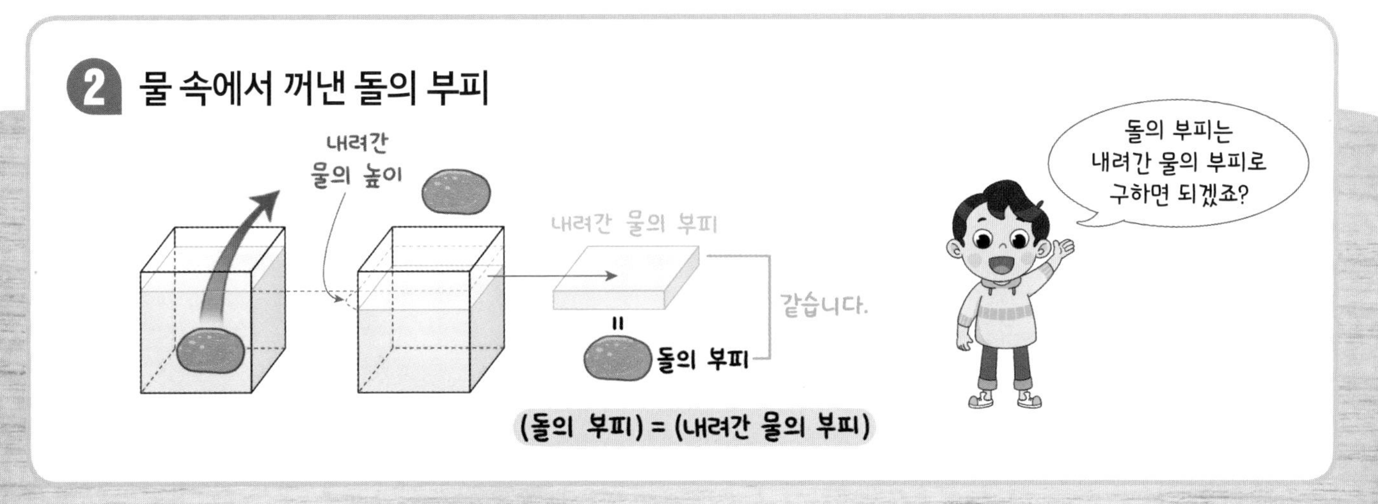

활동 문제 직육면체 모양의 수조에 돌이 완전히 잠겨 있습니다. 이 돌을 수조에서 꺼냈더니 물의 높이가 다음과 같았습니다. 돌의 부피를 구하는 식을 완성해 보세요. (단, 수조의 두께는 생각하지 않습니다.)

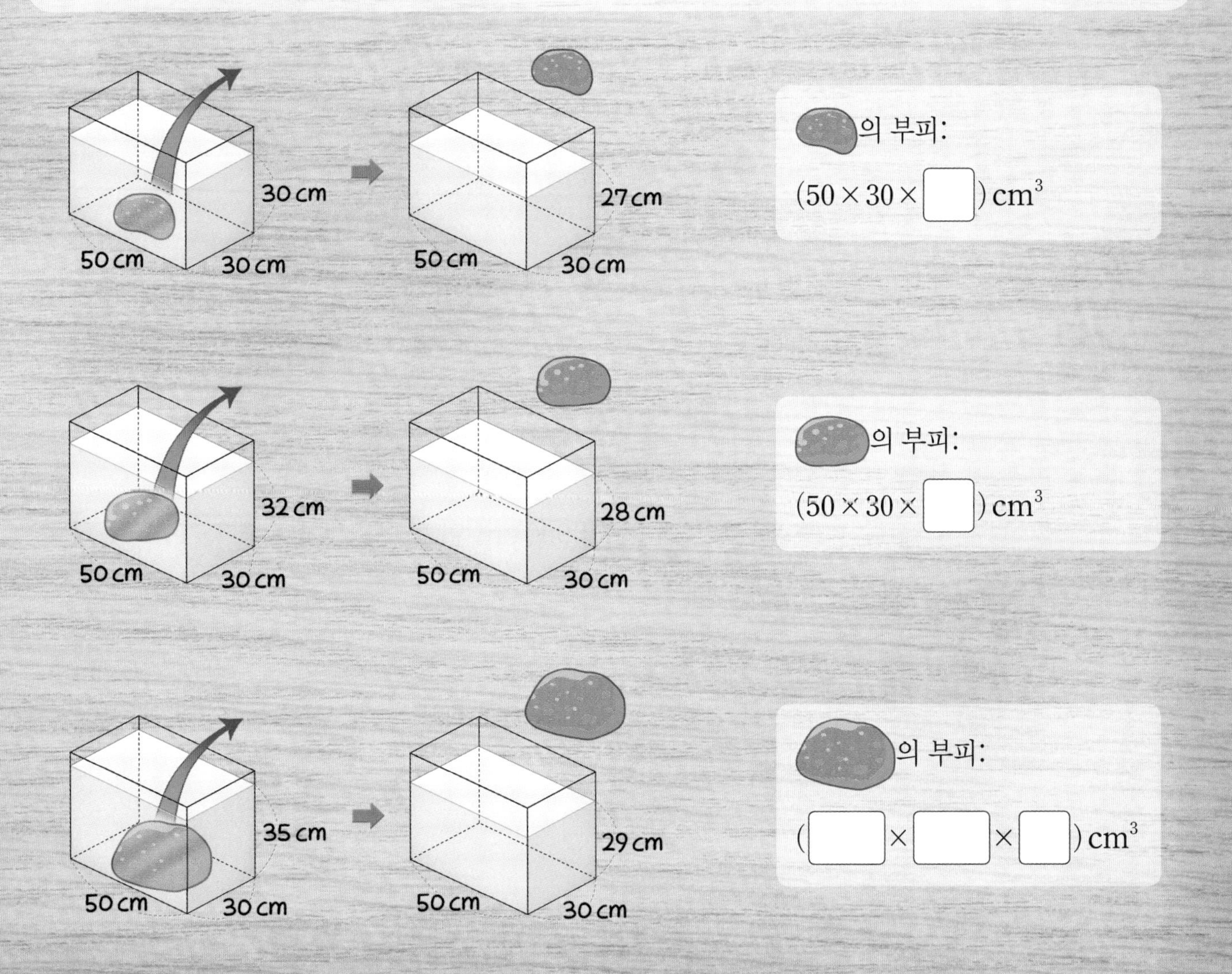

의 부피:
$(50\times30\times\square)\,\mathrm{cm}^3$

의 부피:
$(50\times30\times\square)\,\mathrm{cm}^3$

의 부피:
$(\square\times\square\times\square)\,\mathrm{cm}^3$

5일 서술형 길잡이

1-1 오른쪽과 같은 직육면체 모양의 수조에 돌을 완전히 잠기도록 넣었더니 물의 높이가 8 cm가 되었습니다. 돌의 부피는 몇 cm^3인지 구해 보세요. (단, 수조의 두께는 생각하지 않습니다.)

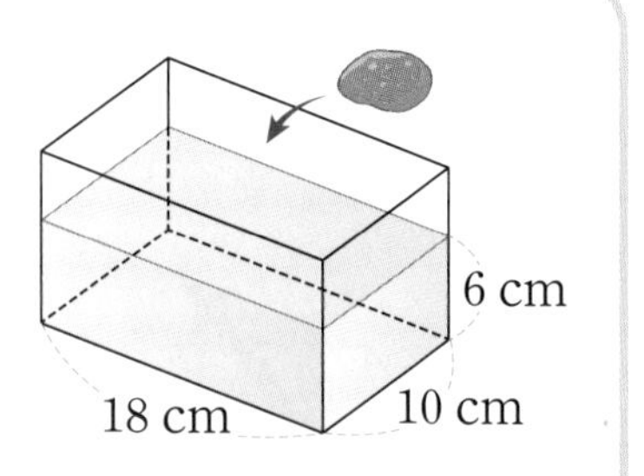

(　　　　　　　　　　)

(돌의 부피)=(올라간 물의 부피)
=(가로 18 cm, 세로 10 cm, 높이 (8−6) cm인 직육면체의 부피)

1-2 오른쪽과 같은 직육면체 모양의 수조에 돌을 완전히 잠기도록 넣었더니 물의 높이가 13 cm가 되었습니다. 돌의 부피는 몇 cm^3인지 구해 보세요. (단, 수조의 두께는 생각하지 않습니다.)

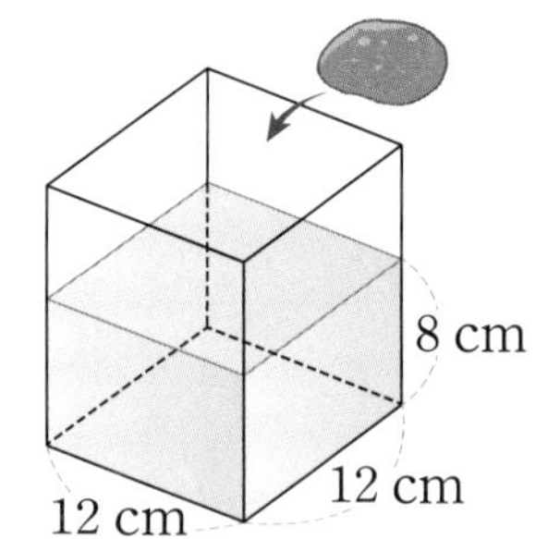

(1) □ 안에 알맞은 수를 써넣으세요.

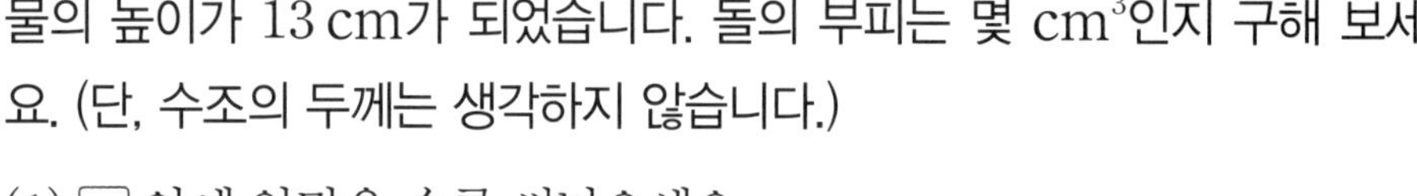

돌의 부피는 가로 12 cm, 세로 □ cm, 높이 □ cm인 직육면체의 부피와 같습니다.

(2) 돌의 부피는 몇 cm^3인지 구해 보세요.

(　　　　　　　　　　)

1-3 오른쪽과 같은 직육면체 모양의 수조에 부피가 900 cm^3인 돌을 완전히 잠기도록 넣으면 물의 높이는 몇 cm 올라가는지 구해 보세요. (단, 수조의 두께는 생각하지 않습니다.)

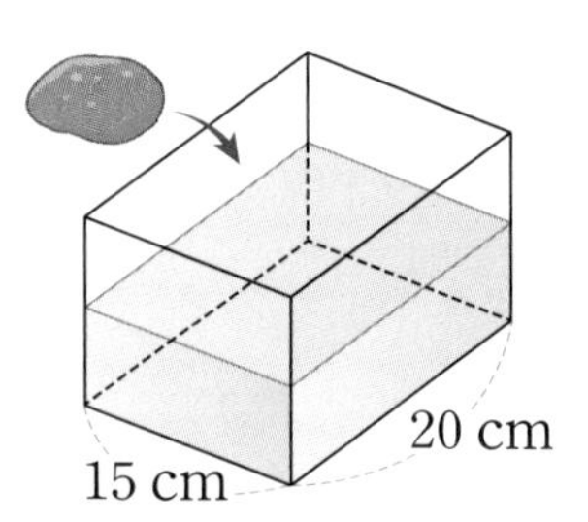

올라가는 물의 높이를 ■ cm라 하면 돌의 부피는 올라가는 물의 부피와 같으므로

$15 \times 20 \times$ ■=□입니다. → ■=□

따라서 물의 높이는 □ cm 올라갑니다.

▶정답 및 해설 30쪽

2-1 오른쪽과 같은 직육면체 모양의 수조에 돌이 완전히 잠겨 있습니다. 이 돌을 수조에서 꺼냈더니 물의 높이가 12 cm가 되었습니다. 돌의 부피는 몇 cm^3인지 구해 보세요. (단, 수조의 두께는 생각하지 않습니다.)

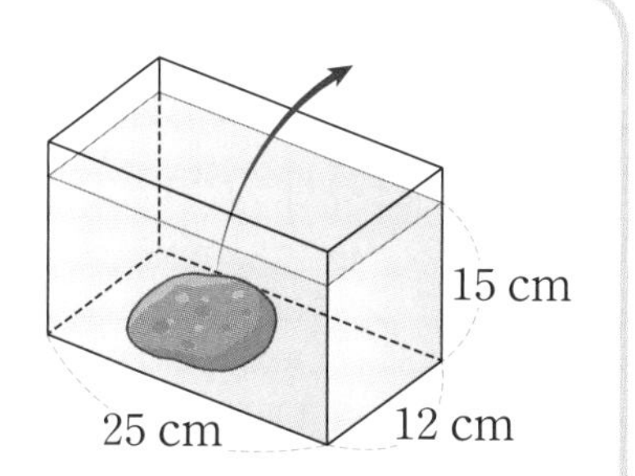

(　　　　　　　　)

- 구하려는 것: 돌의 부피
- 주어진 조건: 주어진 수조에서 돌을 꺼냈더니 물의 높이가 12 cm가 됨
- 해결 전략: 돌의 부피는 내려간 물의 부피와 같습니다. 내려간 물의 부피는 가로 25 cm, 세로 12 cm, 높이 (15－12) cm인 직육면체의 부피와 같습니다.

✎ 구하려는 것(～～)과 주어진 조건(——)에 표시해 봅니다.

2-2 다음과 같은 직육면체 모양의 수조에 돌이 완전히 잠겨 있습니다. 이 돌을 수조에서 꺼냈더니 물의 높이가 6 cm가 되었습니다. 돌의 부피는 몇 cm^3인지 구해 보세요. (단, 수조의 두께는 생각하지 않습니다.)

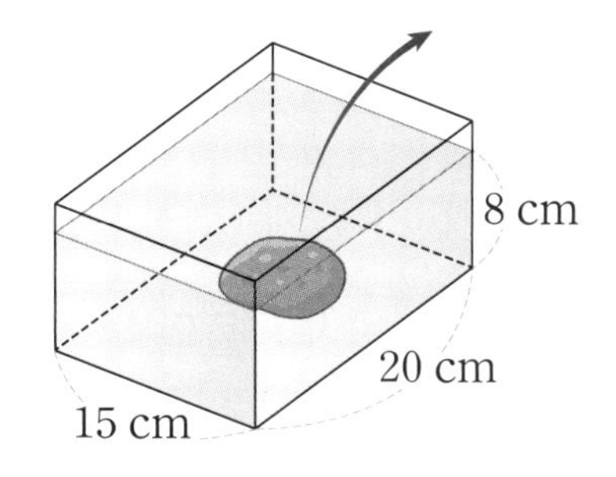

해결 전략
돌의 부피는 내려간 물의 부피와 같습니다. 내려간 물의 부피는 가로 15 cm, 세로 20 cm, 높이 (8－6) cm인 직육면체의 부피와 같습니다.

(　　　　　　　　)

2-3 오른쪽과 같은 직육면체 모양의 수조에 부피가 1296 cm^3인 돌이 완전히 잠겨 있습니다. 이 돌을 수조에서 꺼내면 물의 높이는 몇 cm 내려가는지 구해 보세요. (단, 수조의 두께는 생각하지 않습니다.)

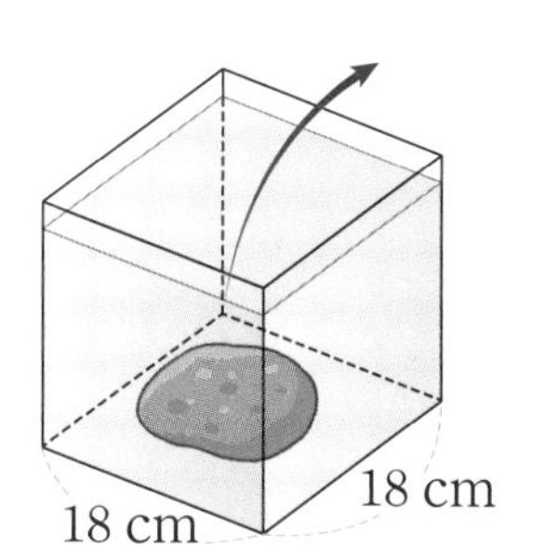

(　　　　　　　　)

5일 사고력 · 코딩

1 문제 해결

다음과 같은 직육면체 모양의 수조에 부피가 같은 돌 3개를 완전히 잠기도록 넣었더니 물의 높이가 1.5 cm 올라갔습니다. 돌 1개의 부피는 몇 cm^3인지 구해 보세요. (단, 수조의 두께는 생각하지 않습니다.)

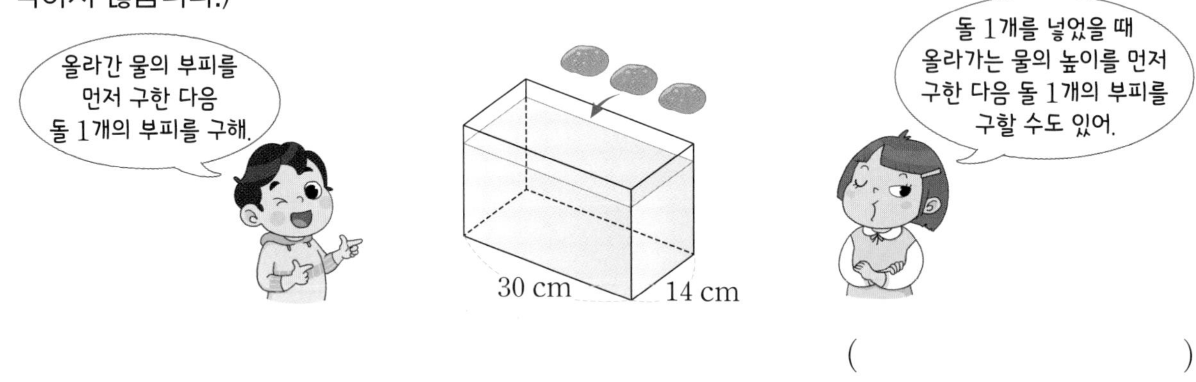

(　　　　　　　　　　)

2 문제 해결

다음과 같은 직육면체 모양의 수조에 돌이 완전히 잠겨 있습니다. 이 돌을 수조에서 꺼냈더니 물의 높이가 돌이 있을 때 물의 높이의 $\frac{4}{5}$가 되었습니다. 돌의 부피는 몇 cm^3인지 구해 보세요.

(단, 수조의 두께는 생각하지 않습니다.)

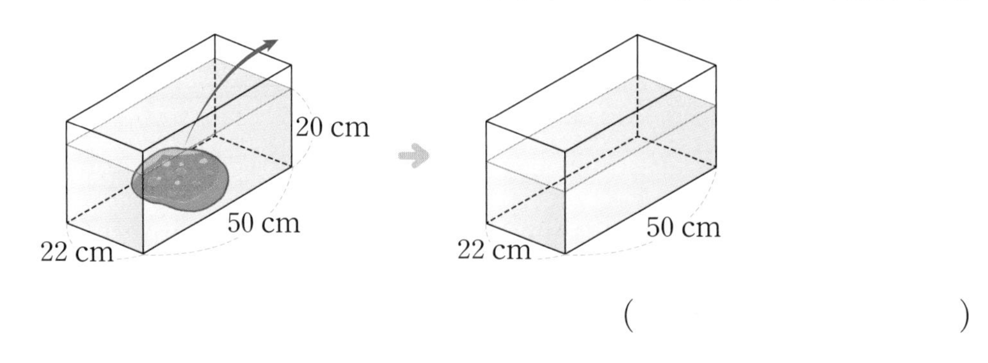

(　　　　　　　　　　)

▶정답 및 해설 31쪽

직육면체 모양의 수조에 물을 가득 채운 후 그림과 같이 모서리 ㄱㄴ을 바닥에 댄 채로 기울여서 물을 따랐습니다. 수조에 남아 있는 물의 부피는 몇 cm^3인지 구해 보세요. (단, 수조의 두께는 생각하지 않습니다.)

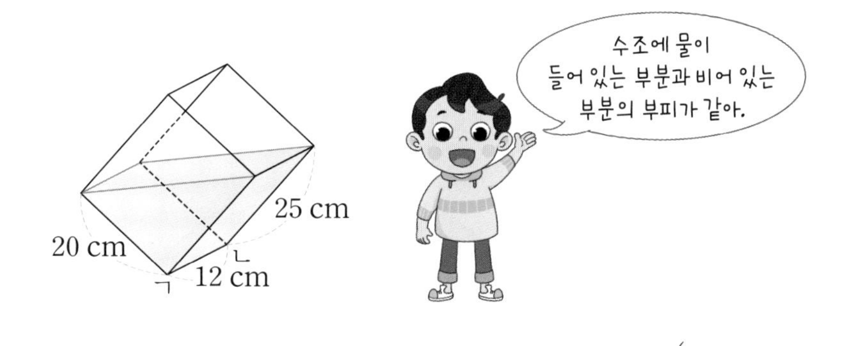

( )

4 추론

오른쪽과 같은 직육면체 모양의 수조에 물을 가득 채운 후 수조 안에 그림과 같은 직육면체 모양의 나무 도막을 완전히 잠기도록 넣었더니 물이 넘쳤습니다. 수조에 넣은 나무 도막을 다시 빼냈을 때, 수조에 남아 있는 물의 높이를 구하려고 합니다. 물음에 답하세요. (단, 수조의 두께는 생각하지 않습니다.)

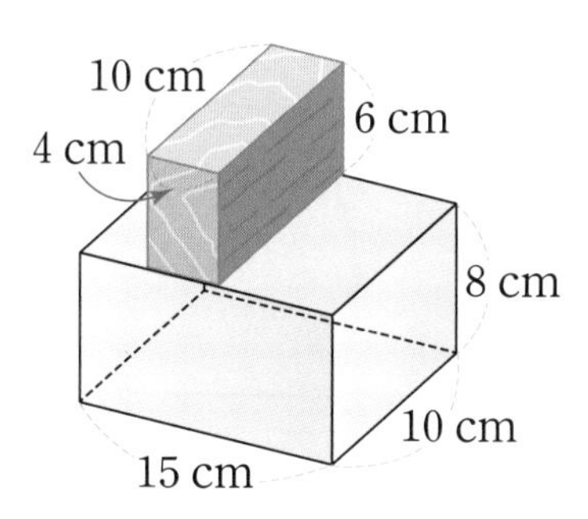

(1) 처음 수조에 가득 들어 있던 물의 부피는 몇 cm^3인지 구해 보세요.

( )

(2) 나무 도막의 부피는 몇 cm^3인지 구해 보세요.

( )

(3) 수조에 넣은 나무 도막을 다시 빼냈을 때, 수조에 남아 있는 물의 높이는 몇 cm인지 소수로 나타내어 보세요.

( )

4주 특강 창의 · 융합 · 코딩

1 낙하산이 각각 착륙해야 할 깃발을 향해 내려오고 있습니다. 낙하산에 쓰여진 글을 읽고 알맞은 깃발을 찾아 선으로 이어 보세요. 창의 · 융합

▶정답 및 해설 31쪽

2 맞으면 O, 틀리면 X를 따라가 보세요. 코딩

4주 특강

[3~5] 도훈이네 집에서 7월 한 달 동안 사용한 전력 사용량을 나타낸 띠그래프입니다. 냉장고의 전력 사용량이 100 kWh일 때 물음에 답하세요.

└전력의 단위

전력 사용량

에어컨 (36 %)	냉장고 (25 %)	컴퓨터	TV	기타 (12 %)

3 7월 한 달 전력 사용량은 몇 kWh인지 구해 보세요. 추론

( )

4 에어컨의 전력 사용량은 몇 kWh인지 구해 보세요. 문제 해결

( )

5 컴퓨터와 TV의 전력 사용량은 모두 몇 kWh인지 구해 보세요. 문제 해결

( )

[6~7] 직육면체 모양의 케이크를 오른쪽 그림과 같이 잘랐습니다. 케이크의 부피와 겉넓이를 각각 구해 보세요. 추론

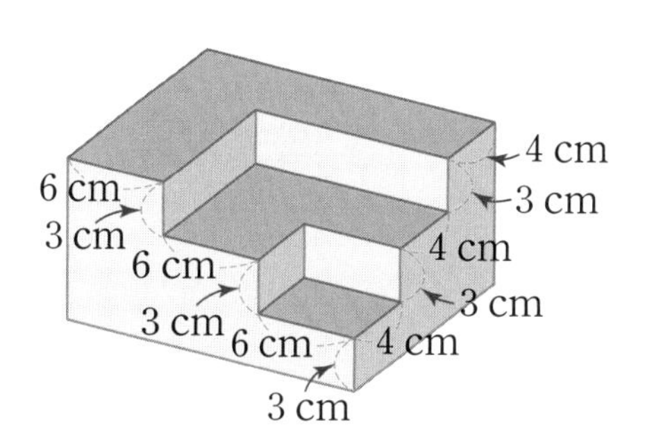

6 케이크의 부피를 구하려고 합니다. 큰 직육면체의 부피에서 층별로 비어 있는 직육면체의 부피를 각각 빼어 구해 보세요.

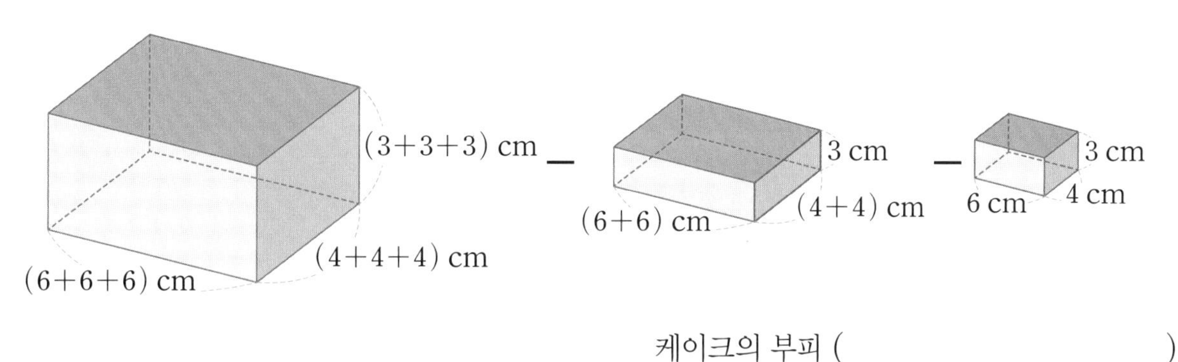

케이크의 부피 (   )

7 이 케이크를 위, 앞, 옆에서 본 모양을 각각 그려 보고 케이크의 겉넓이를 구해 보세요.

케이크의 겉넓이 (   )

8 19세 이상 가구주를 대상으로 주관적 소득수준에 대해 조사하여 나타낸 그래프입니다. 소득이 약간 부족하거나 또는 매우 부족하다고 대답한 사람은 전체의 몇 %인지 남녀별로 각각 구해 보세요.

창의·융합

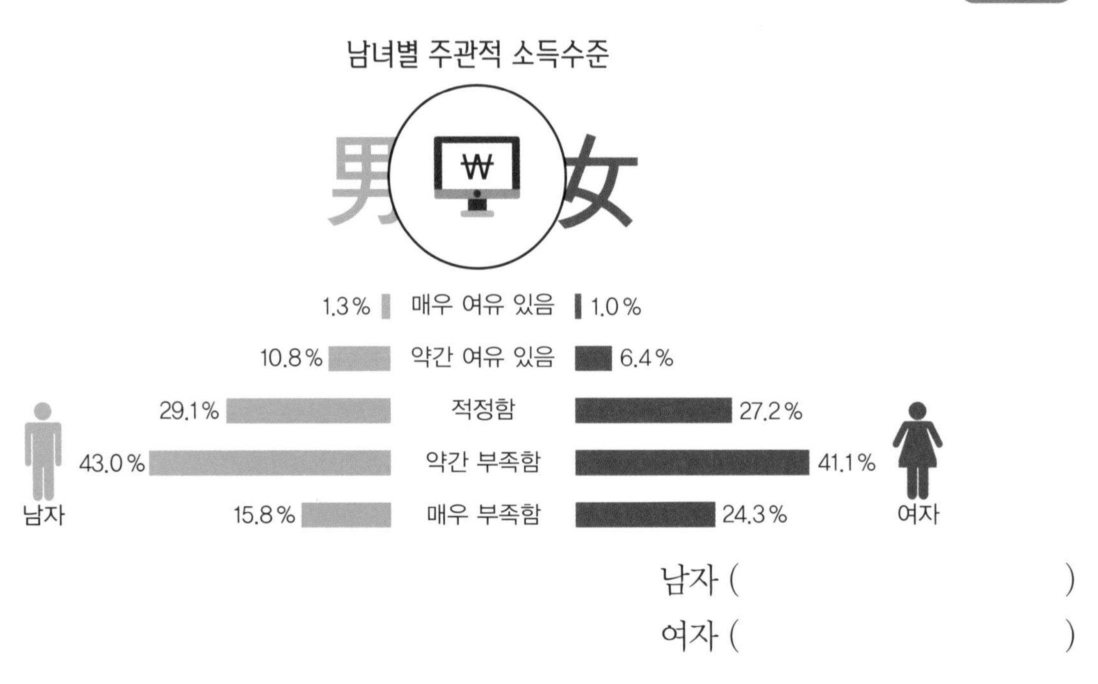

남자 (　　　　　　　　)

여자 (　　　　　　　　)

9 체육대회 개최 여부를 조사하기 위하여 360명이 투표한 결과를 나타낸 원그래프와 찬성한 학생 중에서 체육대회를 열었을 때 하고 싶어 하는 종목을 조사하여 나타낸 띠그래프입니다. 띠그래프에서 축구, 농구, 달리기의 비율이 모두 같을 때, 축구를 하고 싶어 하는 학생은 몇 명인지 구해 보세요.

문제 해결

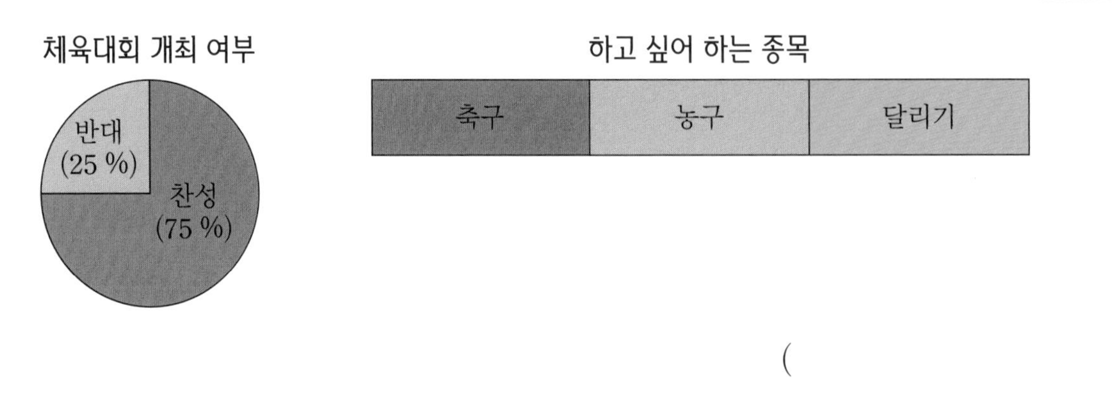

(　　　　　　　　)

▶정답 및 해설 31쪽

10 오른쪽 그림과 같은 직육면체 모양의 그릇에 물을 받으려고 합니다. 수도꼭지에서 1분에 20000 cm^3씩 물이 나올 때, 그릇에 물을 가득 채우려면 몇 분 걸리는지 구해 보세요. (단, 그릇의 두께는 생각하지 않습니다.) 문제 해결

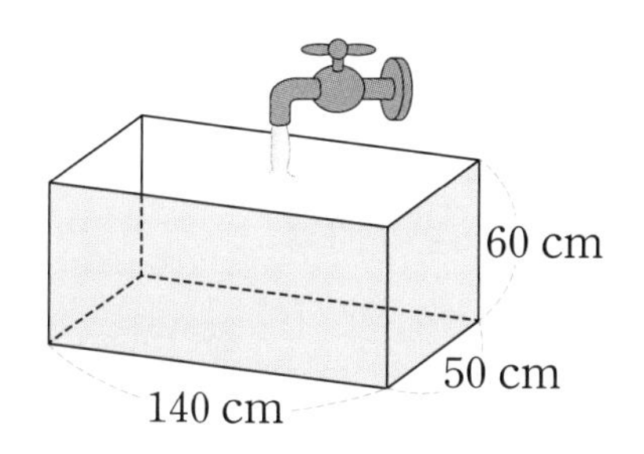

❶ 그릇을 가득 채우는 데 필요한 물의 부피는 몇 cm^3인지 구해 보세요.

(　　　　　　　　　　)

❷ 그릇에 물을 가득 채우려면 몇 분 걸리는지 구해 보세요.

(　　　　　　　　　　)

11 물의 이동을 실험하기 위해 다음과 같이 수조에 칸막이를 바닥에 수직이 되도록 넣어 막은 후 양쪽에 각각 물을 넣었습니다. 칸막이를 열었을 때 물의 높이는 몇 cm가 되는지 구해 보세요. (단, 수조와 칸막이의 두께는 생각하지 않습니다.) 추론

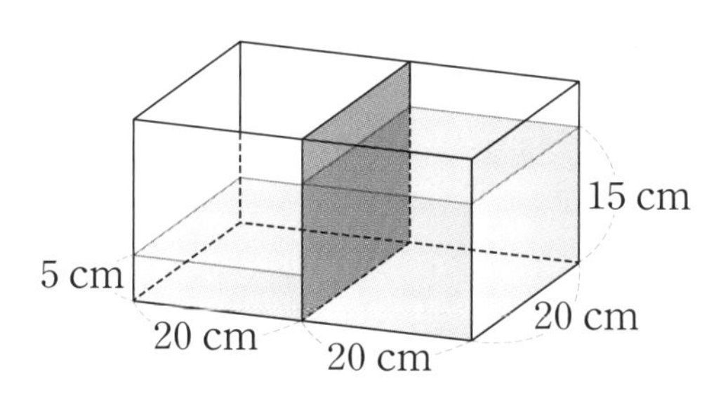

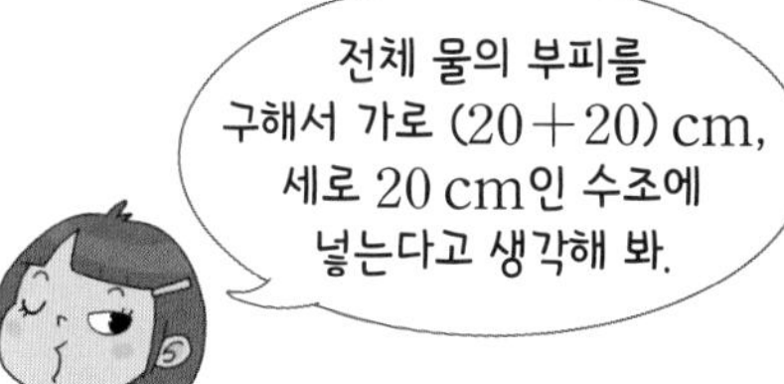

(　　　　　　　　　　)

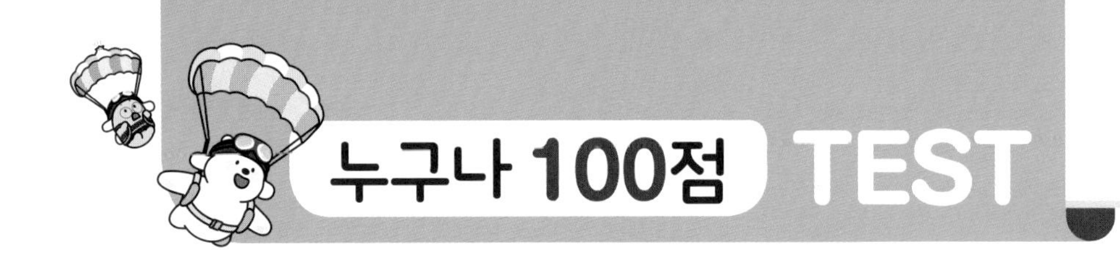

맞은 개수 /7개

[1~2] 연아네 학교 학생 400명을 대상으로 좋아하는 운동을 조사하여 나타낸 그래프입니다. 물음에 답하세요.

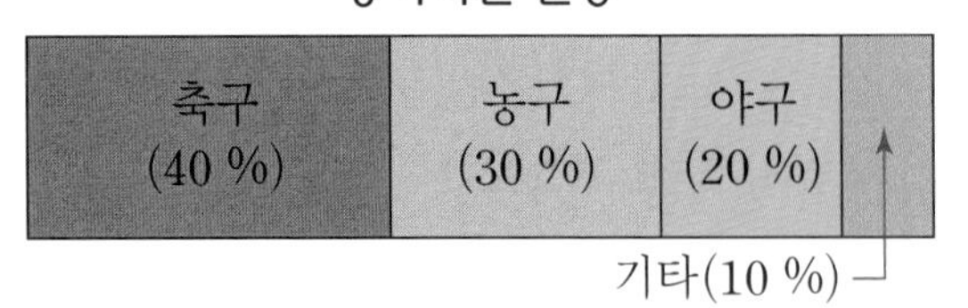

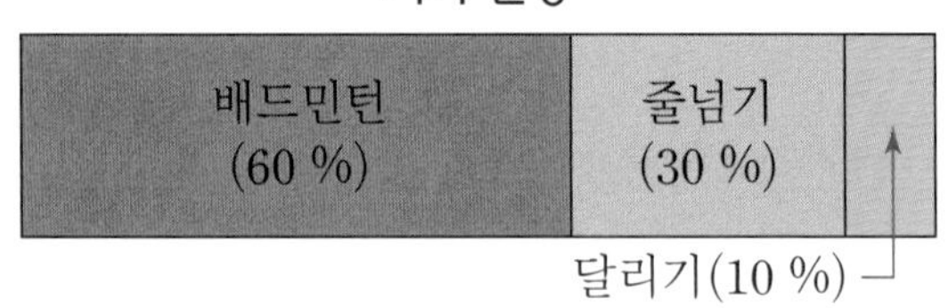

1 좋아하는 운동이 기타에 속하는 학생은 몇 명인지 구해 보세요.

( )

2 줄넘기를 좋아하는 학생은 몇 명인지 구해 보세요.

( )

[3~4] 회사별 자동차 판매량을 조사하여 원그래프로 나타내었습니다. 가 회사의 자동차 판매량이 5000대일 때, 물음에 답하세요.

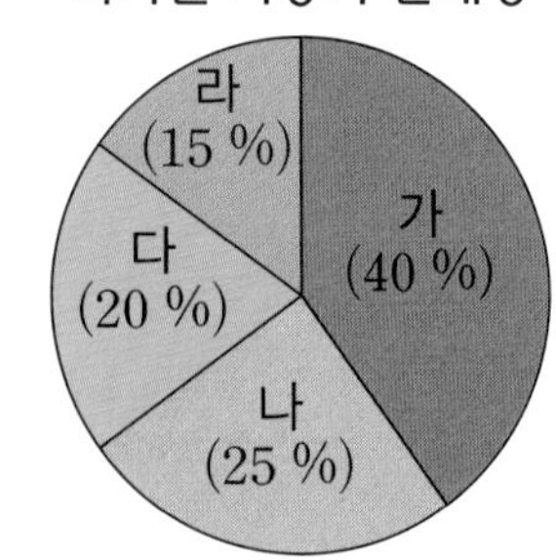

3 다 회사의 자동차 판매량은 가 회사의 자동차 판매량의 몇 배인지 소수로 나타내어 보세요.

( )

4 다 회사의 자동차 판매량은 몇 대인지 구해 보세요.

( )

5 직육면체를 위, 앞, 옆에서 본 모양입니다. 이 직육면체의 겉넓이를 구해 보세요.

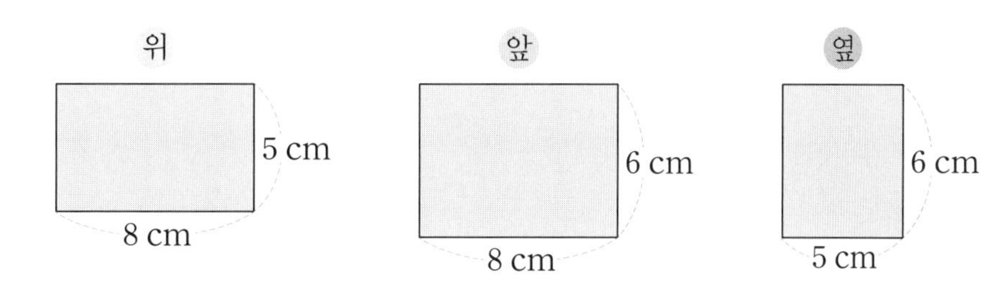

(직육면체의 겉넓이)=(합동인 세 면의 넓이의 합)×2

6 오른쪽 직육면체를 잘라서 가장 큰 정육면체를 1개 만들었습니다. 만든 정육면체의 부피는 몇 cm^3인지 구해 보세요.

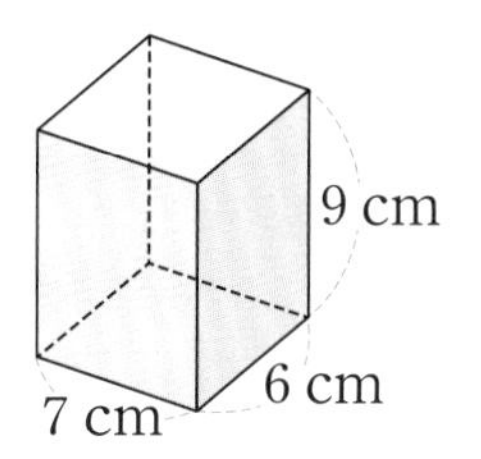

( )

7 가로 20 cm, 세로 15 cm, 높이 10 cm인 직육면체 모양 나무를 다음과 같이 직육면체 모양 2조각으로 잘랐습니다. 자른 나무 2조각의 겉넓이의 합은 처음 나무의 겉넓이보다 몇 cm^2 늘어나는지 구해 보세요.

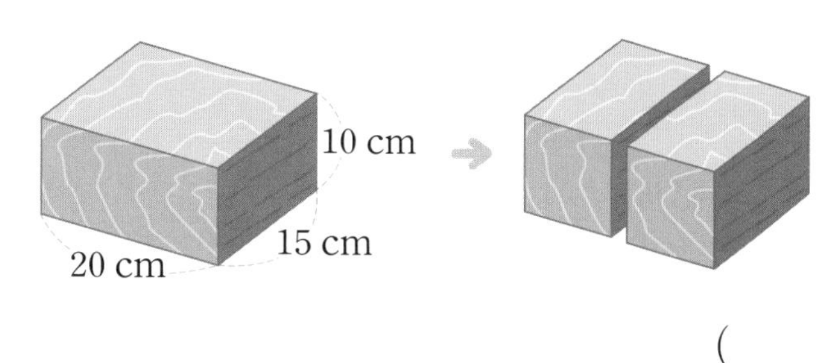

( )

memo

쉽다!

10분이면 하루 치 공부를 마칠 수 있는 커리큘럼으로,
아이들이 초등 학습에 쉽고 재미있게 접근할 수 있도록 구성하였습니다.

재미있다!

교과서는 물론 생활 속에서 쉽게 접할 수 있는 다양한 소재와
재미있는 게임 형식의 문제로 흥미로운 학습이 가능합니다.

똑똑하다!

초등학생에게 꼭 필요한 학습 지식 습득은 물론
창의력 확장까지 가능한 교재로 올바른 공부습관을 가지는 데 도움을 줍니다.

정답 및 해설

똑 똑 한
하루 사고력

초등 수학 6A
6학년 수준

천재교육

정답 및 해설
포인트 3가지

- 한눈에 알아볼 수 있는 정답 제시
- 혼자서도 이해할 수 있는 문제 풀이
- 꼭 필요한 사고력 유형 풀이 제시

똑 똑 한

하루 사고력

창의·코딩 수학

정답 및 해설

정답 및 해설

1주

이번 주에는 무엇을 공부할까? ❷ 6쪽~7쪽

1-1 예 $\frac{2}{5}$

1-2 예 $\frac{5}{4}$, $1\frac{1}{4}$

2-1 $\frac{4}{5}\div2=\frac{4\div2}{5}=\frac{2}{5}$　　2-2 (1) $\frac{4}{11}$ (2) $\frac{3}{10}$

3-1 $3\div4=\frac{3}{4}$, $\frac{3}{4}$ L　　3-2 $\frac{3}{5}\div3=\frac{1}{5}$, $\frac{1}{5}$ L

4-1

4-2 (1) 3, $\frac{4}{21}$ (2) $\frac{1}{4}$, $\frac{5}{24}$ (3) $\frac{1}{3}$, $\frac{7}{36}$

5-1 12, 12, 4 / 12, 12, 3, 4

5-2 예 $3\frac{1}{8}\div5=\frac{25}{8}\div5=\frac{25\div5}{8}=\frac{5}{8}$ /

예 $3\frac{1}{8}\div5=\frac{25}{8}\div5=\frac{25}{8}\times\frac{1}{5}=\frac{25}{40}=\frac{5}{8}$

2-2 (1) $\frac{16}{11}\div4=\frac{16\div4}{11}=\frac{4}{11}$

(2) $\frac{9}{10}\div3=\frac{9\div3}{10}=\frac{3}{10}$

3-2 $\frac{3}{5}\div3=\frac{3\div3}{5}=\frac{1}{5}$ (L)

4-1 $\frac{7}{8}\div2=\frac{7}{8}\times\frac{1}{2}$, $\frac{8}{7}\div2=\frac{8\div2}{7}$, $\frac{8}{7}\div2=\frac{8}{7}\times\frac{1}{2}$

1일 개념·원리 길잡이 8쪽~9쪽

활동 문제 8쪽

활동 문제 9쪽

(위에서부터) $8\frac{1}{2}\left(\frac{17}{2}\right)$, $\frac{2}{17}$

활동 문제 8쪽

• 3분 동안 4 km를 가는 자동차는

1분 동안 $4\div3=\frac{4}{3}=1\frac{1}{3}$ (km)를 가고,

1 km를 가는 데 $3\div4=\frac{3}{4}$(분)이 걸립니다.

• 4분 동안 3 km를 가는 자동차는

1분 동안 $3\div4=\frac{3}{4}$ (km)를 가고,

1 km를 가는 데 $4\div3=\frac{4}{3}=1\frac{1}{3}$(분)이 걸립니다.

활동 문제 9쪽

휘발유 2 L로 17 km를 가는 자동차는

1 L로 $17\div2=\frac{17}{2}=8\frac{1}{2}$ (km)를 갈 수 있고,

1 km를 가는 데 $2\div17=\frac{2}{17}$ (L)의 휘발유가 필요합니다.

1일 서술형 길잡이 독해력 길잡이 10쪽~11쪽

1-1 서진

1-2 (1) $16\frac{1}{2}\left(\frac{33}{2}\right)$ cm (2) $13\frac{2}{3}\left(\frac{41}{3}\right)$ cm

(3) 지렁이

1-3 162, 5, $\frac{162}{5}$, $32\frac{2}{5}$ / 220, 7, $\frac{220}{7}$, $31\frac{3}{7}$ / 윤수

2-1 $8\frac{3}{4}\left(\frac{35}{4}\right)$

2-2 휘발유 6 L로 31 km를 가는 자동차가 있습니다. 이 자동차의 계기판을 보고 □ 안에 알맞은 분수를 써넣으세요.

$\frac{6}{31}$

2-3 $6\frac{3}{7}\left(\frac{45}{7}\right)$

1-1 서진이는 1분 동안

$290\div8=\frac{290}{8}=\frac{145}{4}=36\frac{1}{4}$ (m)를 걷고

희주는 1분 동안 $205\div6=\frac{205}{6}=34\frac{1}{6}$ (m)를 걷습니다. $36\frac{1}{4}>34\frac{1}{6}$이므로 서진이가 더 멀리 갑니다.

1-2 (1) $33\div2=\frac{33}{2}=16\frac{1}{2}$ (cm)

(2) $41\div3=\frac{41}{3}=13\frac{2}{3}$ (cm)

2-1 자동차에 남은 휘발유가 1 L이므로 1 L로 갈 수 있는 거리를 구해 보면 $35\div4=\frac{35}{4}=8\frac{3}{4}$ (km)입니다.

2-2 휘발유 6 L로 31 km를 가는 자동차가 1 km를 가는 데 필요한 휘발유는 $6\div31=\frac{6}{31}$ (L)입니다.

따라서 이 자동차에 남은 연료는 $\frac{6}{31}$ L입니다.

2-3 $45 \div 7 = \frac{45}{7} = 6\frac{3}{7}$ (km)

1일 사고력·코딩 12쪽~13쪽

1 $2\frac{1}{4}\left(\frac{9}{4}\right)$분　　2 $2\frac{2}{3}\left(\frac{8}{3}\right)$초

3 $\frac{1}{2}$°　　4 $5\frac{10}{11}\left(\frac{65}{11}\right)$ km

1 충정로에서 을지로 4가까지는 4개 역을 가야 하므로 한 개 역을 가는 데 걸리는 시간은 $9 \div 4 = \frac{9}{4} = 2\frac{1}{4}$(분)인 셈입니다.

2 1층부터 10층까지 올라가려면 아홉 층을 올라가야 합니다. 따라서 이 엘리베이터가 한 층을 올라가는 데 걸리는 시간은 $24 \div 9 = \frac{24}{9} = \frac{8}{3} = 2\frac{2}{3}$(초)입니다.

3 시계의 짧은바늘은 일정한 빠르기로 움직입니다.
12시간 동안 한 바퀴, 즉 360°를 돌므로
1시간 동안에는 $360 \div 12 = 30$(°)를 돌고,
1분 동안에는 $30 \div 60 = \frac{30}{60} = \frac{1}{2}$(°)만큼 움직입니다.

4 휘발유 12 L가 들어 있던 차가 65 km를 갔을 때 휘발유가 1 L 남았으므로 65 km를 가는 데 휘발유 11 L를 사용했습니다. 따라서 이 자동차는 휘발유 1 L로 $65 \div 11 = \frac{65}{11} = 5\frac{10}{11}$ (km)를 갈 수 있고 현재 주행 가능 거리는 $5\frac{10}{11}$ km입니다.

2일 개념·원리 길잡이 14쪽~15쪽

활동 문제 14쪽

$2\frac{4}{5}\left(\frac{14}{5}\right)$, $\frac{5}{14}$, $\frac{3}{10}$

활동 문제 15쪽

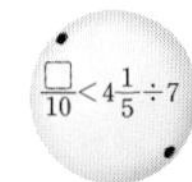, 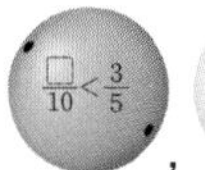, 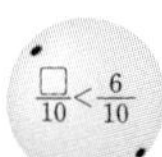, 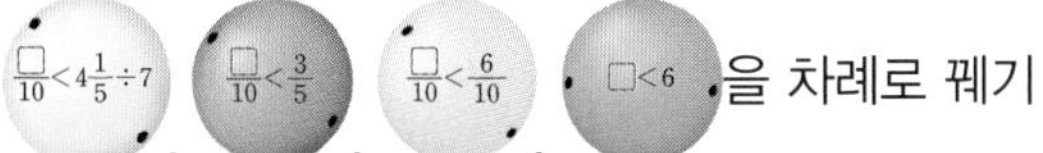

을 차례로 꿰기

활동 문제 14쪽

$14 \div 5 = \frac{14}{5} = 2\frac{4}{5}$(배), $5 \div 14 = \frac{5}{14}$(배),

$1\frac{1}{2} \div 5 = \frac{3}{2} \div 5 = \frac{3}{2} \times \frac{1}{5} = \frac{3}{10}$(배)

활동 문제 15쪽

계산할 수 있는 부분을 먼저 계산한 후 비교해 봅니다.

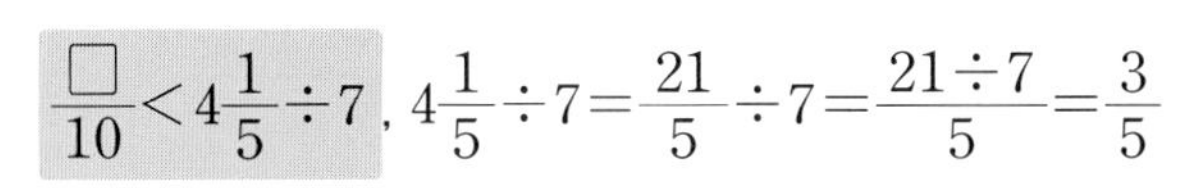

$\frac{□}{10} < 4\frac{1}{5} \div 7$, $4\frac{1}{5} \div 7 = \frac{21}{5} \div 7 = \frac{21 \div 7}{5} = \frac{3}{5}$

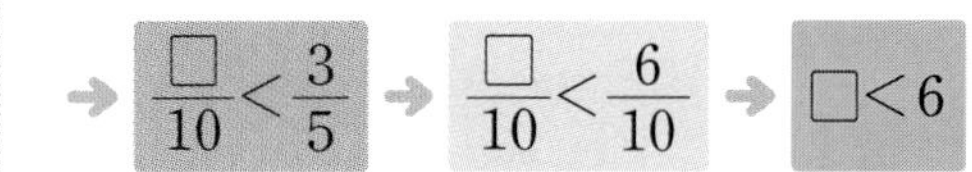

→ $\frac{□}{10} < \frac{3}{5}$ → $\frac{□}{10} < \frac{6}{10}$ → $□ < 6$

2일 서술형 길잡이 독해력 길잡이 16쪽~17쪽

1-1 1, 2, 3, 4, 5, 6

1-2 (1) $\frac{3}{7}$ (2) 3, 3 (3) 4, 5, 6

1-3 8, 8, <, 3 / 1, 2

2-1 $1\frac{1}{5}$ kg

2-2 남학생 4명은 $\frac{1}{5}$L 들이 주스를 각각 한 팩씩 마셨고 여학생 5명은 $1\frac{1}{2}$L 들이 주스를 똑같이 나눠 마셨습니다. 남학생 한 명이 마신 주스와 여학생 한 명이 마신 주스의 들이의 차는 몇 L인지 구해 보세요.

$\frac{1}{10}$ L

1-1 $3\frac{1}{2} \div 4 = \frac{7}{2} \div 4 = \frac{7}{2} \times \frac{1}{4} = \frac{7}{8}$, $\frac{□}{8} < \frac{7}{8}$에서 분모가 같으므로 분자를 비교하면 □<7입니다.
따라서 □ 안에는 7보다 작은 자연수 1, 2, 3, 4, 5, 6이 들어갈 수 있습니다.

1-2 (1) $2\frac{4}{7} \div 6 = \frac{18}{7} \div 6 = \frac{18 \div 6}{7} = \frac{3}{7}$

(3) (2)에서 ✹는 3보다 큰 수인데 $\frac{✹}{7}$가 진분수이므로 ✹는 7보다 작습니다. 따라서 ✹가 될 수 있는 자연수는 4, 5, 6입니다.

1-3 $5\frac{1}{3} \div 2 = \frac{16}{3} \div 2 = \frac{16 \div 2}{3} = \frac{8}{3}$

2-1 한 가구가 받은 배추김치의 무게는
$56 \div 20 = \frac{56}{20} = \frac{14}{5} = 2\frac{4}{5}$ (kg)입니다.
→ $2\frac{4}{5} - 1\frac{3}{5} = 1\frac{1}{5}$ (kg)

2-2 남학생 한 명이 마신 주스는 $\frac{1}{5}$ L이고
여학생 한 명이 마신 주스는
$1\frac{1}{2} \div 5 = \frac{3}{2} \div 5 = \frac{3}{2} \times \frac{1}{5} = \frac{3}{10}$ (L)입니다.
→ $\frac{3}{10} - \frac{1}{5} = \frac{3}{10} - \frac{2}{10} = \frac{1}{10}$ (L)

2일 사고력·코딩 18쪽~19쪽

1 $1\frac{6}{7}\left(\frac{13}{7}\right)$배

2 (1) $1\frac{1}{8}\left(\frac{9}{8}\right)$배 (2) $\frac{1}{4}$ L

3

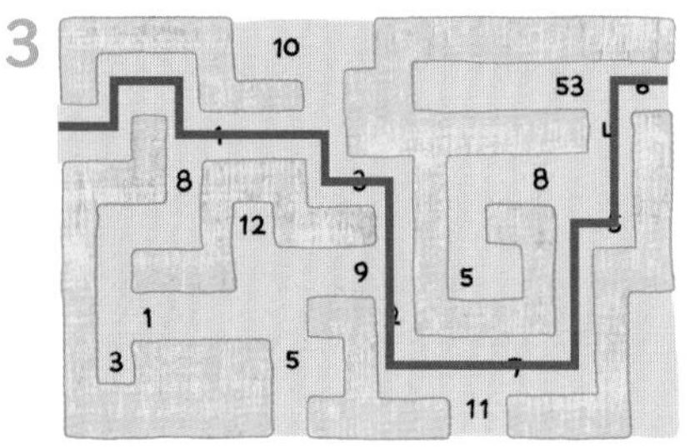

4 (1) 예 (2) 예

1 $3\frac{5}{7}\div 2=\frac{26}{7}\div 2=\frac{26\div 2}{7}=\frac{13}{7}=1\frac{6}{7}$(배)

3 $5\frac{3}{5}\div 7=\frac{28}{5}\div 7=\frac{28\div 7}{5}=\frac{4}{5}$이므로
$\frac{\square}{10}<\frac{4}{5}$, $\frac{\square}{10}<\frac{8}{10}$, $\square<8$입니다.
따라서 8보다 작은 수만 따라갑니다.

4 (1) $1\frac{5}{7}\div 3=\frac{12}{7}\div 3=\frac{12\div 3}{7}=\frac{4}{7}$이므로
$\frac{\square}{7}>\frac{4}{7}$, $\square>4$입니다.
따라서 4보다 큰 수의 범위를 수직선에 나타냅니다.

참고
일반적으로 초등학교 과정에서는 분수의 분모와 분자에 자연수를 쓰므로 수직선의 5, 6, 7, 8, 9, 10, 11에 ●으로 나타내거나 5를 ●으로 나타내고 오른쪽으로 직선을 그어도 정답으로 합니다.

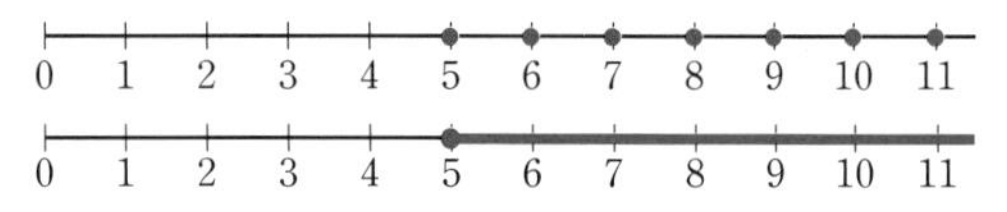

(2) $3\frac{3}{8}\div 9=\frac{27}{8}\div 9=\frac{27\div 9}{8}=\frac{3}{8}$이므로
$\frac{3}{\square}>\frac{3}{8}$, $\square<8$입니다. 따라서 8보다 작은 수의 범위를 수직선에 나타냅니다. 이때 0은 분모가 될 수 없으므로 ○으로 나타내야 합니다.

참고
수직선의 1, 2, 3, 4, 5, 6, 7에 ●으로 나타내거나 1과 7을 ●으로 나타내고 선분으로 이어도 정답으로 합니다.

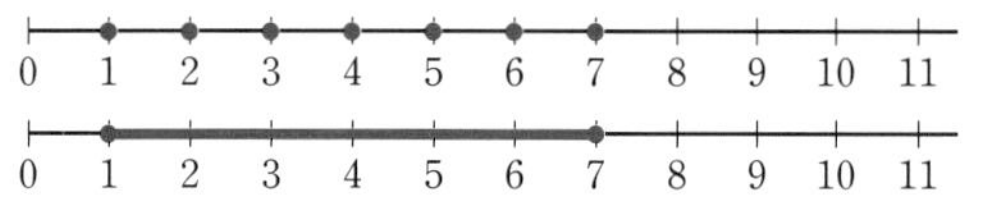

3일 개념·원리 길잡이 20쪽~21쪽

활동 문제 20쪽
$\frac{8}{3}\div 5$ 또는 $\frac{8}{5}\div 3$, $\frac{3}{5}\div 8$ 또는 $\frac{3}{8}\div 5$

활동 문제 21쪽
$9\frac{6}{7}\div 2$, $2\frac{6}{7}\div 9$

활동 문제 20쪽
$3<5<8$이므로 $\frac{8}{3}\div 5$와 $\frac{8}{5}\div 3$의 계산 결과가 가장 크고 $\frac{3}{5}\div 8$과 $\frac{3}{8}\div 5$의 계산 결과가 가장 작습니다.

3일 서술형 길잡이 독해력 길잡이 22쪽~23쪽

1-1 $8\frac{3}{5}\div 2$, $4\frac{3}{10}\left(\frac{43}{10}\right)$

1-2 (1) 3 (2) $\frac{4}{5}$ (3) $\frac{4}{5}\div 3$, $\frac{4}{15}$

1-3 클에 ○표, 8 / 작은에 ○표, $1\frac{4}{7}\div 8$ / $\frac{11}{56}$

2-1 $\frac{2}{7}\div 9$ 또는 $\frac{2}{9}\div 7$, $\frac{2}{63}$

2-2 4장의 수 카드 중에서 3장을 사용하여 계산 결과가 가장 큰 나눗셈식을 만들고 계산해 보세요.
$\frac{8}{3}\div 5$ 또는 $\frac{8}{5}\div 3$, $\frac{8}{15}$

2-3 $\frac{3}{4}\div 5$ 또는 $\frac{3}{5}\div 4$, $\frac{3}{20}$

1-1 $8\frac{3}{5}\div 2=\frac{43}{5}\div 2=\frac{43}{5}\times\frac{1}{2}=\frac{43}{10}=4\frac{3}{10}$

1-2 (3) $\frac{4}{5}\div 3=\frac{4}{5}\times\frac{1}{3}=\frac{4}{15}$

1-3 $1\frac{4}{7}\div 8=\frac{11}{7}\div 8=\frac{11}{7}\times\frac{1}{8}=\frac{11}{56}$

2-1 $\frac{㉠}{㉡}\div ㉢=\frac{㉠}{㉡}\times\frac{1}{㉢}=\frac{㉠}{㉡\times ㉢}$이므로 ㉠에 가장 작은 수, ㉡과 ㉢에 가장 큰 수와 둘째로 큰 수를 놓으면 계산 결과가 가장 작습니다.
→ $\frac{2}{7}\div 9=\frac{2}{7}\times\frac{1}{9}=\frac{2}{7\times 9}=\frac{2}{63}$,
$\frac{2}{9}\div 7=\frac{2}{9}\times\frac{1}{7}=\frac{2}{9\times 7}=\frac{2}{63}$

2-2 $\frac{㉠}{㉡}\div ㉢=\frac{㉠}{㉡}\times\frac{1}{㉢}=\frac{㉠}{㉡\times ㉢}$이므로 ㉠에 가장 큰 수 8, ㉡과 ㉢에 가장 작은 수 3과 둘째로 작은 수 5를 놓으면 계산 결과가 가장 큽니다.

2-3 $\frac{3}{4}\div 5=\frac{3}{4}\times\frac{1}{5}=\frac{3}{4\times 5}=\frac{3}{20}$,

$\frac{3}{5}\div 4=\frac{3}{5}\times\frac{1}{4}=\frac{3}{5\times 4}=\frac{3}{20}$

3일 사고력·코딩 24쪽~25쪽

1 $\frac{7}{60}$ 2 세인

3 $7\frac{5}{6}\div 3$, $2\frac{11}{18}\left(\frac{47}{18}\right)$

4 $\frac{3}{7}\div 8=\frac{3}{56}$, $\frac{8}{3}\div 7=\frac{8}{21}$, $\frac{7}{8}\div 3=\frac{7}{24}$

1 만들 수 있는 나눗셈식은 $\frac{4}{5}\div 3$과 $\frac{3}{5}\div 4$입니다.

$\frac{4}{5}\div 3=\frac{4}{5}\times\frac{1}{3}=\frac{4}{15}$, $\frac{3}{5}\div 4=\frac{3}{5}\times\frac{1}{4}=\frac{3}{20}$

➜ $\frac{4}{15}-\frac{3}{20}=\frac{16}{60}-\frac{9}{60}=\frac{7}{60}$

2 계산 결과가 가장 큰 (진분수)÷(자연수)를 만들면

민준은 $\frac{3}{5}\div 2=\frac{3}{5}\times\frac{1}{2}=\frac{3}{10}$,

세인은 $\frac{6}{7}\div 2=\frac{6\div 2}{7}=\frac{3}{7}$입니다.

따라서 세인이가 계산 결과가 더 큰 나눗셈식을 만들 수 있습니다.

3 대분수의 자연수 부분에 가장 큰 수 7, 나누는 수에 가장 작은 수 3을 놓고 남은 수 4, 5, 6으로 가장 큰 진분수를 만들면 $\frac{5}{6}$입니다.

➜ $7\frac{5}{6}\div 3=\frac{47}{6}\div 3=\frac{47}{6}\times\frac{1}{3}=\frac{47}{18}=2\frac{11}{18}$

4 관람차가 돌아가는 동안 만들어지는 나눗셈식은 다음과 같습니다.

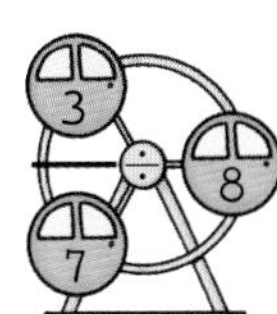

➜ $\frac{3}{7}\div 8=\frac{3}{7}\times\frac{1}{8}=\frac{3}{56}$

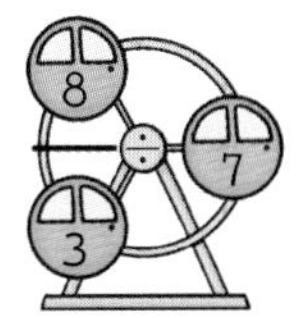

➜ $\frac{8}{3}\div 7=\frac{8}{3}\times\frac{1}{7}=\frac{8}{21}$

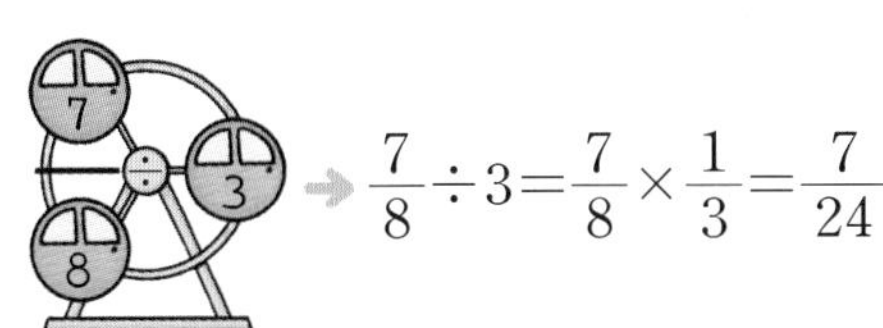

➜ $\frac{7}{8}\div 3=\frac{7}{8}\times\frac{1}{3}=\frac{7}{24}$

4일 개념·원리 길잡이 26쪽~27쪽

활동 문제 26쪽

활동 문제 27쪽

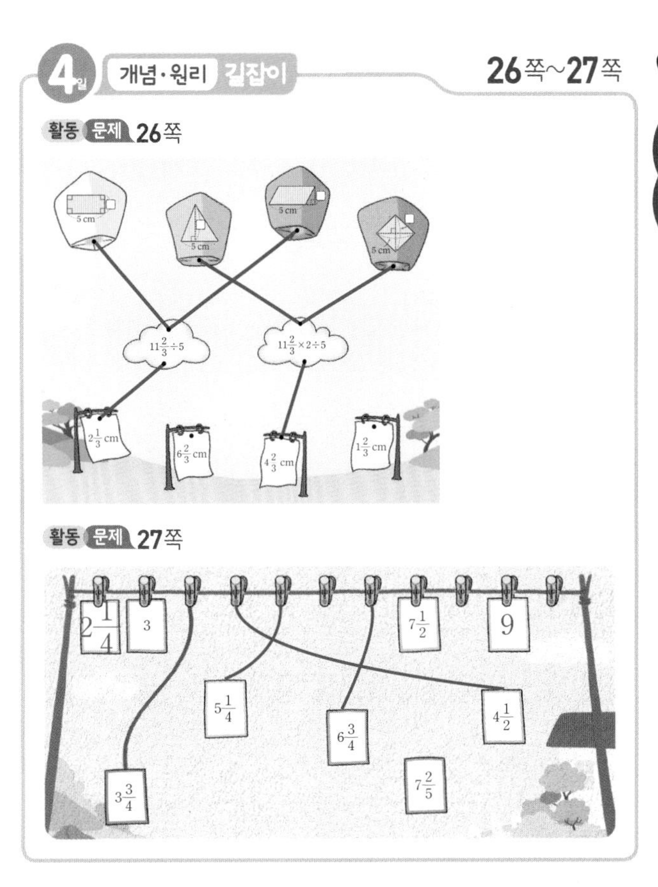

활동 문제 26쪽

• 직사각형

(세로)=(넓이)÷(가로)=$11\frac{2}{3}\div 5$

• 삼각형

(높이)=(넓이)×2÷(밑변의 길이)=$11\frac{2}{3}\times 2\div 5$

• 평행사변형

(높이)=(넓이)÷(밑변의 길이)=$11\frac{2}{3}\div 5$

• 마름모

(한 대각선의 길이)=(넓이)×2÷(다른 대각선의 길이)

$=11\frac{2}{3}\times 2\div 5$

$11\frac{2}{3}\div 5=\frac{35}{3}\div 5=\frac{35\div 5}{3}=\frac{7}{3}=2\frac{1}{3}$ (cm)

$11\frac{2}{3}\times 2\div 5=\frac{35}{3}\times 2\div 5=\frac{14}{3}=4\frac{2}{3}$ (cm)

활동 문제 27쪽

3과 $7\frac{1}{2}$ 사이에는 눈금이 6칸 있고 두 수의 차는 $4\frac{1}{2}$이므로

눈금 한 칸의 크기는 $4\frac{1}{2}\div 6=\frac{9}{2}\times\frac{1}{6}=\frac{9}{12}=\frac{3}{4}$입니다.

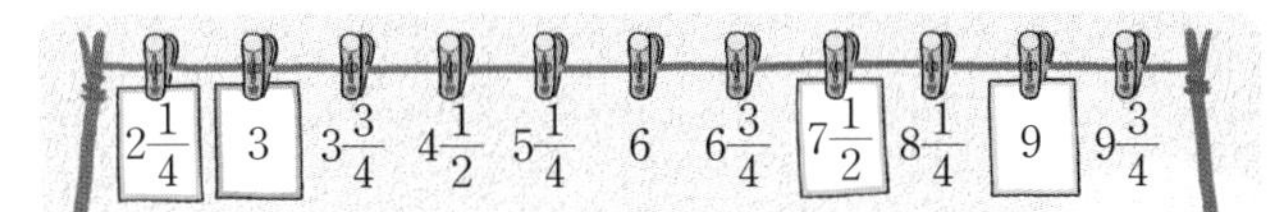

4일 서술형 길잡이 독해력 길잡이 28쪽~29쪽

1-1 $1\frac{2}{9}\left(\frac{11}{9}\right)$

1-2 (1) 4칸 (2) $\frac{3}{22}$ (3) $\frac{9}{22}$ (4) $\frac{15}{22}$

2-1 $1\frac{3}{25}\left(\frac{28}{25}\right)$ cm

2-2 정사각형의 둘레와 정육각형의 둘레가 같습니다. 정육각형의 한 변의 길이는 몇 cm인지 기약분수로 나타내어 보세요.

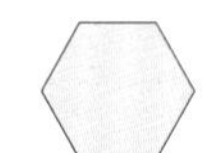

$3\frac{1}{3}\left(\frac{10}{3}\right)$ cm

2-3 $4\frac{3}{8}\left(\frac{35}{8}\right)$ cm

1-1 눈금 한 칸의 크기가

$2\frac{1}{3}-\frac{2}{3}=\frac{7}{3}-\frac{2}{3}=\frac{5}{3}$, $\frac{5}{3}\div3=\frac{5}{3}\times\frac{1}{3}=\frac{5}{9}$이므로 ㉠$=\frac{2}{3}+\frac{5}{9}=\frac{6}{9}+\frac{5}{9}=\frac{11}{9}=1\frac{2}{9}$입니다.

1-2 (2) $\frac{9}{11}-\frac{3}{11}=\frac{6}{11}$이 눈금 4칸이므로 눈금 한 칸의 크기는 $\frac{6}{11}\div4=\frac{6}{11}\times\frac{1}{4}=\frac{6}{44}=\frac{3}{22}$입니다.

(3) ㉠$=\frac{3}{11}+\frac{3}{22}=\frac{6}{22}+\frac{3}{22}=\frac{9}{22}$

(4) ㉡$=\frac{3}{11}+\frac{3}{22}\times3=\frac{6}{22}+\frac{9}{22}=\frac{15}{22}$

2-1 (정사각형의 둘레)$=1\frac{2}{5}\times4=5\frac{3}{5}$ (cm)

(정오각형의 한 변의 길이)

$=5\frac{3}{5}\div5=\frac{28}{5}\div5=\frac{28}{5}\times\frac{1}{5}=\frac{28}{25}=1\frac{3}{25}$ (cm)

2-2 $5\times5=25$에서 정사각형의 한 변의 길이는 5 cm이고 둘레는 $5\times4=20$ (cm)입니다.

따라서 정육각형의 둘레도 20 cm이고 한 변의 길이는 $20\div6=\frac{20}{6}=\frac{10}{3}=3\frac{1}{3}$ (cm)입니다.

2-3 삼각형의 넓이가 $7\times5\div2=35\div2=\frac{35}{2}$ (cm²)이므로 직사각형의 넓이도 $\frac{35}{2}$ cm²입니다.

➜ (직사각형의 가로)=(넓이)÷(세로)$=\frac{35}{2}\div4$

$=\frac{35}{2}\times\frac{1}{4}=\frac{35}{8}=4\frac{3}{8}$ (cm)

4일 사고력·코딩 30쪽~31쪽

1 $\frac{2}{3}$ m　**2** $\frac{33}{70}$ m

3 $8\frac{13}{40}\left(\frac{333}{40}\right)$ cm　**4** $4\frac{3}{8}\left(\frac{35}{8}\right)$ m²

1 7 m를 똑같이 둘로 자르면 하나의 길이는

$7\div2=\frac{7}{2}=3\frac{1}{2}$ (m)이므로

정삼각형의 한 변의 길이는

$3\frac{1}{2}\div3=\frac{7}{2}\div3=\frac{7}{2}\times\frac{1}{3}=\frac{7}{6}=1\frac{1}{6}$ (m),

정칠각형의 한 변의 길이는

$3\frac{1}{2}\div7=\frac{7}{2}\div7=\frac{7\div7}{2}=\frac{1}{2}$ (m)입니다.

따라서 한 변의 길이의 차는

$1\frac{1}{6}-\frac{1}{2}=\frac{7}{6}-\frac{3}{6}=\frac{4}{6}=\frac{2}{3}$ (m)입니다.

2 훌라후프의 둘레에 일정한 간격으로 리본을 5군데 묶으려면 리본 사이의 간격은

$\frac{33}{14}\div5=\frac{33}{14}\times\frac{1}{5}=\frac{33}{70}$ (m)로 해야 합니다.

3 $9\frac{2}{5}$ cm에서 일정하게 4번 짧아지면 $7\frac{1}{4}$ cm가 되므로 한 번에 짧아지는 길이는

$(9\frac{2}{5}-7\frac{1}{4})\div4=2\frac{3}{20}\div4=\frac{43}{20}\times\frac{1}{4}=\frac{43}{80}$ (cm)

입니다.

➜ (㉠의 길이)$=9\frac{2}{5}-\frac{43}{80}\times2$

$=9\frac{16}{40}-1\frac{3}{40}=8\frac{13}{40}$ (cm)

4 평행사변형의 밑변의 길이가 3 m이므로 높이는

$7\frac{1}{2}\div3=\frac{15}{2}\div3=\frac{15\div3}{2}=\frac{5}{2}=2\frac{1}{2}$ (m)이고

직각삼각형의 높이와 같습니다.

직사각형의 가로가 $13\div2=\frac{13}{2}=6\frac{1}{2}$ (m)이므로

직각삼각형의 밑변의 길이는 $6\frac{1}{2}-3=3\frac{1}{2}$ (m)입니다.

➜ (직각삼각형의 넓이)$=3\frac{1}{2}\times2\frac{1}{2}\div2$

$=\frac{7}{2}\times\frac{5}{2}\div2=\frac{35}{4}\times\frac{1}{2}$

$=\frac{35}{8}=4\frac{3}{8}$ (m²)

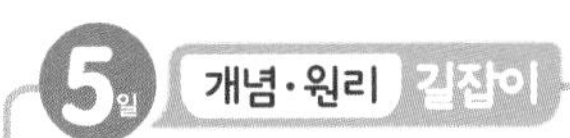

5일 개념·원리 길잡이 32쪽~33쪽

활동 문제 32쪽

활동 문제 33쪽

(위에서부터) ❶ 3 ❷ 2

활동 문제 32쪽

하루에 일하는 양을 차례로 계산해 봅니다.

$1\div4=\frac{1}{4}$, $1\div12=\frac{1}{12}$,

$\frac{1}{3}\div4=\frac{1}{12}$, $\frac{1}{2}\div2=\frac{1}{4}$

활동 문제 33쪽

❶ 함께 일할 때 하루에 하는 일의 양이 $\frac{1}{4}+\frac{1}{12}=\frac{1}{3}$이고 $\frac{1}{3}+\frac{1}{3}+\frac{1}{3}=1$이므로 3일이 걸립니다.

❷ 함께 일할 때 하루에 하는 일의 양이 $\frac{1}{4}+\frac{1}{4}=\frac{1}{2}$이고 $\frac{1}{2}+\frac{1}{2}=1$이므로 2일이 걸립니다.

5일 서술형 길잡이 독해력 길잡이 34쪽~35쪽

1-1 5일

1-2 (1) $\frac{1}{9}$, $\frac{2}{9}$ (2) $\frac{1}{3}$ (3) 3일

2-1 1시간 12분

2-2 어느 욕조에 물을 가득 채우는 데에는 20분이 걸리고 가득 찬 물을 빼는 데에는 25분이 걸립니다. 욕조 마개를 열어 둔채로 물을 받는다면 물을 가득 채우는 데 몇 분이 걸리는지 구해 보세요.

100분

2-3 12분

1-1 어머니가 하루에 일하는 양: $\frac{1}{5}\div2=\frac{1}{5}\times\frac{1}{2}=\frac{1}{10}$,

아버지가 하루에 일하는 양: $\frac{3}{10}\div3=\frac{3\div3}{10}=\frac{1}{10}$

두 사람이 함께 일할 때 하루에 일하는 양은 $\frac{1}{10}+\frac{1}{10}=\frac{1}{5}$이고, $\frac{1}{5}+\frac{1}{5}+\frac{1}{5}+\frac{1}{5}+\frac{1}{5}=1$이므로 일을 끝마치는 데 5일이 걸립니다.

1-2 (1) 혜진: $1\div9=\frac{1}{9}$

은주: $\frac{2}{3}\div3=\frac{2}{3}\times\frac{1}{3}=\frac{2}{9}$

(2) $\frac{1}{9}+\frac{2}{9}=\frac{3}{9}=\frac{1}{3}$

(3) 하루에 일하는 양이 $\frac{1}{3}$이고 $\frac{1}{3}+\frac{1}{3}+\frac{1}{3}=1$이므로 일을 끝마치는 데 3일이 걸립니다.

2-1 가 수도를 1시간 동안 틀면 수영장의 $1\div3=\frac{1}{3}$만큼을 채울 수 있고 나 수도를 1시간 동안 틀면 $1\div2=\frac{1}{2}$만큼을 채울 수 있습니다. 따라서 두 수도를 동시에 틀면 1시간 동안 $\frac{1}{3}+\frac{1}{2}=\frac{5}{6}$만큼을 채울 수 있고 $\frac{1}{6}$을 더 채우는 데에는 1시간$\div5=60$분$\div5=12$분이 걸립니다. 따라서 1시간 12분이 걸립니다.

2-2 1분 동안 물을 받으면 욕조의 $1\div20=\frac{1}{20}$만큼이 채워지고 1분 동안 물을 빼면 욕조의 $1\div25=\frac{1}{25}$만큼이 빠져나갑니다. 욕조 마개를 열어 둔채로 1분 동안 물을 받으면 욕조의 $\frac{1}{20}-\frac{1}{25}=\frac{1}{100}$이 채워지므로 가득 채우는 데에는 100분이 걸립니다.

2-3 1분 동안 물을 받으면 욕조의 $\frac{1}{3}\div8=\frac{1}{3}\times\frac{1}{8}=\frac{1}{24}$을 채울 수 있고 $\frac{1}{2}=\frac{12}{24}$이므로 12분 동안 물을 받으면 욕조의 $\frac{1}{2}$을 채울 수 있습니다.

5일 사고력·코딩 36쪽~37쪽

1 60일	2 40분
3 16초	4 4시간 48분

1 사료 한 봉지의 양을 1이라고 하면 연서네 강아지가 하루에 먹는 양은 $1\div30=\frac{1}{30}$이고 두 마리가 같이 먹을 때 하루에 먹는 양은 $1\div20=\frac{1}{20}$입니다.

따라서 새로 입양한 강아지가 하루에 먹는 양은 $\frac{1}{20}-\frac{1}{30}=\frac{1}{60}$이고 사료 한 봉지로 60일 동안 먹을 수 있습니다.

2 두 자동차 사이의 거리를 1이라고 하면 1분에 가 자동차는 $1\div120=\frac{1}{120}$, 나 자동차는 $1\div60=\frac{1}{60}$만큼 갑니다. 따라서 두 자동차가 동시에 출발하면 자동차 사이의 거리는 1분에 $\frac{1}{120}+\frac{1}{60}=\frac{1}{40}$씩 가까워지므로 40분 후에 만나게 됩니다.

3 1초 동안 가 기계는 팝콘 통 $2\frac{1}{2}\div10=\frac{5}{2}\times\frac{1}{10}=\frac{1}{4}$(개)를 채울 수 있고 나 기계는 팝콘 통 $3\div8=\frac{3}{8}$(개)를 채울 수 있습니다.
두 기계를 동시에 사용하면 1초에 $\frac{1}{4}+\frac{3}{8}=\frac{5}{8}$(개)를 채울 수 있으므로 8초 동안 팝콘 통 5개, 16초 동안 팝콘 통 10개를 채울 수 있습니다.

4 한 시간 동안 짤 수 있는 우유의 양을 각각 구하면
$9\frac{1}{2}\div3=\frac{19}{2}\div3=\frac{19}{2}\times\frac{1}{3}=\frac{19}{6}=3\frac{1}{6}$ (L),
$3\frac{2}{3}\div2=\frac{11}{3}\div2=\frac{11}{3}\times\frac{1}{2}=\frac{11}{6}=1\frac{5}{6}$ (L)이므로
두 사람이 함께 일하면 한 시간 동안
$3\frac{1}{6}+1\frac{5}{6}=5$ (L)를 짤 수 있습니다.
따라서 24 L를 짜려면 $24\div5=\frac{24}{5}=4\frac{4}{5}$(시간),
$4\frac{4}{5}=4\frac{48}{60}$이므로 4시간 48분이 걸립니다.

1주 특강 창의 · 융합 · 코딩 38쪽~43쪽

1 ❶ ❷ ❸ 예

2

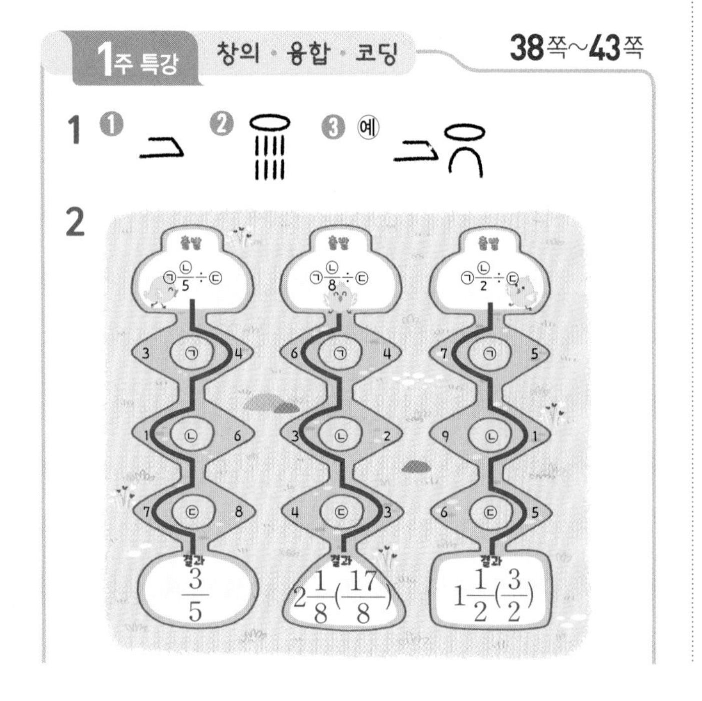

3 (위에서부터) $2\frac{2}{3}\left(\frac{8}{3}\right)$ / $\frac{2}{3}$, $1\frac{1}{2}\left(\frac{3}{2}\right)$

4 사와 칠 분의 이를 오로 나누어 보세요.
/ $4\frac{2}{7}\div5=\frac{6}{7}$, $\frac{6}{7}$

5 오렌지 주스

6 $1\frac{1}{6}\left(\frac{7}{6}\right)$, $1\frac{13}{15}\left(\frac{28}{15}\right)$

7 $\frac{1}{16}$

8 15분

9

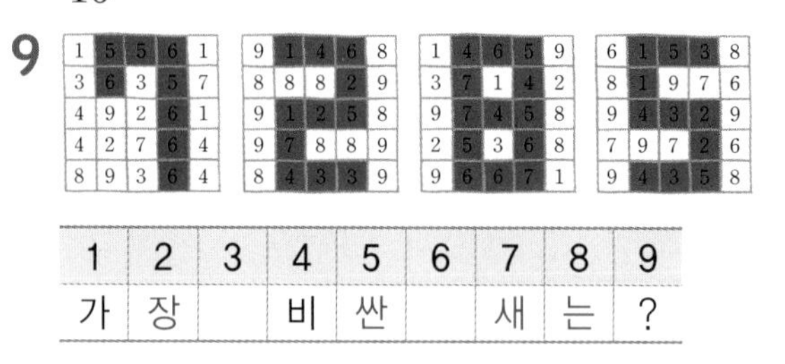

1	2	3	4	5	6	7	8	9
가	장		비	싼		새	는	?

1 ❶ → $3\div6=\frac{3}{6}=\frac{1}{2}$ →

❷ → $\frac{1}{4}\div2=\frac{1}{4}\times\frac{1}{2}=\frac{1}{8}$ →

❸ → $3\div5=\frac{3}{5}$, $\frac{3}{5}=\frac{1}{2}+\frac{1}{10}$ →

참고
$\frac{3}{5}=\frac{1}{5}+\frac{1}{5}+\frac{1}{5}$로 생각하여 으로 나타낼 수도 있습니다.

2 ㉠에는 더 큰 수, ㉡에는 대분수의 분모보다 작으면서 큰 수, ㉢에는 더 작은 수를 놓아야 합니다.
$4\frac{1}{5}\div7=\frac{21}{5}\div7=\frac{21\div7}{5}=\frac{3}{5}$
$6\frac{3}{8}\div3=\frac{51}{8}\div3=\frac{51\div3}{8}=\frac{17}{8}=2\frac{1}{8}$
$7\frac{1}{2}\div5=\frac{15}{2}\div5=\frac{15\div5}{2}=\frac{3}{2}=1\frac{1}{2}$

3 • $\square\times6=16$ → $\square=16\div6=\frac{16}{6}=\frac{8}{3}=2\frac{2}{3}$
• $\square\times4=2\frac{2}{3}$ → $\square=2\frac{2}{3}\div4=\frac{8}{3}\div4=\frac{2}{3}$
• $4\times\square=6$ → $\square=6\div4=\frac{6}{4}=\frac{3}{2}=1\frac{1}{2}$

4

사	와	나	칠	의	살	분	의	던	고
은	향	이	를	칠	오	로	삼	사	나
누	어	이	육	팔	보	세	요	칠	구

색칠한 부분의 글씨만 읽어 식을 쓰고 계산합니다.
→ $4\frac{2}{7}\div5=\frac{30}{7}\div5=\frac{30\div5}{7}=\frac{6}{7}$

5 오렌지 주스에 줄을 서면

$1\frac{2}{5}\div7=\frac{7}{5}\div7=\frac{7\div7}{5}=\frac{1}{5}$(L)를 마실 수 있고 포도 주스에 줄을 서면 $\frac{1}{2}\div3=\frac{1}{2}\times\frac{1}{3}=\frac{1}{6}$(L)를 마실 수 있습니다.

$\frac{1}{5}>\frac{1}{6}$이므로 오렌지 주스에 줄을 서야 더 많이 마실 수 있습니다.

6 마주 보는 면끼리 짝 지으면 $\left(\frac{7}{12}, 16\right)$, (㉠, 8), (㉡, 5)입니다.

마주 보는 면의 두 수의 곱이 $\frac{7}{12}\times16=\frac{28}{3}$로 일정하므로 ㉠$=\frac{28}{3}\div8=\frac{28}{3}\times\frac{1}{8}=\frac{28}{24}=\frac{7}{6}=1\frac{1}{6}$,

㉡$=\frac{28}{3}\div5=\frac{28}{3}\times\frac{1}{5}=\frac{28}{15}=1\frac{13}{15}$입니다.

7 코드를 실행하면 81을 6으로 4번 나누게 됩니다.

$81\div6=\frac{86}{6}=\frac{27}{2}$, $\frac{27}{2}\div6=\frac{27}{2}\times\frac{1}{6}=\frac{9}{4}$,

$\frac{9}{4}\div6=\frac{9}{4}\times\frac{1}{6}=\frac{3}{8}$, $\frac{3}{8}\div6=\frac{3}{8}\times\frac{1}{6}=\frac{1}{16}$

8 욕조 마개를 열어 두고 1분 동안 물을 받으면 욕조의 $\frac{1}{10}-\frac{1}{12}=\frac{6}{60}-\frac{5}{60}=\frac{1}{60}$이 채워지므로 6분 동안에는 욕조의 $\frac{6}{60}=\frac{1}{10}$이 채워지고 마개를 막고 나머지 $\frac{9}{10}$를 채우는 데에는 9분이 걸립니다.

따라서 물을 가득 채우는 데 걸린 시간은 6+9=15(분)입니다.

9 • 새

$4\frac{5}{7}\div3=\frac{33}{7}\div3=\frac{33\div3}{7}=\frac{11}{7}=1\frac{4}{7}$,

$1\frac{\square}{7}>1\frac{4}{7}$에서 □>4이고 $1\frac{\square}{7}$가 대분수이므로 □<7입니다. ➔ □=5, 6

• 장

$3\frac{3}{4}\div6=\frac{15}{4}\div6=\frac{15}{4}\times\frac{1}{6}=\frac{15}{24}=\frac{5}{8}$,

$\frac{5}{\square}>\frac{5}{8}$, □<8 ➔ □=1, 2, 3, 4, 5, 6, 7

• 는

$14\frac{1}{4}\div6=\frac{57}{4}\div6=\frac{57}{4}\times\frac{1}{6}=\frac{19}{8}=2\frac{3}{8}$,

$2\frac{3}{8}<2\frac{\square}{8}$에서 3<□이고 $2\frac{\square}{8}$가 대분수이므로 □<8입니다. ➔ □=4, 5, 6, 7

• 싼

$11\frac{1}{2}\div2=\frac{23}{2}\div2=\frac{23}{2}\times\frac{1}{2}=\frac{23}{4}=5\frac{3}{4}$,

$\square<5\frac{3}{4}$ ➔ □=1, 2, 3, 4, 5

누구나 100점 TEST 44쪽~45쪽

1 $\frac{1}{20}$ kg	**2** (1) $3\frac{1}{3}\left(\frac{10}{3}\right)$배 (2) 700 mL	
3 $\frac{5}{8}$ m	**4** $53\frac{1}{3}\left(\frac{160}{3}\right)$ km, $\frac{3}{160}$ 시간	
5 예 주사위	**6** $1\frac{3}{5}\left(\frac{8}{5}\right)$배	**7** 5, 2, $\frac{5}{14}$
8 22개	**9** 1, 2	

1 $1\frac{1}{2}\div30=\frac{3}{2}\div30=\frac{3}{2}\times\frac{1}{30}$

$=\frac{3}{60}=\frac{1}{20}$(kg)

3 $3\frac{3}{4}\div6=\frac{15}{4}\times\frac{1}{6}=\frac{15}{24}=\frac{5}{8}$(m)

4 $160\div3=\frac{160}{3}=53\frac{1}{3}$(km),

$3\div160=\frac{3}{160}$(시간)

5 $11\frac{4}{7}\div3=\frac{81}{7}\div3=\frac{81\div3}{7}=\frac{27}{7}=3\frac{6}{7}$이므로

▲=6, ★×●=3×7=21입니다.

➔ 얼굴은 6개이고 눈은 21개인 것은 주사위입니다.

6 $6\frac{2}{5}\div4=\frac{32}{5}\div4=\frac{32\div4}{5}=\frac{8}{5}=1\frac{3}{5}$(배)

7 $\frac{5}{7}\div2=\frac{5}{7}\times\frac{1}{2}=\frac{5}{14}$

8 1분 동안 꽃 팽이 1개의 $3\div8=\frac{3}{8}$만큼을 접을 수 있으므로 60분 동안에는 $\frac{3}{8}\times60=22\frac{1}{2}$에서 22개와 $\frac{1}{2}$만큼을 접을 수 있으므로 완성된 꽃 팽이를 22개까지 접을 수 있습니다.

9 $6\frac{2}{5}\div4=\frac{32}{5}\div4=\frac{32\div4}{5}=\frac{8}{5}=1\frac{3}{5}$,

$1\frac{\square}{5}<1\frac{3}{5}$, □<3 ➔ □=1, 2

2주

이번 주에는 무엇을 공부할까? ❷ 48쪽~49쪽

1-1 (위에서부터) 3, 6, 5, 9 / 4, 8, 6, 12
1-2 (위에서부터) 5, 10, 7, 15 / 6, 12, 8, 18
2-1 (위에서부터) 3, 4, 4, 6 / 4, 5, 5, 8
2-2 (위에서부터) 5, 6, 6, 10 / 6, 7, 7, 12
3-1 (왼쪽에서부터) 234, 23.4, 2.34, $\frac{1}{10}$, $\frac{1}{100}$
3-2 312, 31.2, 3.12
4-1 (1) 8.35 (2) 3.85 (3) 7.35 (4) 9.88
4-2 (1) 4.86 (2) 2.95 (3) 4.55 (4) 6.35

1-1 각기둥에서
(꼭짓점의 수)=(한 밑면의 변의 수)×2
(면의 수)=(한 밑면의 변의 수)+2
(모서리의 수)=(한 밑면의 변의 수)×3

1-2 오각기둥과 육각기둥의 한 밑면의 변의 수, 꼭짓점의 수, 면의 수, 모서리의 수를 각각 알아봅니다.

2-1 각뿔에서
(꼭짓점의 수)=(밑면의 변의 수)+1
(면의 수)=(밑면의 변의 수)+1
(모서리의 수)=(밑면의 변의 수)×2

2-2 오각뿔과 육각뿔의 밑면의 변의 수, 꼭짓점의 수, 면의 수, 모서리의 수를 각각 알아봅니다.

3-1 나누어지는 수가 $\frac{1}{10}$배, $\frac{1}{100}$배가 되면 몫도 $\frac{1}{10}$배, $\frac{1}{100}$배가 되므로 소수점을 왼쪽으로 한 칸, 두 칸 이동합니다.

3-2 자연수의 나눗셈을 한 다음 몫의 소수점을 왼쪽으로 한 칸, 두 칸 이동합니다.

4-1

(1)
```
      8.3 5
  4)3 3.4
    3 2
      1 4
      1 2
        2 0
        2 0
          0
```

(2)
```
       3.8 5
  12)4 6.2
     3 6
     1 0 2
       9 6
         6 0
         6 0
           0
```

4-2

(1)
```
      4.8 6
  5)2 4.3
    2 0
      4 3
      4 0
        3 0
        3 0
          0
```

(2)
```
       2.9 5
  16)4 7.2
     3 2
     1 5 2
     1 4 4
         8 0
         8 0
           0
```

(3)
```
      4.5 5
  8)3 6.4
    3 2
      4 4
      4 0
        4 0
        4 0
          0
```

(4)
```
       6.3 5
  14)8 8.9
     8 4
       4 9
       4 2
         7 0
         7 0
           0
```

1일 개념·원리 길잡이 50쪽~51쪽

활동 문제 50쪽
(위에서부터) 나, 다, 사 / 가, 바, 아 / 라, 마

활동 문제 51쪽
(위에서부터)
❶ 사각기둥(또는 직육면체), 사각기둥(또는 직육면체)
❷ 삼각기둥, 삼각기둥
❸ 오각뿔, 오각기둥

활동 문제 50쪽
각기둥: 서로 평행한 두 면이 합동인 다각형으로 이루어진 입체도형 ➜ 나, 다, 사
각뿔: 밑에 놓인 면이 다각형이고 옆으로 둘러싼 면이 모두 삼각형인 입체도형 ➜ 가, 바, 아

활동 문제 51쪽
각기둥과 각뿔은 밑면의 모양에 따라 이름이 정해집니다.
밑면이 □각형인 각기둥 ➜ □각기둥
밑면이 □각형인 각뿔 ➜ □각뿔

1일 서술형 길잡이 독해력 길잡이 52쪽~53쪽

1-1 사각뿔
1-2 (1) 오각형, 삼각형 (2) 오각뿔
1-3 육각형, 직사각형, 육각기둥
2-1 삼각기둥, 사각기둥
2-2 다음과 같이 입체도형을 평면으로 잘랐습니다. 이때 생기는 두 입체도형의 이름을 각각 써 보세요.
육각뿔, 육각기둥
2-3 삼각뿔

1-1 밑면이 1개이고, 옆면이 삼각형이므로 각뿔입니다.
➡ 밑면이 사각형인 각뿔이므로 사각뿔입니다.

1-2 (1) 오각형 1개가 옆면이 될 수 없으므로 삼각형 5개가 옆면이고 오각형 1개가 밑면입니다.
(2) 밑면이 오각형인 각뿔이므로 오각뿔입니다.

1-3 육각형 2개가 옆면이 될 수 없으므로 직사각형 6개가 옆면이고 육각형 2개가 밑면입니다.
➡ 밑면이 육각형인 각기둥이므로 육각기둥입니다.

2-1 밑면이 삼각형인 각기둥과 밑면이 사각형인 각기둥이 생깁니다. (삼각기둥 / 사각기둥)

2-2 밑면이 육각형인 각뿔과 밑면이 육각형인 각기둥이 생깁니다. (육각뿔 / 육각기둥)

2-3 색칠한 입체도형은 밑면이 삼각형인 각뿔이므로 삼각뿔입니다.

1일 사고력·코딩 54쪽~55쪽

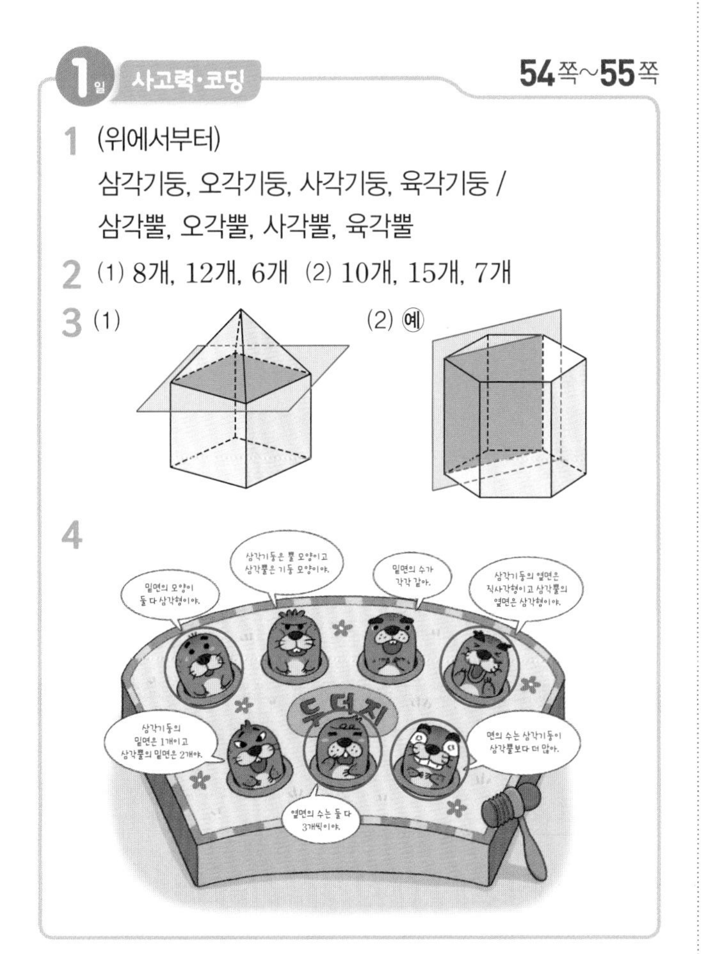

1 (위에서부터)
삼각기둥, 오각기둥, 사각기둥, 육각기둥 /
삼각뿔, 오각뿔, 사각뿔, 육각뿔

2 (1) 8개, 12개, 6개 (2) 10개, 15개, 7개

3 (1) (2) 예

4

1 옆면의 모양이 직사각형이면 각기둥이고 옆면의 모양이 삼각형이면 각뿔입니다. 또, 각기둥과 각뿔의 이름은 밑면의 모양에 따라 정해집니다.
밑면이 □각형인 각기둥 ➡ □각기둥
밑면이 □각형인 각뿔 ➡ □각뿔

3 (1) 윗부분과 아랫부분으로 나눕니다.
(2) 육각형인 밑면을 잘라서 삼각형과 오각형으로 나눕니다.

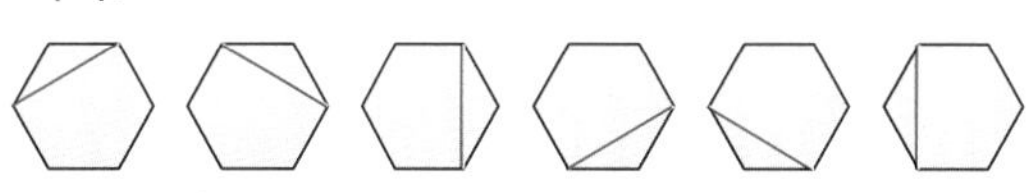

4 • 삼각기둥은 기둥 모양이고 삼각뿔은 뿔 모양입니다.
• 삼각기둥의 밑면은 2개, 삼각뿔의 밑면은 1개입니다.
• 삼각기둥의 면의 수는 5개이고 삼각뿔의 면의 수는 4개입니다.

2일 개념·원리 길잡이 56쪽~57쪽

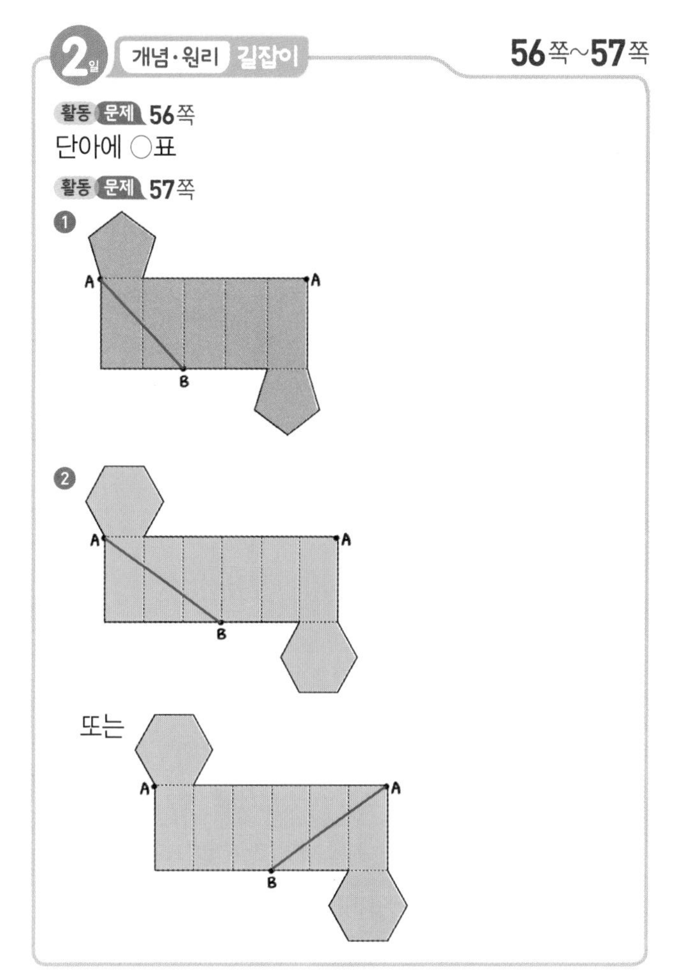

활동 문제 56쪽
단아에 ○표

활동 문제 57쪽

❶

❷

또는

활동 문제 56쪽
다음과 같이 사다리를 타고 내려갑니다.

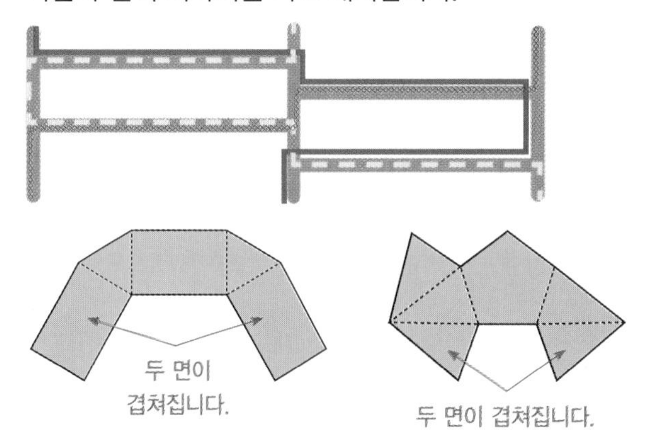

정답 및 해설

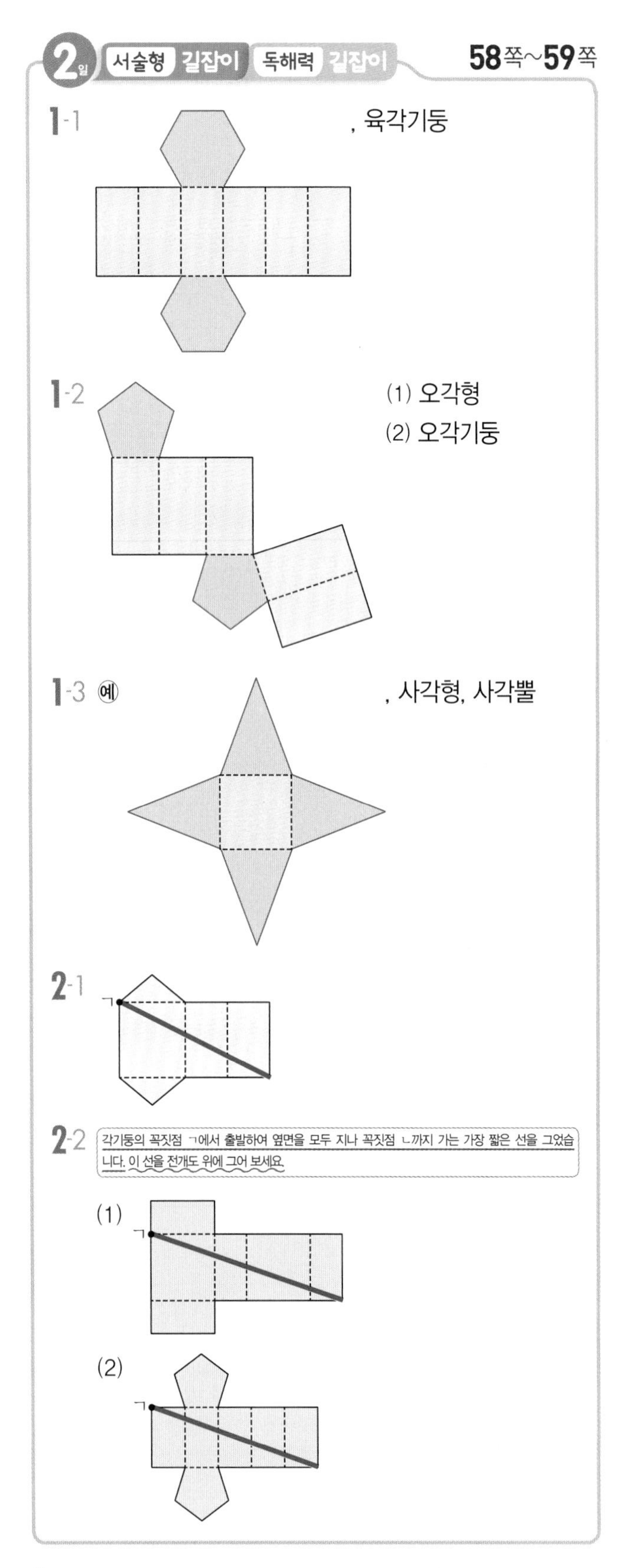

1-1 옆면이 6개이므로 밑면의 모양은 육각형입니다.
➡ 밑면이 육각형인 각기둥이므로 육각기둥입니다.

1-2 (1) 옆면이 5개이므로 밑면의 모양은 오각형입니다.
(2) 밑면이 오각형인 각기둥이므로 오각기둥입니다.

1-3 밑면의 모양이 사각형인 각뿔이므로 사각뿔입니다.

2-1 옆면을 모두 지나도록 꼭짓점 ㄱ과 ㄴ을 선분으로 잇습니다.

2-2 먼저 꼭짓점 ㄴ이 될 수 있는 점을 찾아 표시한 다음 옆면을 모두 지나도록 두 점을 선분으로 잇습니다.

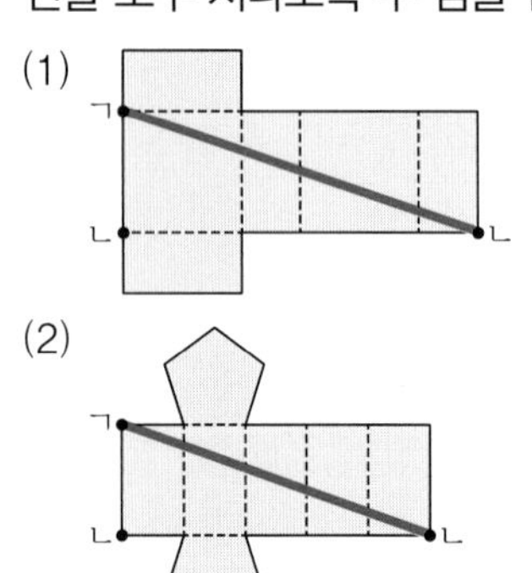

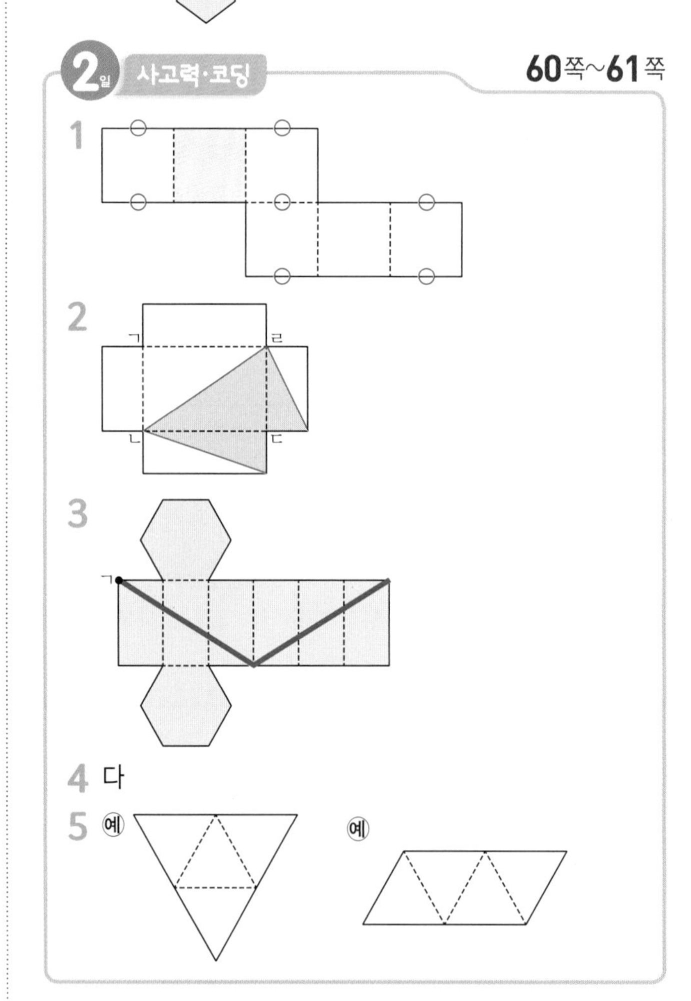

1 이 사각기둥의 두 밑면은 다음과 같습니다.

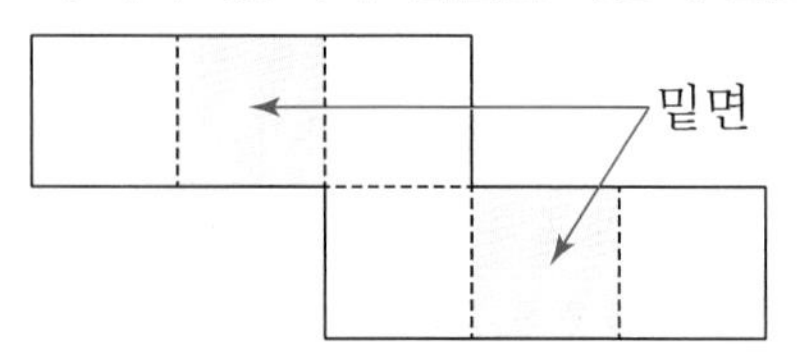

전개도를 접었을 때 밑면과 수직으로 만나는 선분을 모두 찾습니다.

2 물이 닿은 부분을 찾아 전개도에 선분을 그어 봅니다.

3 전개도에서 꼭짓점 ㄱ, ㄴ을 찾은 후 점 ㄱ에서 점 ㄴ까지, 점 ㄴ에서 점 ㄱ까지 선분을 긋습니다.

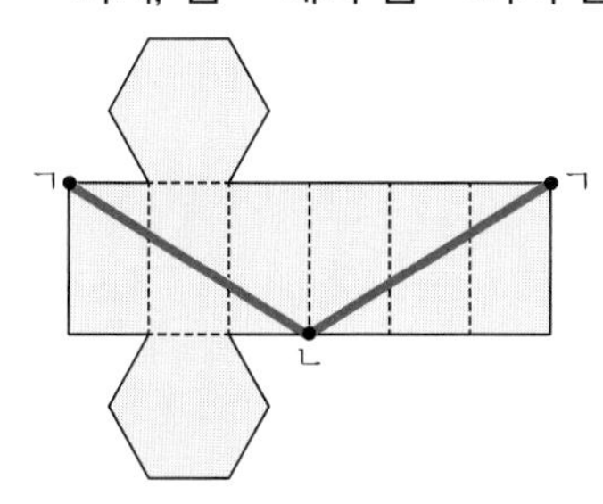

4 가: ◆와 ♣ 오른쪽 면에는 ★이 있어야 하는데 ♥가 있으므로 안 됩니다.

나: ♥와 ★은 마주 보고 있어야 하는데 만나고 있으므로 안 됩니다.

5 모든 면이 정삼각형인 삼각뿔의 전개도는 2개 뿐입니다.

3일 개념·원리 길잡이 62쪽~63쪽

활동 문제 62쪽

(위에서부터) 8, 5 / 12, 8

활동 문제 63쪽

활동 문제 62쪽

• 사각기둥

(필요한 고무찰흙의 수)=(꼭짓점의 수)
$=4\times2=8$(개)

(필요한 막대의 수)=(모서리의 수)
$=4\times3=12$(개)

• 사각뿔

(필요한 고무찰흙의 수)=(꼭짓점의 수)
$=4+1=5$(개)

(필요한 막대의 수)=(모서리의 수)
$=4\times2=8$(개)

활동 문제 63쪽

각뿔이므로 밑면의 변의 수를 □개라 하면

면의 수는 (□+1)개, 꼭짓점의 수는 (□+1)개입니다.

□+1+□+1=14, □+□=12, □=6

➔ 도형의 이름은 육각뿔입니다.

3일 서술형 길잡이 독해력 길잡이 64쪽~65쪽

1-1 육각기둥

1-2 1, 1, 8, 팔각뿔 / 2, 2, 8, 팔각뿔

2-1 9개

2-2 다음 조건을 만족하는 도형에서 모서리는 몇 개인지 구해 보세요.

• 각뿔입니다.
• 면의 수와 꼭짓점의 수의 합이 12개입니다.

10개

2-3 오각기둥

1-1 고무찰흙이 12개, 막대가 18개이므로 꼭짓점이 12개, 모서리가 18개인 각기둥을 찾습니다.

각기둥에서 한 밑면의 변의 수를 □개라 하면 꼭짓점의 수는 (□×2)개이므로 □×2=12, □=6입니다.

➔ 육각기둥

다른 풀이

각기둥에서 한 밑면의 변의 수를 □개라 하면 모서리의 수는 (□×3)개이므로 □×3=18, □=6입니다.

➔ 육각기둥

1-2 각뿔에서 밑면의 변의 수를 □개라 하면 꼭짓점의 수는 (□+1)개이고 모서리의 수는 (□×2)개입니다.

2-1 각기둥에서 한 밑면의 변의 수를 □개라 하면 면의 수는 (□+2)개, 꼭짓점의 수는 (□×2)개입니다.

□+2+□×2=11, □×3+2=11, □×3=9,
(□×3)

□=3

한 밑면의 변의 수가 3개이므로 삼각기둥입니다.

➔ (삼각기둥의 모서리의 수)=(한 밑면의 변의 수)×3
=3×3=9(개)

2-2 각뿔에서 밑면의 변의 수를 □개라 하면

면의 수는 (□+1)개, 꼭짓점의 수는 (□+1)개입니다.

□+1+□+1=12, □×2+2=12, □×2=10,
(□×2)

□=5

밑면의 변의 수가 5개이므로 오각뿔입니다.

➔ (오각뿔의 모서리의 수)=(밑면의 변의 수)×2
=5×2=10(개)

2-3 각기둥에서 한 밑면의 변의 수를 □개라 하면 면의 수는 (□+2)개, 모서리의 수는 (□×3)개, 꼭짓점의 수는 (□×2)개입니다.
□+2+□×3+□×2=32, □×6+2=32,
(□×6)
□×6=30, □=5
➔ 한 밑면의 변의 수가 5개이므로 오각기둥입니다.

3일 사고력·코딩 66쪽~67쪽

1 (1) 30개 (2) 13개 **2** 5가지
3 (1) 예 삼각뿔 모양으로 만듭니다.
(2) 예 사각기둥 모양으로 만듭니다.
4 4

1 (1) 육각기둥이므로 모서리는 6×3=18(개),
꼭짓점은 6×2=12(개)입니다.
➔ 18+12=30(개)
(2) 사각뿔이므로 모서리는 4×2=8(개),
꼭짓점은 4+1=5(개)입니다.
➔ 8+5=13(개)

2 삼각뿔은 모든 면이 서로 만나므로 같은 색으로 칠한 면의 개수가 다른 경우는 각각 1가지씩입니다.
즉, 파란색으로 칠한 면의 개수가 0개, 1개, 2개, 3개, 4개일 때 각각 1가지씩이므로 모두 5가지가 있습니다.

3 (1) 막대 6개와 고무찰흙 4개로 삼각뿔 모양을 만들면 삼각형 4개를 만들 수 있습니다.
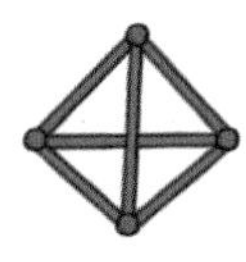
(2) 막대 12개와 고무찰흙 8개로 사각기둥 모양을 만들면 사각형 6개를 만들 수 있습니다.
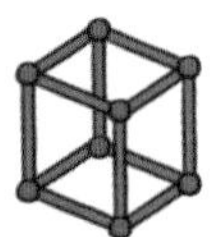

4 각기둥에서 한 밑면의 변의 수를 □개라 하면 꼭짓점의 수는 (□×2)개, 면의 수는 (□+2)개, 모서리의 수는 (□×3)개입니다.
v+f−e=□×2+□+2−□×3
(□×3)
=□×3+2−□×3=2
(같습니다.)
따라서 ㉠=2입니다.

각뿔에서 밑면의 변의 수를 □개라 하면 꼭짓점의 수는 (□+1)개, 면의 수는 (□+1)개, 모서리의 수는 (□×2)개입니다.
v+f−e=□+1+□+1−□×2
(□×2)
=□×2+2−□×2=2
(같습니다.)
따라서 ㉡=2입니다.
➔ ㉠+㉡=2+2=4

4일 개념·원리 길잡이 68쪽~69쪽

활동 문제 68쪽
(왼쪽에서부터)
(10.5+2)÷2에 ○표 /
(5−1.2)÷5에 ○표
활동 문제 69쪽
87.6÷4에 ○표 /
23.4÷6에 ○표

활동 문제 68쪽
10.5 @ 2=(10.5+2)÷2 (@ 앞에 있는 수, @ 뒤에 있는 수)
5★1.2=(5−1.2)÷5 (★ 앞에 있는 수, ★ 뒤에 있는 수)

활동 문제 69쪽
• 몫이 가장 큰 나눗셈식을 만들려면 가장 큰 수를 가장 작은 수로 나눕니다.
➔ 8>7>6>4이므로 87.6÷4의 몫이 가장 큽니다.
• 몫이 가장 작은 나눗셈식을 만들려면 가장 작은 수를 가장 큰 수로 나눕니다.
➔ 2<3<4<6이므로 23.4÷6의 몫이 가장 작습니다.

4일 서술형 길잡이 독해력 길잡이 70쪽~71쪽

1-1 (1) 2.8 (2) 3.54
1-2 (1) 12.5, 4.5, 12.5, 4.5 (2) 2.125
1-3 (1) 9, 4, 2.25
(2) 51, 6, 8.5
2-1 9, 8, 4, 3 / 3.28
2-2 다음 4장의 수 카드를 한 번씩 모두 사용하여 몫이 가장 큰 나눗셈식을 만들고, 몫을 구해 보세요.
2 3 7 8 → □□.□÷□
8, 7, 3, 2 / 43.65
2-3 2, 3, 6, 8 / 2.95

1-1 (1) $3 \# 5.4=(3+5.4)\div 3=8.4\div 3=2.8$

(2) $7 \# 17.78=(7+17.78)\div 7=24.78\div 7=3.54$

1-2 $12.5 \Omega 4.5=(12.5+4.5)\div(12.5-4.5)$

$=17\div 8=2.125$

1-3 (1) $[8.5]=9$, $[4.4]=4$

➔ $[8.5]\div[4.4]=9\div 4=2.25$

(2) $[51.08]=51$, $[5.72]=6$

➔ $[51.08]\div[5.72]=51\div 6=8.5$

2-1 몫이 가장 크려면 가장 큰 수를 가장 작은 수로 나누어야 합니다.

$9>8>4>3$이므로 가장 큰 소수 두 자리 수는 9.84이고 가장 작은 한 자리 수는 3입니다.

➔ $9.84\div 3=3.28$

2-2 $8>7>3>2$이므로 가장 큰 소수 한 자리 수 87.3을 가장 작은 한 자리 수 2로 나눕니다.

➔ $87.3\div 2=43.65$

2-3 몫이 가장 작으려면 가장 작은 수를 가장 큰 수로 나누어야 합니다.

$2<3<6<8$이므로 가장 작은 소수 한 자리 수는 23.6이고 가장 큰 한 자리 수는 8입니다.

➔ $23.6\div 8=2.95$

4일 사고력·코딩 72쪽~73쪽

1 5	**2** (1) 1.75 (2) 2.4
3 9, 8, 2, 5 / 3.92	**4** 1.5
5 (1) 3.05 (2) 0.57	

1 $25\div 32=0.78125$이므로 소수 다섯째 자리 숫자는 5입니다.

2 (1) 16 ◉ $2=(16-2)\div(16\div 2)$

$=14\div 8=1.75$

(2) 15 ◉ $3=(15-3)\div(15\div 3)$

$=12\div 5=2.4$

3 $9>8>5>2$이므로 가장 큰 두 자리 수 98을 가장 작은 두 자리 수 25로 나눕니다. ➔ $98\div 25=3.92$

4 $13.5\div 3=4.5$에서 몫 4.5는 2보다 작지 않으므로 다시 3으로 나눕니다.

$4.5\div 3=1.5$에서 몫 1.5는 2보다 작으므로 1.5를 인쇄합니다.

5 $10.5\div 5=2.1$, $1.52\div 4=0.38$이므로 상자에 넣은 공에 쓰인 소수를 자연수로 나눈 몫이 나오는 규칙입니다.

(1) $18.3\div 6=3.05$ (2) $4.56\div 8=0.57$

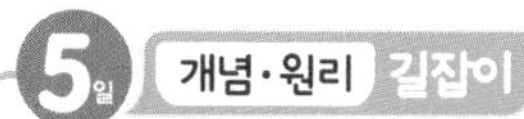

5일 개념·원리 길잡이 74쪽~75쪽

활동 문제 74쪽

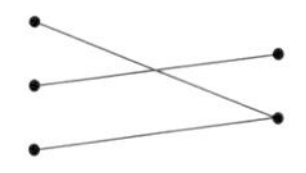

활동 문제 75쪽

(위에서부터) 8.4, 8 / 5.4, 4 / 4.8, 2

활동 문제 74쪽

• 첫 번째 길의 모양

길의 처음과 끝이 만나므로 간격의 수는 나무의 수와 같습니다.

➔ (나무 사이의 간격)$=(115.5\div 22)$ m

• 두 번째 길의 모양

길의 처음과 끝이 만나지 않으므로 간격의 수는 나무의 수보다 1 적습니다.

➔ (나무 사이의 간격)$=(115.5\div 21)$ m

• 세 번째 길의 모양

길의 처음과 끝이 만나므로 간격의 수는 나무의 수와 같습니다.

➔ (나무 사이의 간격)$=(115.5\div 22)$ m

활동 문제 75쪽

• 통나무를 3도막으로 자르려면 $3-1=2$(번) 잘라야 합니다.

➔ (한 번 자르는 데 걸리는 시간)$=(4.8\div 2)$분

• 통나무를 5도막으로 자르려면 $5-1=4$(번) 잘라야 합니다.

➔ (한 번 자르는 데 걸리는 시간)$=(5.4\div 4)$분

• 통나무를 9도막으로 자르려면 $9-1=8$(번) 잘라야 합니다.

➔ (한 번 자르는 데 걸리는 시간)$=(8.4\div 8)$분

5일 서술형 길잡이 독해력 길잡이 76쪽~77쪽

1-1 7.64 m

1-2 (1) 6군데 (2) $66.3\div 6=11.05$, 11.05 m

1-3 7, 102.2, 7, 14.6

2-1 1.4분

2-2 통나무 한 개를 10도막으로 쉬지 않고 자르는 데 9.72분이 걸렸습니다. 통나무를 한 번 자르는 데 걸리는 시간은 몇 분인지 구해 보세요. (단, 통나무를 한 번 자르는 데 걸리는 시간은 일정합니다.)

1.08분

2-3 1.5분

1-1 (나무 사이의 간격의 수)=(나무의 수)−1

=10−1=9(군데)

➔ (나무 사이의 간격)

=(도로의 길이)÷(나무 사이의 간격의 수)

=68.76÷9=7.64 (m)

1-2 (1) (가로등 사이의 간격의 수)=(가로등의 수)−1

=7−1=6(군데)

(2) (가로등 사이의 간격)

=(도로의 길이)÷(가로등 사이의 간격의 수)

=66.3÷6=11.05 (m)

1-3 (의자 사이의 간격의 수)=(의자의 수)=7군데

➔ (의자 사이의 간격)

=(호수의 둘레)÷(의자 사이의 간격의 수)

=102.2÷7=14.6 (m)

2-1 통나무를 7도막으로 자르려면 7−1=6(번) 잘라야 합니다.

➔ (한 번 자르는 데 걸리는 시간)=8.4÷6=1.4(분)

2-2 통나무를 10도막으로 자르려면 10−1=9(번) 잘라야 합니다.

➔ (한 번 자르는 데 걸리는 시간)=9.72÷9=1.08(분)

2-3 (도막 수)=12÷2=6(도막)

통나무를 6도막으로 자르려면 6−1=5(번) 잘라야 합니다.

➔ (한 번 자르는 데 걸리는 시간)=7.5÷5=1.5(분)

5일 사고력·코딩 78쪽~79쪽

1 18.4초 **2** 151.2 m

3 18.4 m **4** 2.4분

1 (1개 층을 올라가는 데 걸리는 시간)

=9.2÷(5−1)=9.2÷4=2.3(초)

➔ (1층부터 9층까지 가는 데 걸리는 시간)

=2.3×(9−1)=2.3×8=18.4(초)

> 주의
> 1층부터 5층까지 가려면 (5−1)개 층을 올라가는 것이고, 1층부터 9층까지 가려면 (9−1)개 층을 올라가는 것임에 주의합니다.

2 (나무 사이의 간격)=43.2÷(9−1)

=43.2÷8=5.4 (m)

➔ (땅의 둘레)=(나무 사이의 간격)×(간격의 수)

=5.4×28=151.2 (m)

(간격의 수: 나무의 수와 같습니다.)

3 (도로의 한쪽에 설치할 가로등 수)=32÷2=16(개)

(도로 한쪽의 가로등 사이의 간격의 수)=16−1

=15(군데)

➔ (가로등 사이의 간격)=276÷15=18.4 (m)

4 8도막으로 잘랐으므로 (자른 횟수)=8−1=7(번), (쉰 횟수)=7−1=6(번)입니다.

2분씩 6번 쉬었으므로 통나무를 자르는 데만 걸린 시간은 28.8−2×6=28.8−12=16.8(분)입니다.

➔ (한 번 자르는 데 걸리는 시간)=16.8÷7=2.4(분)

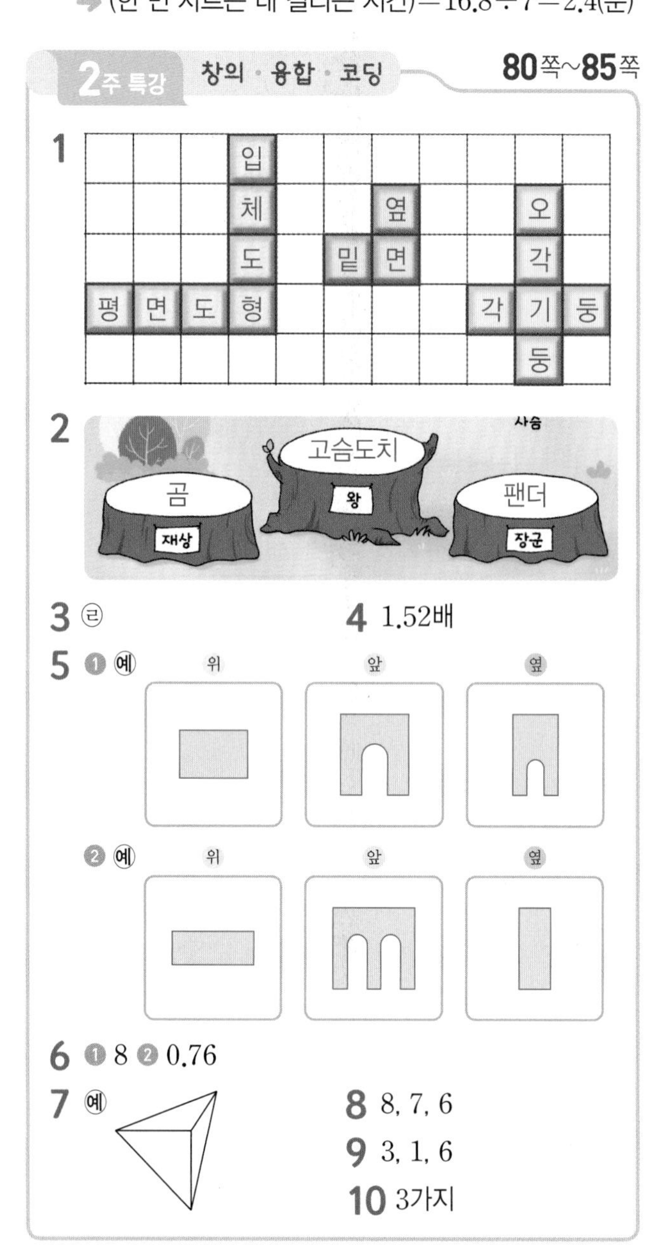

1 〈가로 방향〉

① 평평한 표면에 그려진 도형 ➔ 평면도형

③ 각기둥에서 서로 평행한 두 면 ➔ 밑면

⑤ 위아래의 면이 서로 평행하고 합동인 다각형으로 이루어진 기둥 모양의 입체도형 ➔ 각기둥

〈세로 방향〉

② 여러 개의 평면이나 곡면으로 둘러싸인 도형
→ 입체도형

④ 각기둥에서 밑면에 수직인 면 → 옆면

⑥ 모서리가 15개인 각기둥의 한 밑면의 변의 수를 □개라 하면 모서리의 수는 (□×3)개이므로 □×3=15, □=5입니다.
→ 오각기둥

2 팬더: 18.08÷8=2.26, 여우: 9.3÷6=1.55,
곰: 7.2÷3=2.4, 고슴도치: 23÷5=4.6,
사슴: 8.32÷4=2.08
→ 4.6(고슴도치)>2.4(곰)>2.26(팬더)>2.08(사슴)>1.55(여우)이므로
왕은 고슴도치, 재상은 곰, 장군은 팬더입니다.

3 피라미드의 모양은 사각뿔이므로 밑면의 모양은 사각형이고 밑면의 변의 수는 4개입니다.
→ (밑면의 수)=1개
(옆면의 수)=4개
(면의 수)=4+1=5(개)
따라서 잘못된 것은 ㉣입니다.

4 (지구의 반지름)÷(화성의 반지름)=7.6÷5
=1.52(배)

5 건축물을 위, 앞, 옆에서 본 모양을 대략적인 모양으로 그립니다.

6 ❶ 9 이하의 자연수 중 짝수는 2, 4, 6, 8이므로 가장 큰 짝수는 8입니다.
❷ 6.08÷8=0.76이므로 출력되는 값은 0.76입니다.

7 쥐돌이가 잘라 낸 치즈는 삼각뿔 모양입니다.

8 ㉠은 2와, ㉡은 3과, ㉢은 4와 마주 보는 면입니다.
→ ㉠: 10−2=8, ㉡: 10−3=7, ㉢: 10−4=6

9 2+5+4+7=18이므로 한 면에 있는 네 수의 합은 18입니다.
2+8+가+5=18 → 가=3,
2+8+나+7=18 → 나=1,
나+다+4+7=18 → 1+다+4+7=18, 다=6

10 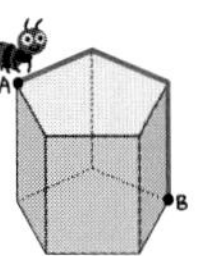 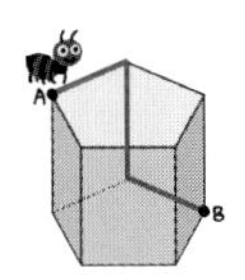 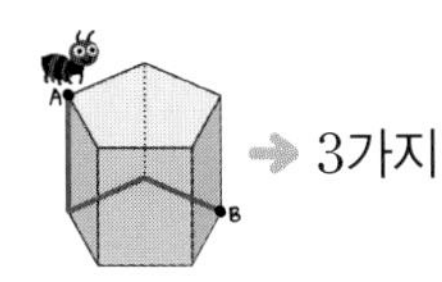 → 3가지

누구나 100점 TEST 86쪽~87쪽

1	(위에서부터) 삼각뿔, 삼각기둥		
2	(위에서부터) 오각뿔, 오각뿔		
3	오각기둥	**4**	육각뿔
5	팔각기둥	**6**	구각뿔
7	8, 6, 5, 2 / 4.325	**8**	2, 5, 6, 8 / 0.32
9	9.5 m	**10**	2.5분

1 밑면이 삼각형인 각뿔(삼각뿔)과 밑면이 삼각형인 각기둥(삼각기둥)이 생깁니다.

2 밑면이 오각형인 각뿔(오각뿔)이 2개 생깁니다.

3 밑면이 오각형인 각기둥이므로 오각기둥입니다.

4 밑면이 육각형인 각뿔이므로 육각뿔입니다.

5 각기둥에서 한 밑면의 변의 수를 □개라 하면 모서리의 수는 (□×3)개입니다.
□×3=24, □=8
따라서 팔각기둥입니다.

6 각뿔에서 밑면의 변의 수를 □개라 하면 꼭짓점의 수는 (□+1)개입니다.
□+1=10, □=9
따라서 구각뿔입니다.

7 몫이 가장 크려면 가장 큰 수를 가장 작은 수로 나누어야 합니다.
8>6>5>2이므로 가장 큰 소수 두 자리 수는 8.65이고 가장 작은 한 자리 수는 2입니다.
→ 8.65÷2=4.325

8 몫이 가장 작으려면 가장 작은 수를 가장 큰 수로 나누어야 합니다.
2<5<6<8이므로 가장 작은 소수 두 자리 수는 2.56이고 가장 큰 한 자리 수는 8입니다.
→ 2.56÷8=0.32

9 (나무 사이의 간격의 수)=8−1=7(군데)
→ (나무 사이의 간격)
=(도로의 길이)÷(나무 사이의 간격의 수)
=66.5÷7=9.5 (m)

10 통나무를 10도막으로 자르려면 10−1=9(번) 잘라야 합니다.
→ (한 번 자르는 데 걸리는 시간)=22.5÷9=2.5(분)

3주

이번 주에는 무엇을 공부할까? ❷ 90쪽~91쪽

1-1 0.68

1-2 (1) 62, 6.2 (2) 94, 9.4

2-1 (1) 0.35 (2) 0.55 (3) 3.5 (4) 3.8

2-2 (1) 0.47 (2) 0.8 (3) 2.5 (4) 0.4

3-1 (1) 3 : 4 (2) 4 : 3

3-2 (1) 5 : 2 (2) 2 : 5

4-1 4, 15　　4-2 7, 20

5-1 $\frac{3}{5}$, 0.6　　5-2 $\frac{9}{10}$, 0.9

1-1 나누어지는 수가 $\frac{1}{100}$배이므로 몫도 $\frac{1}{100}$배가 됩니다.

1-2 나누어지는 수가 $\frac{1}{10}$배이므로 몫도 $\frac{1}{10}$배가 됩니다.

2-1 (1)

$$\begin{array}{r} 0.35 \\ 7\,\overline{)\,2.45} \\ 21 \\ \hline 35 \\ 35 \\ \hline 0 \end{array}$$

(2)

$$\begin{array}{r} 0.55 \\ 6\,\overline{)\,3.3} \\ 30 \\ \hline 30 \\ 30 \\ \hline 0 \end{array}$$

(3)

$$\begin{array}{r} 3.5 \\ 2\,\overline{)\,7} \\ 6 \\ \hline 10 \\ 10 \\ \hline 0 \end{array}$$

(4)

$$\begin{array}{r} 3.8 \\ 5\,\overline{)\,19} \\ 15 \\ \hline 40 \\ 40 \\ \hline 0 \end{array}$$

2-2 (1)

$$\begin{array}{r} 0.47 \\ 3\,\overline{)\,1.41} \\ 12 \\ \hline 21 \\ 21 \\ \hline 0 \end{array}$$

(2)

$$\begin{array}{r} 0.8 \\ 12\,\overline{)\,9.6} \\ 96 \\ \hline 0 \end{array}$$

(3)

$$\begin{array}{r} 2.5 \\ 4\,\overline{)\,10} \\ 8 \\ \hline 20 \\ 20 \\ \hline 0 \end{array}$$

(4)

$$\begin{array}{r} 0.4 \\ 15\,\overline{)\,6} \\ 60 \\ \hline 0 \end{array}$$

3-1 (1) (농구공 수) : (축구공 수)=3 : 4
(2) (축구공 수) : (농구공 수)=4 : 3

3-2 (1) (야구공 수) : (테니스공 수)=5 : 2
(2) (테니스공 수) : (야구공 수)=2 : 5

4-1 4 : 15 (4: 비교하는 양, 15: 기준량)

4-2 20에 대한 7의 비 ➔ 7 : 20 (7: 비교하는 양, 20: 기준량)

5-1 3 : 5 ➔ $\frac{3}{5}$=0.6

5-2 9의 10에 대한 비 ➔ 9 : 10 ➔ $\frac{9}{10}$=0.9

1일 개념·원리 길잡이 92쪽~93쪽

활동 문제 92쪽

활동 문제 93쪽

24÷30에 ○표, 30÷24에 △표,
24÷30×44에 ☆표

활동 문제 92쪽

• (페인트 1 L로 칠할 수 있는 벽의 넓이)
=(칠한 벽의 넓이)÷(사용한 페인트의 양)=(15÷20) m^2

• (벽 1 m^2를 칠하는 데 필요한 페인트의 양)
=(사용한 페인트의 양)÷(칠한 벽의 넓이)=(20÷15) L

• (벽 24 m^2를 칠하는 데 필요한 페인트의 양)
=(벽 1 m^2를 칠하는 데 필요한 페인트의 양)×24
=(20÷15×24) L

활동 문제 93쪽

• (1분 동안 칠할 수 있는 벽의 넓이)
=(칠한 벽의 넓이)÷(걸린 시간)=(24÷30) m^2

• (벽 1 m^2를 칠하는 데 걸리는 시간)
=(걸린 시간)÷(칠한 벽의 넓이)=(30÷24)분

• (44분 동안 칠할 수 있는 벽의 넓이)
=(1분 동안 칠할 수 있는 벽의 넓이)×44
=(24÷30×44) m^2

1일 서술형 길잡이 독해력 길잡이 94쪽~95쪽

1-1 (1) $2.5\ m^2$ (2) $0.4\ L$

1-2 (1) $30 \div 24 = 1.25$, $1.25\ m^2$
(2) $24 \div 30 = 0.8$, $0.8\ L$

1-3 28, 70, 28, 70, 15, 6

2-1 $0.4\ m^2$, 2.5분

2-2 일정한 빠르기로 벽 $25\ m^2$를 칠하는 데 40분이 걸립니다. 1분 동안 칠할 수 있는 벽의 넓이는 몇 m^2인지 소수로 나타내어 보세요. 또, 벽 $1\ m^2$를 칠하는 데 걸리는 시간은 몇 분인지 소수로 나타내어 보세요.

$0.625\ m^2$, 1.6분

2-3 (1) 6.5분 (2) 195분

1-1 (1) $5 \div 2 = 2.5\ (m^2)$ (2) $2 \div 5 = 0.4\ (L)$

1-2 (1) (페인트 1 L로 칠할 수 있는 벽의 넓이)
=(칠한 벽의 넓이)÷(사용한 페인트의 양)
(2) (벽 $1\ m^2$를 칠하는 데 필요한 페인트의 양)
=(사용한 페인트의 양)÷(칠한 벽의 넓이)

1-3 (사과 주스 15 L를 만드는 데 필요한 사과)
=(사과 주스 1 L를 만드는 데 필요한 사과)×15

2-1 (1분 동안 칠할 수 있는 벽의 넓이)
$=18 \div 45 = 0.4\ (m^2)$
(벽 $1\ m^2$를 칠하는 데 걸리는 시간)
$=45 \div 18 = 2.5$(분)

2-2 (1분 동안 칠할 수 있는 벽의 넓이)
$=25 \div 40 = 0.625\ (m^2)$
(벽 $1\ m^2$를 칠하는 데 걸리는 시간)
$=40 \div 25 = 1.6$(분)

2-3 (1) (1 km를 걷는 데 걸리는 시간)
=(걸린 시간)÷(걸은 거리)$=13 \div 2 = 6.5$(분)
(2) (30 km를 걷는 데 걸리는 시간)
=(1 km를 걷는 데 걸리는 시간)×30
$=6.5 \times 30 = 195$(분)

1일 사고력·코딩 96쪽~97쪽

1 1.75 L
2 0.05 L
3 1.6 L
4 28.3 m
5 6.8 km

1 (매실 1 kg으로 만들 수 있는 매실 원액)
=(만든 매실 원액의 양)÷(사용한 매실의 무게)
$=49 \div 28 = 1.75\ (L)$

2 (1 km를 달리는 데 필요한 휘발유의 양)
=(사용한 휘발유의 양)÷(달린 거리)
$=43 \div 860 = 0.05\ (L)$

3 (직사각형 모양 벽의 넓이)$=6 \times 5 = 30\ (m^2)$
➡ (벽 $1\ m^2$를 칠하는 데 필요한 페인트의 양)
=(사용한 페인트의 양)÷(칠한 벽의 넓이)
$=48 \div 30 = 1.6\ (L)$

4 기차가 터널을 완전히 통과하려면
$745 + 104 = 849$ (m)를 움직여야 합니다.
➡ (기차가 1초 동안 달린 거리)
=(달린 거리)÷(걸린 시간)
$=849 \div 30 = 28.3\ (m)$

5 (공원의 둘레)$=(3.75 + 2.25) \times 2$
$=6 \times 2 = 12\ (km)$
(1분 동안 갈 수 있는 거리)$=12 \div 30 = 0.4\ (km)$
➡ (17분 동안 갈 수 있는 거리)$=0.4 \times 17$
$=6.8\ (km)$

2일 개념·원리 길잡이 98쪽~99쪽

활동 문제 98쪽
15, 0.15, 15, 0.12 /
(왼쪽에서부터) 0.03, 0.66 / 0.27, 5.94

활동 문제 99쪽
❶ 2 / 2, 0.21 / 0.21
❷ 10 / 10, 0.042 / 0.042

활동 문제 98쪽
• 같은 방향으로 출발했을 때
(1분 후 두 사람 사이의 거리)
=(두 사람이 1분 동안 걷는 거리의 차)
$=0.15 - 0.12 = 0.03\ (km)$
(22분 후 두 사람 사이의 거리)
=(1분 후 두 사람 사이의 거리)×22
$=0.03 \times 22 = 0.66\ (km)$
• 반대 방향으로 출발했을 때
(1분 후 두 사람 사이의 거리)
=(두 사람이 1분 동안 걷는 거리의 합)
$=0.15 + 0.12 = 0.27\ (km)$
(22분 후 두 사람 사이의 거리)
=(1분 후 두 사람 사이의 거리)×22
$=0.27 \times 22 = 5.94\ (km)$

활동 문제 99쪽

(1) (처음으로 다시 만나는 데 걸리는 시간)
=(트랙 한 바퀴)
÷(1시간 동안 두 사람이 달린 거리의 차)

(2) (처음으로 다시 만나는 데 걸리는 시간)
=(트랙 한 바퀴)
÷(1시간 동안 두 사람이 달린 거리의 합)

2일 서술형 길잡이 독해력 길잡이 100쪽~101쪽

1-1 2.4 km
1-2 (1) 1.5 km, 1.8 km (2) 0.3 km (3) 4.5 km
1-3 0.14, 0.18, 0.14, 0.18, 0.32, 0.32, 8
2-1 0.24시간
2-2 자전거를 타고 1시간 동안 재석이는 16 km를 달리고 윤아는 13 km를 달립니다. 재석이와 윤아가 둘레가 7.2 km인 공원의 같은 곳에서 같은 방향으로 동시에 출발했다면 몇 시간 후에 처음으로 다시 만나는지 구해 보세요. (단, 재석이와 윤아는 각각 일정한 빠르기로 달립니다.)
2.4시간
2-3 0.45시간

1-1 (자동차 A가 1분 동안 가는 거리)=9÷5
=1.8 (km)
(자동차 B가 1분 동안 가는 거리)=6.6÷4
=1.65 (km)
(1분 후 자동차 A, B 사이의 거리)=1.8−1.65
=0.15 (km)
➔ (16분 후 자동차 A, B 사이의 거리)=0.15×16
=2.4 (km)

1-2 (1) A: 4.5÷3=1.5 (km)
B: 14.4÷8=1.8 (km)
(2) 1.8−1.5=0.3 (km)
(3) 0.3×15=4.5 (km)

1-3 서로 반대 방향으로 달리므로 1분 후 두 사람 사이의 거리는 두 사람이 1분 동안 달린 거리의 합과 같습니다.

2-1 1시간마다 두 사람이 달린 거리는 8−6=2 (km)씩 차이 나므로 트랙의 둘레인 0.48 km 차이 나는 데 걸리는 시간은 0.48÷2=0.24 (시간)입니다.
➔ 0.24시간 후에 처음으로 다시 만납니다.

2-2 1시간마다 두 사람이 달린 거리는 16−13=3 (km)씩 차이 나므로 공원의 둘레인 7.2 km 차이 나는 데 걸리는 시간은 7.2÷3=2.4(시간)입니다.
➔ 2.4시간 후에 처음으로 다시 만납니다.

2-3 1시간마다 두 사람이 걷는 거리의 합은 4+5=9 (km)입니다.
➔ 두 사람이 처음으로 다시 만나는 때는 두 사람이 걸은 거리의 합이 호수 한 바퀴와 같은 때이므로 4.05÷9=0.45(시간) 후입니다.

2일 사고력·코딩 102쪽~103쪽

1 6.48 km
2 5.4 km
3 13 km
4 1.55시간

1 (오토바이 A가 1분 동안 가는 거리)=33.6÷24
=1.4 (km)
(오토바이 B가 1분 동안 가는 거리)=12.04÷14
=0.86 (km)
(1분 후 두 오토바이 사이의 거리)=1.4−0.86
=0.54 (km)
➔ (12분 후 두 오토바이 사이의 거리)
=(1분 후 두 오토바이 사이의 거리)×12
=0.54×12
=6.48 (km)

2 (1분 동안 민혁이가 달리는 거리)=0.7÷5
=0.14 (km)
(1분 동안 은산이가 달리는 거리)=0.8÷5
=0.16 (km)
(1분 후 민혁이와 은산이 사이의 거리)=0.14+0.16
=0.3 (km)
➔ (18분 후 민혁이와 은산이 사이의 거리)=0.3×18
=5.4 (km)

3 (준우가 1분 동안 달리는 거리)=0.44÷2
=0.22 (km)
(수아가 1분 동안 달리는 거리)=0.56÷2
=0.28 (km)
➔ (공원의 둘레)
=(1분 동안 준우와 수아가 달리는 거리의 합)
×(준우와 수아가 처음으로 다시 만나는 데 걸린 시간)
=(0.22+0.28)×26
=0.5×26
=13 (km)

4 (보람이가 따라잡아야 할 거리)
=(윤후가 30분 동안 간 거리)
$=12.4\div2=6.2$ (km)
→ (두 사람이 만나는 데 걸리는 시간)
=(보람이가 따라잡아야 할 거리)÷(한 시간 동안 보람이가 따라잡는 거리)
$=6.2\div(16.4-12.4)$
$=6.2\div4=1.55$(시간)

3일 개념·원리 길잡이 104쪽~105쪽

활동 문제 104쪽
(위에서부터) 250, 3, $\frac{540}{5}$

활동 문제 105쪽
(위에서부터) 240, 25, $\frac{448}{28}$

활동 문제 104쪽
(속력)=$\frac{(\text{간 거리})}{(\text{걸린 시간})}$
→ (A의 속력)=$\frac{250}{2}$, (B의 속력)=$\frac{390}{3}$,
(C의 속력)=$\frac{540}{5}$

활동 문제 105쪽
(연비)=$\frac{(\text{간 거리})}{(\text{사용한 연료의 양})}$
→ (A의 연비)=$\frac{240}{16}$, (B의 연비)=$\frac{350}{25}$,
(C의 연비)=$\frac{448}{28}$

3일 서술형 길잡이 독해력 길잡이 106쪽~107쪽

1-1 $\frac{18}{2}(=9)$, $\frac{24}{3}(=8)$ / 종혁

1-2 (1) $\frac{1200}{5}(=240)$, $\frac{980}{4}(=245)$ (2) 민준

1-3 $\frac{220}{2}$, 110, $\frac{360}{3}$, 120, 기차

2-1 사랑 마을

2-2 세형이가 사는 도시는 넓이가 500 km^2, 인구가 150만 명이고 유주가 사는 도시는 넓이가 380 km^2, 인구가 133만 명입니다. 세형이와 유주 중 누가 사는 도시의 인구가 더 밀집한지 구해 보세요.
유주

2-3 부산광역시

1-1 (종혁이의 속력)=$\frac{18}{2}=9$, (지은이의 속력)=$\frac{24}{3}=8$
→ $9>8$이므로 종혁이가 더 빠릅니다.

1-2 두 사람의 속력은 각각 $\frac{1200}{5}=240$, $\frac{980}{4}=245$이고 $240<245$이므로 민준이가 더 빠릅니다.

1-3 자동차와 기차의 속력을 비교해 보면 $110<120$이므로 기차가 더 빠릅니다.

2-1 사랑 마을의 인구 밀도: $\frac{6000}{4}=1500$
금빛 마을의 인구 밀도: $\frac{7250}{5}=1450$
→ $1500>1450$이므로 사랑 마을의 인구가 더 밀집합니다.

2-2 세형이가 사는 도시의 인구 밀도: $\frac{150\text{만}}{500}=3000$
유주가 사는 도시의 인구 밀도: $\frac{133\text{만}}{380}=3500$
→ $3000<3500$이므로 유주가 사는 도시의 인구가 더 밀집합니다.

2-3 세 도시의 인구 밀도를 각각 구해 봅니다.
부산광역시: $\frac{340\text{만}}{770}=4415.5\cdots\cdots$
대전광역시: $\frac{147\text{만}}{540}=2722.2\cdots\cdots$
대구광역시: $\frac{242\text{만}}{884}=2737.5\cdots\cdots$
→ 부산광역시의 인구가 가장 밀집합니다.

3일 사고력·코딩 108쪽~109쪽

1 3등급
2 재용, 민하, 선호
3 16 km
4 (1) $\frac{1}{3}$ (2) $\frac{1}{3}$ (3) $\frac{1}{3}$

1 소영이네 자동차의 연비는 $\frac{330}{24}=13.75$입니다.
13.75가 들어가는 연비의 범위는 11.6 이상 13.8 미만이므로 에너지 소비효율 등급은 3등급입니다.

2 선수들의 타율을 각각 구해 봅니다.
선호: $\frac{20}{100}=0.2$, 재용: $\frac{60}{240}=0.25$,
민하: $\frac{33}{150}=0.22$
→ $\underset{\text{재용}}{0.25}>\underset{\text{민하}}{0.22}>\underset{\text{선호}}{0.2}$

3 $(\text{축척})=\frac{(\text{지도에서의 거리})}{(\text{실제 거리})}$이므로 서울시청에서 고양시청까지의 실제 거리를 □cm라 하면

$\frac{8}{\square}=\frac{1}{200000}$입니다.

$\frac{1}{200000}=\frac{1\times 8}{200000\times 8}=\frac{8}{1600000}$이므로 지도에서의 거리 8 cm는 실제 거리가 1600000 cm입니다.

➡ 1600000 cm＝16 km

4 (형석, 민주)가 낼 수 있는 모든 경우는 (가위, 가위), (가위, 바위), (가위, 보), (바위, 가위), (바위, 바위), (바위, 보), (보, 가위), (보, 바위), (보, 보)의 9가지입니다.

(1) 형석이가 이기는 경우는 (가위, 보), (바위, 가위), (보, 바위)로 3가지입니다.

$(\text{형석이가 이길 확률})=\frac{(\text{형석이가 이기는 경우의 수})}{(\text{모든 경우의 수})}$

$=\frac{3}{9}=\frac{1}{3}$

(2) 민주가 이기는 경우는 (가위, 바위), (바위, 보), (보, 가위)의 3가지입니다.

$(\text{민주가 이길 확률})=\frac{(\text{민주가 이기는 경우의 수})}{(\text{모든 경우의 수})}$

$=\frac{3}{9}=\frac{1}{3}$

(3) 두 사람이 비기는 경우는 (가위, 가위), (바위, 바위), (보, 보)의 3가지입니다.

$(\text{비길 확률})=\frac{(\text{비기는 경우의 수})}{(\text{모든 경우의 수})}=\frac{3}{9}=\frac{1}{3}$

4일 개념·원리 길잡이 110쪽~111쪽

활동 문제 110쪽
(위에서부터) 100만, 85만, 15 / 50만, 45만, 10 / 80만, 64만, 20

활동 문제 111쪽
(위에서부터) $\frac{78}{100}$, 117 / $\frac{34}{100}$, 51

활동 문제 110쪽

$(\text{할인율})=\frac{(\text{할인 금액})}{(\text{원래 가격})}\times 100\ (\%)$

활동 문제 111쪽

(공이 들어가는 횟수)＝(공을 던진 횟수)×(성공률)

4일 서술형 길잡이 독해력 길잡이 112쪽~113쪽

1-1 시장

1-2 (1) 예 $20000\times\frac{30}{100}=6000$, 예 $16000\times\frac{15}{100}=2400$

(2) 정육점

1-3 5, 700, 700, 14700

2-1 A 학교 회장

2-2 지역별 시장 선거가 있었습니다. A시의 시장은 80만 표 중 36만 표를 받았고 B시의 시장은 50만 표 중 26만 표를 받아서 당선되었습니다. A시 시장과 B시 시장 중 누구의 득표율이 더 높은지 구해 보세요.

B시 시장

2-3 5표

1-1 시장: 할인 금액이 $6000\times\frac{10}{100}=600$(원)이므로 6000－600＝5400(원)에 살 수 있습니다.

백화점: 할인 금액이 $8000\times\frac{25}{100}=2000$(원)이므로 8000－2000＝6000(원)에 살 수 있습니다.

➡ 5400＜6000이므로 시장에서 사는 것이 더 저렴합니다.

1-2 (2) 마트에서는 20000－6000＝14000(원), 정육점에서는 16000－2400＝13600(원)에 살 수 있습니다.

➡ 14000＞13600이므로 정육점에서 사는 것이 더 저렴합니다.

2-1 A 학교 회장의 득표율: $\frac{260}{400}\times 100=65\ (\%)$

B 학교 회장의 득표율: $\frac{210}{350}\times 100=60\ (\%)$

➡ 65＞60이므로 A 학교 회장의 득표율이 더 높습니다.

2-2 A시 시장의 득표율: $\frac{36만}{80만}\times 100=45\ (\%)$

B시 시장의 득표율: $\frac{26만}{50만}\times 100=52\ (\%)$

➡ 45＜52이므로 B시 시장의 득표율이 더 높습니다.

2-3 $(\text{A의 득표수})=25\times\frac{60}{100}=15(\text{표})$

$(\text{B의 득표수})=25\times\frac{40}{100}=10(\text{표})$

➡ A가 받은 표는 B가 받은 표보다 15－10＝5(표) 더 많습니다.

4일 사고력·코딩 114쪽~115쪽

1 정희 2 B 쇼핑몰, 1000원
3 비만이 아닙니다. 4 20 %

1 (정희의 성공률)$=\frac{16}{25}\times100=64$ (%)

(명수의 성공률)$=\frac{18}{30}\times100=60$ (%)

➡ $64>60$이므로 정희의 성공률이 더 높습니다.

2 (A 쇼핑몰의 할인 금액)$=20000\times\frac{20}{100}=4000$(원)

➡ (A 쇼핑몰의 판매 가격)$=20000-4000$
$=16000$(원)

(B 쇼핑몰의 판매 가격)$=20000-5000=15000$(원)

➡ $16000>15000$이므로 B 쇼핑몰에서 사는 것이 $16000-15000=1000$(원) 더 쌉니다.

3 키가 158 cm인 사람의 표준 몸무게:
$(158-100)\times0.9=58\times0.9=52.2$ (kg)
키가 158 cm인 사람의 비만 몸무게:
$52.2\times\frac{120}{100}=62.64$ (kg) 이상

➡ 재현이의 몸무게는 62.64 kg보다 가벼우므로 비만이 아닙니다.

4 당근 1개의 가격은 작년에 $3000\div6=500$(원), 올해에 $3000\div5=600$(원)입니다.

➡ (오른 비율)$=\frac{(\text{오른 금액})}{(\text{원래 가격})}\times100$
$=\frac{600-500}{500}\times100$
$=\frac{100}{500}\times100=20$ (%)

5일 개념·원리 길잡이 116쪽~117쪽

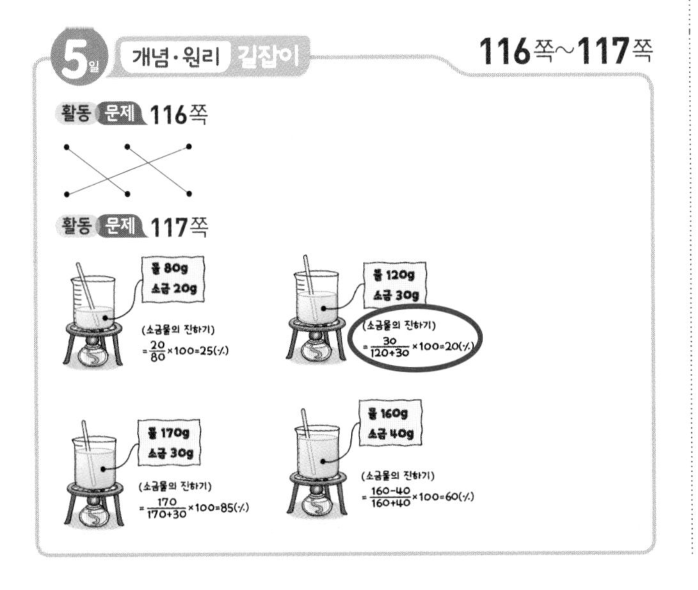

활동 문제 116쪽

(연 이자율)$=\frac{(\text{연 이자})}{(\text{원금})}\times100$ (%)

(첫 번째 통장의 연 이자율)$=\frac{5000}{500000}\times100$
$=1$ (%)

(두 번째 통장의 연 이자율)$=\frac{30000}{1000000}\times100$
$=3$ (%)

(세 번째 통장의 연 이자율)$=\frac{8000}{400000}\times100$
$=2$ (%)

활동 문제 117쪽

(소금물의 진하기)$=\frac{(\text{소금의 양})}{(\text{소금물의 양})}\times100$ (%)

(첫 번째 소금물의 진하기)$=\frac{20}{80+20}\times100$
$=20$ (%)

(두 번째 소금물의 진하기)$=\frac{30}{120+30}\times100$
$=20$ (%)

(세 번째 소금물의 진하기)$=\frac{30}{170+30}\times100$
$=15$ (%)

(네 번째 소금물의 진하기)$=\frac{40}{160+40}\times100$
$=20$ (%)

5일 서술형 길잡이 독해력 길잡이 118쪽~119쪽

1-1 828000원
1-2 (1) 예 $50\text{만}\times0.02=1\text{만}$, 1만 원 (2) 51만 원
1-3 (1) 예 $\frac{18000}{60\text{만}}\times100=3$, 3 %
(2) 3, 3만, 3만, 103만
2-1 15 %
2-2 준희가 용액의 진하기 실험을 하고 있습니다. 준희는 진하기가 30 %인 소금물 100 g에 물 100 g을 더 넣었습니다. 새로 만든 소금물의 진하기는 몇 %인지 구해 보세요.
15 %
2-3 25 %

1-1 (이자)$=80\text{만}\times0.035=28000$(원)

➡ (1년 후에 찾을 수 있는 금액)$=80\text{만}+28000$
$=828000$(원)

1-2 (1) (연 이자)=(원금)×(연 이자율)

(2) 원금 50만 원, 이자 1만 원이므로 찾을 수 있는 금액은 모두 50만+1만=51만 (원)입니다.

1-3 (1) (연 이자율)$=\dfrac{(\text{연 이자})}{(\text{원금})}\times 100\,(\%)$

(2) (이자)=(원금)×(이자율)

(1년 후에 찾을 수 있는 금액)=(원금)+(이자)

2-1 (진하기가 20 %인 소금물 150 g에 녹아 있는 소금의 양)

$=150\times 0.2=30\,(\text{g})$

➔ (새로 만든 소금물의 진하기)$=\dfrac{30}{150+50}\times 100$

$=15\,(\%)$

2-2 (진하기가 30 %인 소금물 100 g에 녹아 있는 소금의 양)

$=100\times 0.3=30\,(\text{g})$

➔ (새로 만든 소금물의 진하기)$=\dfrac{30}{100+100}\times 100$

$=15\,(\%)$

2-3 (진하기가 10 %인 설탕물 200 g에 녹아 있는 설탕의 양)

$=200\times 0.1=20\,(\text{g})$

➔ (새로 만든 설탕물의 진하기)$=\dfrac{20+40}{200+40}\times 100$

$=25\,(\%)$

5일 사고력·코딩 120쪽~121쪽

1 90 g, 410 g **2** 918만 원

3 14 %

4 (1) 20 %, 25 % (2) 9만 원

1 (필요한 소금의 양)

=(진하기가 18 %인 소금물 500 g에 들어 있는 소금의 양)

$=500\times\dfrac{18}{100}=90\,(\text{g})$

(필요한 물의 양)=(소금물의 양)−(소금의 양)

$=500-90=410\,(\text{g})$

2 소득 6000만 원은 4600만 원 초과 8800만 원 이하에 해당하므로 세율은 24 %, 누진공제액은 522만 원입니다.

➔ (내야 할 세금)=6000만×0.24−522만

=1440만−522만

=918만 (원)

3 (전체 설탕물의 양)$=300+200=500\,(\text{g})$

(전체 설탕의 양)$=300\times\dfrac{16}{100}+200\times\dfrac{11}{100}$

$=48+22=70\,(\text{g})$

➔ (새로 만든 설탕물의 진하기)$=\dfrac{70}{500}\times 100=14\,(\%)$

4 (1) A 기업의 주가 상승률:

$\dfrac{(\text{상승한 금액})}{(\text{처음 가격})}\times 100=\dfrac{7000}{35000}\times 100=20\,(\%)$

B 기업의 주가 하락률:

$\dfrac{(\text{하락한 금액})}{(\text{처음 가격})}\times 100=\dfrac{10000}{40000}\times 100=25\,(\%)$

(2) (전체 이익금)=(이익 본 금액)−(손해 본 금액)

=70만×0.2−20만×0.25

=14만−5만=9만 (원)

3주 특강 창의·융합·코딩 122쪽~127쪽

1 링컨, 세종대왕, 흥부놀부, 빨간모자

2

3 31.5 g **4** 12.5 g

5 44 g **6** 6.6 %

7 314명 **8** 34.7 %

9 5.64

10 ❶ 18장 ❷ 13장 ❸ 234장

11 ㉯

12 예

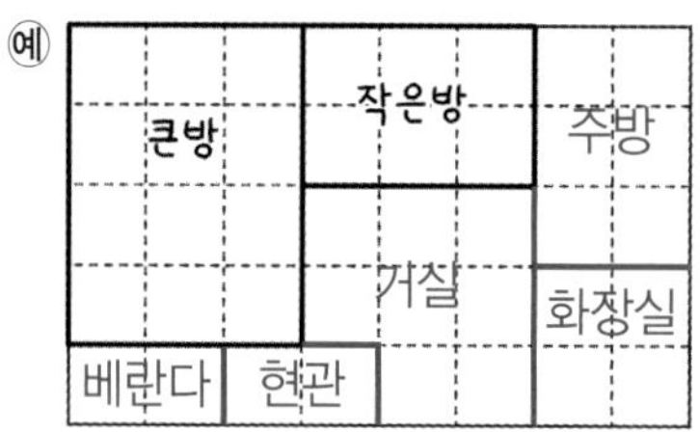

1 은영: $5.56 \div 4 = 1.39$ 민우: $1.68 \div 6 = 0.28$
수진: $18 \div 5 = 3.6$ 정훈: $21.28 \div 7 = 3.04$

2 • $\frac{3}{10} = 0.3$이고 $0.3 > 0.28$이므로 더 작은 비율은 0.28입니다.
• $100 \times \frac{5}{100} = 5$(회)
• A의 연비: $\frac{76}{4} = 19$, B의 연비: $\frac{89}{5} = 17.8$
➡ $19 > 17.8$이므로 A의 연비가 더 좋습니다.
• $1000 \times 5 = 5000$(원),
(할인 금액)$= 5000 \times \frac{10}{100} = 500$(원)
➡ (내야 할 돈)$= 5000 - 500 = 4500$(원)

3 민희는 시리얼을 3컵 중 반을 먹었습니다.
➡ $21 \times 3 \div 2 = 31.5$ (g)

4 민희는 우유를 500 mL 중 반을 먹었습니다.
➡ $5 \times 5 \div 2 = 12.5$ (g)

5 $31.5 + 12.5 = 44$ (g)

6 $\frac{66}{1000} \times 100 = 6.6$ (%)

7 $1000 \times 0.314 = 314$(명)

8 (숙제 없는 학교에 답한 학생 수)
$= 1000 - 314 - 273 - 66 = 347$(명)
➡ 숙제 없는 학교에 답한 학생 수의 비율:
$\frac{347}{1000} \times 100 = 34.7$ (%)

9 $3.5 \div 5 = 0.7$, $2 \div 5 = 0.4$, $13.5 \div 5 = 2.7$이므로 5로 나누는 규칙입니다.
➡ $28.2 \div 5 = 5.64$

10 ❶ $35.6 \div 2 = 17.8$이므로 18장 필요합니다.
❷ $24.8 \div 2 = 12.4$이므로 13장 필요합니다.
❸ $18 \times 13 = 234$(장)

11 ㉮의 연비: $\frac{360}{24} = 15$, ㉯의 연비: $\frac{648}{36} = 18$,
㉰의 연비: $\frac{731}{43} = 17$
➡ $18 > 17 > 15$이므로 ㉯ 자동차의 연비가 가장 높습니다.

12 각 공간이 차지하는 칸수는 다음과 같습니다.
거실: $40 \times 0.2 = 8$(칸), 주방: $8 \times 0.75 = 6$(칸),
큰방: $40 \times 0.3 = 12$(칸), 작은방: $12 \times 0.5 = 6$(칸),
현관: $8 \times 0.25 = 2$(칸), 화장실: $40 \times 0.1 = 4$(칸),
베란다: $40 \times 0.05 = 2$(칸)

누구나 100점 TEST 128쪽~129쪽

정답 및 해설

1	$6.25\ m^2$	2	0.16 L
3	1.6 km, 1.4 km	4	75 km
5	$\frac{50}{8}\left(=6\frac{1}{4}\right)$, $\frac{100}{20}(=5)$		
6	효진	7	20 %
8	10번	9	10 %

1 (페인트 1 L로 칠할 수 있는 벽의 넓이)
=(칠한 벽의 넓이)÷(사용한 페인트의 양)
$= 25 \div 4 = 6.25\ (m^2)$

2 (벽 $1\ m^2$를 칠하는 데 필요한 페인트의 양)
=(사용한 페인트의 양)÷(칠한 벽의 넓이)
$= 4 \div 25 = 0.16$ (L)

3 (자동차 A가 1분 동안 가는 거리)
$= 6.4 \div 4 = 1.6$ (km)
(자동차 B가 1분 동안 가는 거리)
$= 14 \div 10 = 1.4$ (km)

4 3번에서 자동차 A가 1분 동안 가는 거리는 1.6 km, 자동차 B가 1분 동안 가는 거리는 1.4 km이므로 1분 후 두 자동차 사이의 거리는
$1.6 + 1.4 = 3$ (km)입니다.
➡ (25분 후 두 자동차 사이의 거리)
=(1분 후 두 자동차 사이의 거리)$\times 25$
$= 3 \times 25 = 75$ (km)

5 (속력)$= \frac{(\text{간 거리})}{(\text{걸린 시간})}$
➡ 효진: $\frac{50}{8}\left(=6\frac{1}{4}\right)$, 수찬: $\frac{100}{20}(=5)$

6 속력을 비교해 보면 $6\frac{1}{4} > 5$이므로 효진이가 더 빨리 달렸습니다.

7 (할인율)$= \frac{(\text{할인 금액})}{(\text{원래 가격})} \times 100$ (%)
➡ (신발의 할인율)$= \frac{3000}{15000} \times 100 = 20$ (%)

8 (골대에 넣는 횟수)=(공을 찬 횟수)×(성공률)
$= 20 \times \frac{50}{100} = 10$(번)

9 (소금물의 진하기)$= \frac{(\text{소금의 양})}{(\text{소금물의 양})} \times 100$ (%)
➡ $\frac{20}{200} \times 100 = 10$ (%)

4주

이번 주에는 무엇을 공부할까? ② 132쪽~133쪽

1-1 30, 30, 20, 20, 100 /

0 10 20 30 40 50 60 70 80 90 100(%)

A형 (30 %)	B형 (30 %)	O형 (20 %)	AB형 (20 %)

1-2 40, 25, 20, 15, 100 /

0 10 20 30 40 50 60 70 80 90 100(%)

가 (40 %)	나 (25 %)	다 (20 %)	라 (15 %)

2-1 30 %　　**2-2** 20 %

3-1 $1440\ cm^3$　　**3-2** $2250\ cm^3$

4-1 $736\ cm^2$　　**4-2** $546\ cm^2$

1-1 A형: $\frac{75}{250}\times100=30\ (\%)$

B형: $\frac{75}{250}\times100=30\ (\%)$

O형: $\frac{50}{250}\times100=20\ (\%)$

AB형: $\frac{50}{250}\times100=20\ (\%)$

1-2 가 마을: $\frac{120}{300}\times100=40\ (\%)$

나 마을: $\frac{75}{300}\times100=25\ (\%)$

다 마을: $\frac{60}{300}\times100=20\ (\%)$

라 마을: $\frac{45}{300}\times100=15\ (\%)$

2-1 $100-35-20-15=30\ (\%)$

2-2 $100-40-25-15=20\ (\%)$

3-1 (직육면체의 부피)$=8\times15\times12$
$=1440\ (cm^3)$

3-2 (직육면체의 부피)$=15\times10\times15$
$=2250\ (cm^3)$

4-1 (직육면체의 겉넓이)
$=(10\times16+10\times8+16\times8)\times2$
$=(160+80+128)\times2=736\ (cm^2)$

4-2 (직육면체의 겉넓이)
$=(7\times7+7\times16+7\times16)\times2$
$=(49+112+112)\times2=546\ (cm^2)$

1일 개념·원리 길잡이 134쪽~135쪽

활동 문제 134쪽
(왼쪽에서부터) 30, 132 / 35, 154 /
40, 144 / 25, 90

활동 문제 135쪽
(위에서부터) $\frac{25}{100}$, 100 / 100, 40, 40 /
100, 35, 35 / 100, 25, 25

활동 문제 134쪽
(항목의 양)$=$(전체 자료의 양)$\times$(비율)
이때 비율은 분수나 소수로 나타내어 계산합니다.

활동 문제 135쪽
장래 희망이 선생님인 학생 수를 알아본 다음 선생님의 종류별 희망하는 학생 수를 각각 구합니다.

1일 서술형 길잡이 독해력 길잡이 136쪽~137쪽

1-1 (1) 175명, 108명 (2) 283명

1-2 $\frac{35}{100}$, 98, $\frac{40}{100}$, 88, 186

2-1 195명

2-2 재민이네 학교 6학년 학생 100명을 대상으로 현장 학습 참가에 대한 의견을 조사하여 나타낸 원그래프입니다. 아파서 불참하는 학생 수와 다른 계획이 있어서 불참하는 학생 수는 각각 몇 명인지 구해 보세요.

10명, 5명

1-1 (1) 민영이네 학교에서 A형인 학생 수:
$500\times\frac{35}{100}=175$(명)
종석이네 학교에서 A형인 학생 수:
$450\times\frac{24}{100}=108$(명)
(2) $175+108=283$(명)

2-1 지하철 이용에 만족한 사람 수:
$1000\times\frac{78}{100}=780$(명)
만족 이유가 저렴한 요금인 사람 수:
$780\times\frac{25}{100}=195$(명)

2-2 현장 학습에 불참하는 학생 수: $100\times\frac{20}{100}=20$(명)
아파서 불참하는 학생 수: $20\times\frac{50}{100}=10$(명)
다른 계획이 있어서 불참하는 학생 수:
$20\times\frac{25}{100}=5$(명)

정답 및 해설

1일 사고력·코딩 138쪽~139쪽

1 성우, 500원　　2 104명
3 42만 개　　4 2620800명

1 성우가 군것질로 사용한 돈:
$30000 \times \frac{35}{100} = 10500$(원)
도현이가 군것질로 사용한 돈:
$20000 \times \frac{50}{100} = 10000$(원)
➜ $10500 > 10000$이므로 성우가 군것질로 사용한 돈이 $10500 - 10000 = 500$(원) 더 많습니다.

2 햄버거를 좋아하는 학생 수: $800 \times \frac{20}{100} = 160$(명)
➜ 햄버거를 좋아하는 학생 중 남학생이 65 %이므로 $160 \times \frac{65}{100} = 104$(명)입니다.

3 C 제품이 차지하는 비율은
2016년에 $100 - 22 - 58 = 20$ (%),
2020년에 $100 - 40 - 16 = 44$ (%)입니다.
2016년 C 제품의 판매량: 120만$\times \frac{20}{100} =$24만 (개)
2020년 C 제품의 판매량: 150만$\times \frac{44}{100} =$66만 (개)
➜ 66만$-$24만$=$42만 (개)

4 광역시에 사는 인구의 비율:
$100 - 20 - 24 - 3 - 7 - 7 - 12 - 1 = 26$ (%)
광역시에 사는 인구: 4800만$\times \frac{26}{100} =$1248만 (명)
인천광역시에 사는 인구의 비율:
$100 - 27 - 20 - 12 - 12 - 8 = 21$ (%)
인천광역시에 사는 인구:
$12480000 \times \frac{21}{100} = 2620800$ (명)

2일 개념·원리 길잡이 140쪽~141쪽

활동 문제 140쪽
4, 40 / 1.5(또는 $1\frac{1}{2}$), 150

활동 문제 141쪽
5, 250, 250 / 10, 300, 300

활동 문제 140쪽
• 음식물 쓰레기는 종이류 쓰레기의 $40 \div 10 = 4$(배)입니다.
(음식물 쓰레기)$=$(종이류 쓰레기)$\times 4$
$= 10 \times 4 = 40$ (kg)
• 산업 폐수는 축산 폐수의 $30 \div 20 = 1.5$(배)입니다.
(산업 폐수)$=$(축산 폐수)$\times 1.5$
$= 100 \times 1.5 = 150$ (L)

활동 문제 141쪽
• 비율을 나타내는 분수 $\frac{1}{5}$에서 비교하는 양을 50으로 나타냅니다.
➜ $\frac{1}{5} = \frac{1 \times 50}{5 \times 50} = \frac{50}{250}$ (50 ← 코미디를 좋아하는 남학생 수, 250 ← 전체 남학생 수)
• 비율을 나타내는 분수 $\frac{1}{10}$에서 비교하는 양을 30으로 나타냅니다.
➜ $\frac{1}{10} = \frac{1 \times 30}{10 \times 30} = \frac{30}{300}$ (30 ← 코미디를 좋아하는 여학생 수, 300 ← 전체 여학생 수)

2일 서술형 길잡이 독해력 길잡이 142쪽~143쪽

1-1 24명　　1-2 (1) 3배 (2) 9 t
1-3 20, 40, 0.5(또는 $\frac{1}{2}$), 0.5(또는 $\frac{1}{2}$), 100
2-1 20명
2-2 어느 해 우리나라의 연령별 인구를 조사하여 나타낸 띠그래프입니다. 0~14세 인구가 1200만 명이라면 전체 인구는 몇 명인지 구해 보세요.
4800만 명
2-3 425만 원

1-1 초코 맛 우유를 좋아하는 학생은 커피 맛 우유를 좋아하는 학생의 $30 \div 15 = 2$(배)입니다. 따라서 초코 맛 우유를 좋아하는 학생은 $12 \times 2 = 24$(명)입니다.

1-2 (1) 쌀 수확량 45 %는 수수 수확량 15 %의 $45 \div 15 = 3$(배)입니다.
(2) 쌀 수확량은 수수 수확량의 3배이므로 쌀 수확량은 $3 \times 3 = 9$ (t)입니다.

1-3 소영이가 섭취한 탄수화물은 전체의 40 %이고, 지방은 전체의 20 %입니다.

2-1 호주에 가고 싶은 학생은 소연이네 반 학생의 20 %, 즉 $\frac{1}{5}$입니다.
➜ $\frac{1}{5} = \frac{1 \times 4}{5 \times 4} = \frac{4}{20}$ (4 ← 호주에 가고 싶은 학생 수, 20 ← 소연이네 반 학생 수)

2-2 0~14세 인구는 전체 인구의 25 %, 즉 $\frac{1}{4}$입니다.

→ $\frac{1}{4}=\frac{1\times1200만}{4\times1200만}=\frac{1200만}{4800만}$ ←0~14세 인구 / ←전체 인구

2-3 교육비: $100-40-25-10-5=20$ (%)

교육비는 전체 생활비의 20 %, 즉 $\frac{1}{5}$입니다.

→ $\frac{1}{5}=\frac{1\times85만}{5\times85만}=\frac{85만}{425만}$ ←교육비 / ←전체 생활비

2일 사고력·코딩 144쪽~145쪽

1 (1) 40~49세 (2) 60세 이상
2 1400만 명
3 예 초등학교, 중학교, 고등학교, 대학교 학령 인구가 모두 점차 감소하는 추세입니다.
4 150만 명

1 (1) 남자는 40~49세의 고용률이 가장 높습니다.
(2) 여자는 60세 이상의 고용률이 가장 낮습니다.

2 2000년 2차 산업 종사자는 전체의 20 %이고 3차 산업 종사자는 전체의 70 %이므로 3차 산업 종사자는 2차 산업 종사자의 $70\div20=3.5$(배)입니다.
→ (2000년 3차 산업 종사자 수)$=400만\times3.5$
$=1400만$ (명)

3 초등학교, 중학교, 고등학교, 대학교 할 것 없이 모든 학령 인구가 감소하는 추세임을 알 수 있습니다.

4 광주광역시의 고령 인구 비율은 전체의 12.0 %,
즉 $\frac{12}{100}=\frac{3}{25}$입니다.

→ $\frac{3}{25}=\frac{3\times6만}{25\times6만}=\frac{18만}{150만}$ ←광주광역시의 고령 인구 / ←광주광역시의 전체 인구

3일 개념·원리 길잡이 146쪽~147쪽

활동 문제 146쪽

예 (직육면체: 6 cm, 4 cm, 3 cm)

3, 3, 18, 12, 108

예 (정육면체: 5 cm, 5 cm, 5 cm)

6, 150

활동 문제 147쪽
(위에서부터) 5, 8, 6

활동 문제 146쪽
(직육면체의 겉넓이)=(합동인 세 면의 넓이의 합)×2
=(주어진 세 면의 넓이의 합)×2
(정육면체의 겉넓이)=(한 면의 넓이)×6

활동 문제 147쪽
- 가로 5배가 되면 처음 부피의 5배가 됩니다.
- 가로 2배, 세로 2배, 높이 2배가 되면 처음 부피의 $2\times2\times2=8$(배)가 됩니다.
- 가로 3배, 세로 2배가 되면 처음 부피의 $3\times2=6$(배)가 됩니다.

3일 서술형 길잡이 독해력 길잡이 148쪽~149쪽

1-1 248 cm^2
1-2 (1) 56 cm^2, 70 cm^2, 80 cm^2
(2) 412 cm^2
1-3 8, 8, 8, 384
2-1 1620 cm^3
2-2 다음 정육면체의 가로, 세로, 높이를 각각 2배로 늘였습니다. 새로 만든 정육면체의 부피는 몇 cm^3인지 구해 보세요.
512 cm^3
2-3 3840 cm^3

1-1 (직육면체의 겉넓이)
=(주어진 세 면의 넓이의 합)×2
$=(10\times4+10\times6+4\times6)\times2$
$=(40+60+24)\times2$
$=248$ (cm^2)

1-2 (1) 위: $7\times8=56$ (cm^2), 앞: $7\times10=70$ (cm^2),
옆: $8\times10=80$ (cm^2)
(2) (직육면체의 겉넓이)
=(주어진 세 면의 넓이의 합)×2
$=(56+70+80)\times2$
$=412$ (cm^2)

1-3 위, 앞, 옆에서 본 모양이 모두 한 변의 길이가 8 cm인 정사각형이므로 이 직육면체는 한 모서리의 길이가 8 cm인 정육면체입니다.
→ (정육면체의 겉넓이)=(한 면의 넓이)×6

2-1 가로 3배, 세로 3배, 높이 3배이므로 새로 만든 직육면체의 부피는 처음 부피의 $3\times3\times3=27$(배)가 됩니다.
(처음 직육면체의 부피)$=5\times4\times3=60$ (cm^3)

→ (새로 만든 직육면체의 부피)
$=$(처음 직육면체의 부피)$\times 27$
$=60\times 27=1620\,(cm^3)$

2-2 가로 2배, 세로 2배, 높이 2배이므로 새로 만든 정육면체의 부피는 처음 부피의 $2\times 2\times 2=8$(배)가 됩니다.
(처음 정육면체의 부피)$=4\times 4\times 4=64\,(cm^3)$
→ (새로 만든 정육면체의 부피)
$=$(처음 정육면체의 부피)$\times 8$
$=64\times 8=512\,(cm^3)$

2-3 가로 2배, 세로 3배, 높이 4배이므로 새로 만든 직육면체의 부피는 처음 부피의 $2\times 3\times 4=24$(배)가 됩니다.
→ $160\times 24=3840\,(cm^3)$

3일 사고력·코딩 150쪽~151쪽

1 (1) 125 (2) 1000
2 $310\,cm^2$
3 $640\,cm^3$
4 (1) $\frac{1}{8}$ (2) $216\,cm^3$
5 $8000\,cm^3$

1 (1) 가로, 세로, 높이가 각각 5배가 되므로 부피는 $5\times 5\times 5=125$(배)가 됩니다.
(2) 가로, 세로, 높이가 각각 10배가 되므로 부피는 $10\times 10\times 10=1000$(배)가 됩니다.

2 (직육면체의 겉넓이)
$=$(주어진 세 면의 넓이의 합)$\times 2$
$=(5\times 10+5\times 7+10\times 7)\times 2$
$=(50+35+70)\times 2$
$=310\,(cm^2)$

3 가로 8 cm, 세로 8 cm, 높이 10 cm인 직육면체입니다.
→ (직육면체의 부피)$=8\times 8\times 10=640\,(cm^3)$

4 (1) 가로, 세로, 높이가 각각 $\frac{1}{2}$로 줄어들므로 새로 만든 정육면체의 부피는 처음 부피의
$\frac{1}{2}\times\frac{1}{2}\times\frac{1}{2}=\frac{1}{8}$이 됩니다.
(2) $1728\times\frac{1}{8}=216\,(cm^3)$

5 위, 앞, 옆에서 본 모양이 모두 한 변의 길이가 10 cm인 정사각형이므로 이 직육면체는 한 모서리의 길이가 10 cm인 정육면체입니다.
(처음 직육면체의 부피)$=10\times 10\times 10=1000\,(cm^3)$

각 모서리의 길이를 2배로 늘이면 부피는 $2\times 2\times 2=8$(배)가 됩니다.
→ (새로 만든 직육면체의 부피)
$=$(처음 직육면체의 부피)$\times 8$
$=1000\times 8=8000\,(cm^3)$

4일 개념·원리 길잡이 152쪽~153쪽

활동 문제 152쪽
4, 4, 4 / 4, 4, 4 / 4, 4 /
5, 5, 5 / 5, 5, 5 / 5, 5 /
6, 6, 6 / 6, 6, 6 / 6, 6

활동 문제 153쪽

활동 문제 152쪽
가로, 세로, 높이 중 가장 짧은 모서리가 정육면체의 한 모서리가 되게 자릅니다.

활동 문제 153쪽
- 가로로 한 번 자르면 겉넓이는 면 ㉡ 2개만큼 늘어납니다.
- 세로로 한 번 자르면 겉넓이는 면 ㉢ 2개만큼 늘어납니다.
- 가로로 한 번, 세로로 한 번 자르면 겉넓이는 면 ㉡ 2개, 면 ㉢ 2개만큼 늘어납니다.

4일 서술형 길잡이 독해력 길잡이 154쪽~155쪽

1-1 $27\,cm^3$
1-2 (1) 4 cm (2) $96\,cm^2$
1-3 5 / 5, 5, 5, 125 / 5, 5, 6, 150
2-1 $300\,cm^2$
2-2 호준이는 가로 20 cm, 세로 20 cm, 높이 15 cm인 직육면체 모양 나무를 다음과 같이 직육면체 모양 3조각으로 잘랐습니다. 자른 나무 3조각의 겉넓이의 합은 처음 나무의 겉넓이보다 몇 cm^2 늘어나는지 구해 보세요.
$1200\,cm^2$
2-3 $1000\,cm^2$

1-1 $3<4<5$이므로 가장 큰 정육면체의 한 모서리의 길이는 3 cm입니다.
→ (정육면체의 부피)$=3\times 3\times 3=27\,(cm^3)$

1-2 (1) $4<5<7$이므로 가장 큰 정육면체의 한 모서리의 길이는 4 cm입니다.
(2) (정육면체의 겉넓이)$=4\times 4\times 6=96\,(cm^2)$

2-1 (15 cm × 10 cm) 10 cm인 면 2개만큼 늘어납니다.

→ (늘어나는 겉넓이) $=15\times10\times2=150\times2$
$=300\ (\mathrm{cm}^2)$

2-2 (20 cm × 15 cm) 15 cm인 면 4개만큼 늘어납니다.

→ (늘어나는 겉넓이) $=20\times15\times4=300\times4$
$=1200\ (\mathrm{cm}^2)$

2-3 (20 cm × 10 cm) 10 cm인 면 2개와 (30 cm × 10 cm) 10 cm인 면 2개만큼 늘어납니다.

→ (늘어나는 겉넓이) $=20\times10\times2+30\times10\times2$
$=400+600$
$=1000\ (\mathrm{cm}^2)$

4일 사고력·코딩 156쪽~157쪽

1 (1) $360\ \mathrm{cm}^3$ (2) $125\ \mathrm{cm}^3$ (3) $235\ \mathrm{cm}^3$
2 $900\ \mathrm{cm}^2$
3 (1) 3조각, 3조각, 3조각 (2) 4 cm (3) $96\ \mathrm{cm}^2$
4 $5200\ \mathrm{cm}^2$

1 (1) $5\times8\times9=360\ (\mathrm{cm}^3)$

(2) (주사위의 부피)
=(가장 큰 정육면체의 부피)
=(한 모서리의 길이가 5 cm인 정육면체의 부피)
$=5\times5\times5=125\ (\mathrm{cm}^3)$

(3) (남은 부분의 부피)
=(처음 나무의 부피)−(주사위의 부피)
$=360-125=235\ (\mathrm{cm}^3)$

2 (25 cm × 10 cm) 10 cm인 면 2개와 (20 cm × 10 cm) 10 cm인 면 2개만큼 늘어납니다.

→ (늘어나는 겉넓이) $=25\times10\times2+20\times10\times2$
$=500+400$
$=900\ (\mathrm{cm}^2)$

3 (1) $27=3\times3\times3$이므로 처음 나무의 가로, 세로, 높이를 각각 3조각씩으로 자릅니다.

(2) $12\div3=4\ (\mathrm{cm})$

(3) $4\times4\times6=96\ (\mathrm{cm}^2)$

4 (40 cm × 20 cm) 20 cm인 면 2개, (30 cm × 20 cm) 20 cm인 면 2개, (40 cm × 30 cm) 30 cm인 면 2개만큼 늘어납니다.

→ (늘어나는 겉넓이)
$=40\times20\times2+30\times20\times2+40\times30\times2$
$=1600+1200+2400$
$=5200\ (\mathrm{cm}^2)$

5일 개념·원리 길잡이 158쪽~159쪽

활동 문제 158쪽
2 / 3 / 50, 30, 5

활동 문제 159쪽
3 / 4 / 50, 30, 6

활동 문제 158쪽
돌의 부피는 올라간 물의 부피와 같습니다.

→ $50\times30\times\underbrace{(22-20)}_{\text{올라간 물의 높이}}=(50\times30\times2)\ \mathrm{cm}^3$

$50\times30\times\underbrace{(23-20)}_{\text{올라간 물의 높이}}=(50\times30\times3)\ \mathrm{cm}^3$

$50\times30\times\underbrace{(25-20)}_{\text{올라간 물의 높이}}=(50\times30\times5)\ \mathrm{cm}^3$

활동 문제 159쪽
돌의 부피는 내려간 물의 부피와 같습니다.

→ $50\times30\times\underbrace{(30-27)}_{\text{내려간 물의 높이}}=(50\times30\times3)\ \mathrm{cm}^3$

$50\times30\times\underbrace{(32-28)}_{\text{내려간 물의 높이}}=(50\times30\times4)\ \mathrm{cm}^3$

$50\times30\times\underbrace{(35-29)}_{\text{내려간 물의 높이}}=(50\times30\times6)\ \mathrm{cm}^3$

5일 서술형 길잡이 독해력 길잡이 160쪽~161쪽

1-1 $360\ \mathrm{cm}^3$
1-2 (1) 12, 5 (2) $720\ \mathrm{cm}^3$
1-3 900, 3, 3
2-1 $900\ \mathrm{cm}^3$
2-2 다음과 같은 직육면체 모양의 수조에 돌이 완전히 잠겨 있습니다. 이 돌을 수조에서 꺼냈더니 물의 높이가 6 cm가 되었습니다. 돌의 부피는 몇 cm^3인지 구해 보세요. (단, 수조의 두께는 생각하지 않습니다.)
$600\ \mathrm{cm}^3$
2-3 4 cm

1-1 돌의 부피는 올라간 물의 부피와 같습니다.
➡ $18 \times 10 \times (8-6) = 18 \times 10 \times 2 = 360\,(cm^3)$

1-2 (2) $12 \times 12 \times 5 = 720\,(cm^3)$

2-1 돌의 부피는 내려간 물의 부피와 같습니다.
➡ $25 \times 12 \times (15-12) = 25 \times 12 \times 3 = 900\,(cm^3)$

2-2 (돌의 부피)=(내려간 물의 부피)
$= 15 \times 20 \times (8-6) = 15 \times 20 \times 2$
$= 600\,(cm^3)$ 내려간 물의 높이

2-3 내려가는 물의 높이를 □cm라 하면 돌의 부피는 내려가는 물의 부피와 같으므로 $18 \times 18 \times □ = 1296$입니다. $□ = 1296 \div 18 \div 18 = 4$이므로 물의 높이는 4 cm 내려갑니다.

5일 사고력·코딩 162쪽~163쪽

1 $210\,cm^3$ 2 $4400\,cm^3$
3 $3000\,cm^3$
4 (1) $1200\,cm^3$ (2) $240\,cm^3$ (3) 6.4 cm

1 (돌 3개의 부피)=(올라간 물의 부피)
$= 30 \times 14 \times 1.5 = 630\,(cm^3)$
➡ (돌 1개의 부피)$= 630 \div 3 = 210\,(cm^3)$

다른 풀이
(돌 1개를 넣었을 때 올라가는 물의 높이)
$= 1.5 \div 3 = 0.5\,(cm)$
➡ (돌 1개의 부피)$= 30 \times 14 \times 0.5 = 210\,(cm^3)$

2 내려간 물의 높이는 처음 물의 높이의
$1 - \frac{4}{5} = \frac{1}{5}$이므로 $20 \times \frac{1}{5} = 4\,(cm)$입니다.
➡ (돌의 부피)=(내려간 물의 부피)
$= 22 \times 50 \times 4 = 4400\,(cm^3)$

3 남아 있는 물의 부피는 수조에 가득 채운 물의 부피의 반입니다. ➡ $20 \times 12 \times 25 \div 2 = 3000\,(cm^3)$

4 (1) $15 \times 10 \times 8 = 1200\,(cm^3)$
(2) $4 \times 10 \times 6 = 240\,(cm^3)$
(3) (나무 도막을 빼냈을 때 남아 있는 물의 부피)
=(처음 수조에 가득 들어 있던 물의 부피)
−(넘친 물의 부피) 나무 도막의 부피
$= 1200 - 240 = 960\,(cm^3)$
수조에 남아 있는 물의 높이를 □cm라 하면
$15 \times 10 \times □ = 960$입니다.
➡ $□ = 960 \div 15 \div 10 = 6.4$

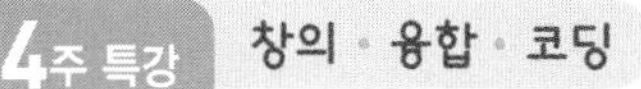

4주 특강 창의·융합·코딩 164쪽~169쪽

정답 및 해설

1

2

3 400 kWh 4 144 kWh
5 108 kWh 6 $1584\,cm^3$

7

위

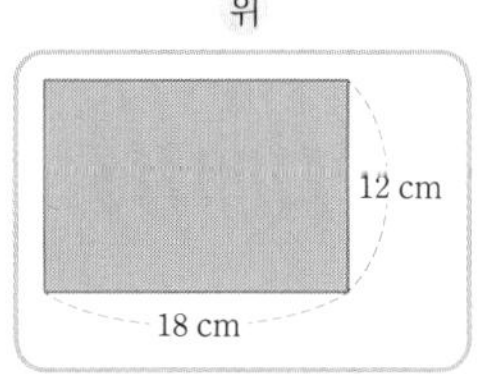

앞

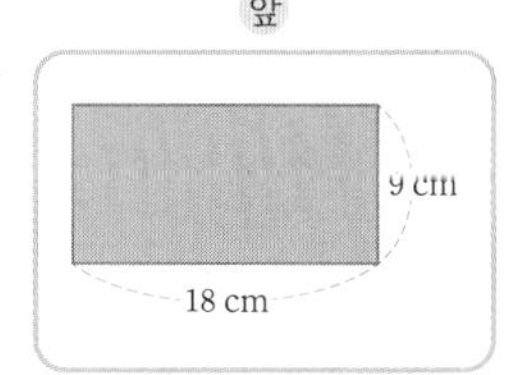

옆

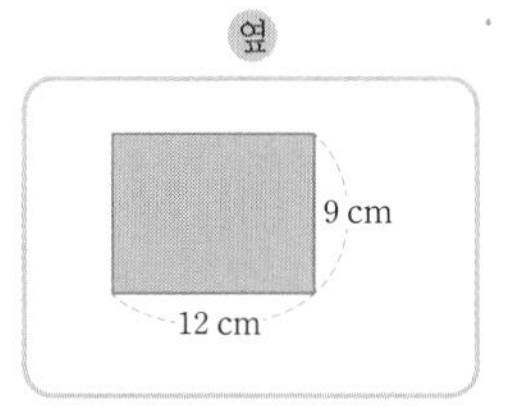

$972\,cm^2$

8 58.8 %, 65.4 % 9 90명
10 ❶ $420000\,cm^3$ ❷ 21분
11 10 cm

2 • $3.4\,m^3 = 3400000\,cm^3$

• (한 모서리의 길이가 3 cm인 정육면체의 부피)
$= 3 \times 3 \times 3 = 27\,(cm^3)$

• (가로 5 cm, 세로 5 cm, 높이 4 cm인 직육면체의 부피) $= 5 \times 5 \times 4 = 100\,(cm^3)$

• (한 모서리의 길이가 4 cm인 정육면체의 겉넓이)
$= 4 \times 4 \times 6 = 96\,(cm^2)$

3 $25\,\% = \frac{1}{4}$

➔ $\frac{1}{4} = \frac{1 \times 100}{4 \times 100} = \frac{100}{400}$ ← 냉장고의 전력 사용량 / 7월 한 달 전력 사용량

4 $400 \times \frac{36}{100} = 144\,(kWh)$

5 (컴퓨터)+(TV) $= 100 - 36 - 25 - 12 = 27\,(\%)$

➔ $400 \times \frac{27}{100} = 108\,(kWh)$

6 (케이크의 부피)
$= 18 \times 12 \times 9 - 12 \times 8 \times 3 - 6 \times 4 \times 3$
$= 1944 - 288 - 72 = 1584\,(cm^3)$

7 위

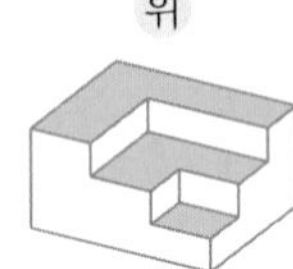

위에서 본 모양은 색칠한 부분의 합이므로 가로 $6+6+6=18\,(cm)$, 세로 $4+4+4=12\,(cm)$인 직사각형입니다.

앞

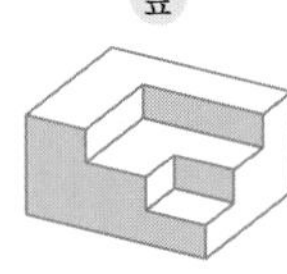

앞에서 본 모양은 색칠한 부분의 합이므로 가로 $6+6+6=18\,(cm)$, 세로 $3+3+3=9\,(cm)$인 직사각형입니다.

옆

옆에서 본 모양은 색칠한 부분의 합이므로 가로 $4+4+4=12\,(cm)$, 세로 $3+3+3=9\,(cm)$인 직사각형입니다.

➔ (케이크의 겉넓이)
=(위, 앞, 옆에서 본 모양의 넓이의 합)×2
$= (18 \times 12 + 18 \times 9 + 12 \times 9) \times 2$
$= (216 + 162 + 108) \times 2 = 972\,(cm^2)$

8 남자: $43.0 + 15.8 = 58.8\,(\%)$
여자: $41.1 + 24.3 = 65.4\,(\%)$

9 찬성한 학생 수: $360 \times \frac{75}{100} = 270$(명)

➔ 체육대회 개최를 찬성한 학생 270명 중에서 축구를 하고 싶어 하는 학생의 비율은 $\frac{1}{3}$이므로

$270 \times \frac{1}{3} = 90$(명)입니다.

10 ❶ $140 \times 50 \times 60 = 420000\,(cm^3)$

❷ 1분에 물이 $20000\,cm^3$씩 나오므로 물 $420000\,cm^3$를 받는 데 걸리는 시간은 $420000 \div 20000 = 21$(분)입니다.

11 (전체 물의 부피)=(왼쪽 물의 부피)+(오른쪽 물의 부피)
$= 20 \times 20 \times 5 + 20 \times 20 \times 15$
$= 2000 + 6000 = 8000\,(cm^3)$

칸막이를 열면 물 $8000\,cm^3$를 가로 $20+20=40\,(cm)$, 세로 20 cm인 수조에 넣은 것과 같습니다.

➔ (칸막이를 열었을 때 물의 높이)
$= 8000 \div 40 \div 20 = 10\,(cm)$

누구나 100점 TEST 170쪽~171쪽

1 40명	**2** 12명
3 0.5배	**4** 2500대
5 40, 48, 30, 236	**6** $216\,cm^3$
7 $300\,cm^2$	

1 $400 \times \frac{10}{100} = 40$(명)

2 좋아하는 운동이 기타에 속하는 학생 40명 중 줄넘기를 좋아하는 학생이 30 %이므로

$40 \times \frac{30}{100} = 12$(명)입니다.

3 $20 \div 40 = 0.5$(배)

4 (다 회사의 자동차 판매량)
=(가 회사의 자동차 판매량)×0.5
$= 5000 \times 0.5 = 2500$(대)

5 (직육면체의 겉넓이)
=(합동인 세 면의 넓이의 합)×2
=(주어진 세 면의 넓이의 합)×2
$= (8 \times 5 + 8 \times 6 + 5 \times 6) \times 2$
$= (40 + 48 + 30) \times 2 = 236\,(cm^2)$

6 가로, 세로, 높이 중 가장 짧은 것은 세로이므로 가장 큰 정육면체는 세로 6 cm를 한 모서리의 길이로 하는 정육면체입니다.

➔ (정육면체의 부피) $= 6 \times 6 \times 6 = 216\,(cm^3)$

7 10 cm인 면 2개만큼 늘어납니다.
15 cm

➔ $15 \times 10 \times 2 = 300\,(cm^2)$

◀ 정답은
이안에
있어!